動かして学ぶ！

Slack(スラック)アプリ開発入門

伊藤康太
道内尊正
吉谷優介［著］

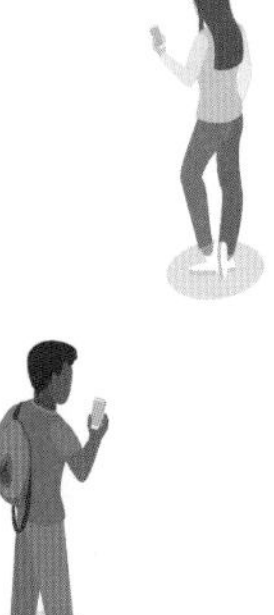

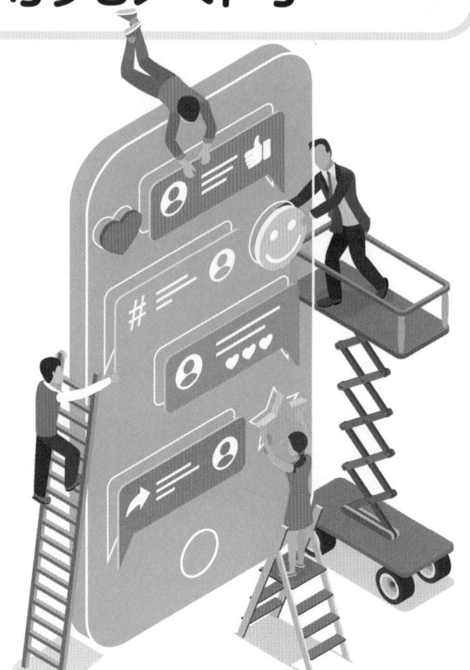

SE
SHOEISHA

本書内容に関するお問い合わせについて

このたびは翔泳社の書籍をお買い上げいただき、誠にありがとうございます。
弊社では、読者の皆様からのお問い合わせに適切に対応させていただくため、以下のガイドラインへのご協力をお願い致しております。
下記項目をお読みいただき、手順にしたがってお問い合わせください。

ご質問される前に

弊社Webサイトの「正誤表」をご参照ください。これまでに判明した正誤や追加情報を掲載しています。

正誤表　https://www.shoeisha.co.jp/book/errata/

ご質問方法

弊社Webサイトの「刊行物Q&A」をご利用ください。

刊行物Q&A　https://www.shoeisha.co.jp/book/qa/

インターネットをご利用でない場合は、FAXまたは郵便にて、下記翔泳社愛読者サービスセンターまでお問い合わせください。電話でのご質問は、お受けしておりません。

回答について

回答は、ご質問いただいた手段によってご返事申し上げます。ご質問の内容によっては、回答に数日ないしはそれ以上の期間を要する場合があります。

ご質問に際してのご注意

本書の対象を越えるもの、記述箇所を特定されないもの、また読者固有の環境に起因するご質問等にはお答えできませんので、あらかじめご了承ください。

郵便物送付先およびFAX番号

送付先住所	〒160-0006　東京都新宿区舟町５
FAX番号	03-5362-3818
宛先	(株)翔泳社　愛読者サービスセンター

※本書に記載されたURL等は予告なく変更される場合があります。
※本書の対象に関する詳細はIVページをご参照ください。
※本書の出版にあたっては正確な記述につとめましたが、著者や出版社などのいずれも、本書の内容に対してなんらかの保証をするものではなく、内容やサンプルに基づくいかなる運用結果に関してもいっさいの責任を負いません。
※本書に掲載されているサンプルプログラムやスクリプト、および実行結果を記した画面イメージなどは、特定の設定に基づいた環境にて再現される一例です。
※本書に記載されている会社名、製品名はそれぞれ各社の商標および登録商標です。
※本書の内容は、2020年11月執筆時点のものです。

はじめに

今日のビジネスにとってチャットは非常にパワフルなツールです。特にIT分野においてはあって当たり前なツールに近いでしょう。

チャットは開発をより効率的に行うためのコミュニケーションだけでなく、様々な通知を行ったりや各種システムを連携することでさらに真価を発揮します。

例えば自分たちのビジネスの指標が定期的に通知されたり、システム状態の可視化やアラートの復帰を行うチャットボットなど、コミュニケーションの場であるチャットと仕事が密接に連携することでより効率的になる例は多くあります。

世の中に様々なチャットサービスがありますが、中でも先述の連携機能などを考慮するとSlackは真っ先に採用の選択肢にあがるでしょう。

Slackの大きな特徴はSlackアプリを入れることで様々なプラットフォームと連携ができる点です。Slackにはサードパーティも含め様々なSlackアプリが公開されていて、それらをインストールすることで少ない作業でSlackの機能を拡張できます。

多くのユースケースではすでに用意されているSlackアプリを利用するだけでもカバーできます。しかし、自分たちのビジネスに合わせカスタマイズを行ったり、内製システムとの連携を行うなど、公開されているSlackアプリでカバーしきれない範囲の連携の場合、APIを利用した開発が必要なケースが出てきます。

本書ではいくつかのサンプルとなるSlackアプリの開発を通してSlackの各種APIに触れます。Slackをより自分たちに合わせてカスタマイズし、普段の業務をより便利にする一助になることを期待します。

2020年11月吉日

伊藤 康太、道内 尊正、吉谷 優介

本書の対象読者と必要な事前知識、および構成

本書の対象読者と必要な事前知識

本書はSlack APIやBoltフレームワークを利用してオリジナル機能を追加したSlackアプリを開発する手法を紹介した入門書です。

本書を読むにあたり、次のような知識がある読者の方を前提としています。

- Node.Jsの基本が理解できている
- JavaScriptの基本が理解できている
- macOSのターミナルでの基本的なコマンドが使える

本書の構成

本書は全11章で構成されています。

Chapter 1 では、Slackの基礎的な概念やSlackアプリの概要について触れます。

Chapter 2 では、Slackアプリ開発に必要な環境と簡単なSlackアプリを作成する方法を解説します。

Chapter 3 では、連携の基礎となるチャンネルへの投稿について解説します。

Chapter 4 では、Slackとインタラクティブなやりとりを行うための実装方法について解説します。

Chapter 5 では、ランチのお店を選んでくれるボットを作りながらスラッシュコマンドやInteractive Componentsについて触れていきます。

Chapter 6 では、フォームを使ったSlackアプリの作成方法を解説します。

Chapter 7 では、ユーザが任意の住所をSlackに投稿した際に、該当する場所の地図が表示されるSlackアプリの作成方法を解説します。

Chapter 8 では、Giphyに似たSlackアプリを作りながら、スラッシュコマンドやエフェメラルメッセージについて解説します。

Chapter 9 では、投稿されたメッセージを他のアカウントに対してリマインド設定するSlackアプリの作成方法を解説します。

Chapter 10 では、OAuthでワークスペースごとのトークンを取得し、複数のワークスペースで動くSlackアプリの作成方法について解説します。

Chapter 11 では、HerokuやAWS、Google Cloud Runなどを利用したデプロイ方法について解説します。

本書のサンプルの動作環境と付属データ・会員特典データについて

本書のサンプルの動作環境

本書の各章のサンプルは表1の環境で、問題なく動作することを確認しています。なお、本書はmacOSの環境を元に解説しています。

▼表1：実行環境

OS環境		バージョン
macOS		Catalina 10.15.6
ターミナル		zsh 5.7.1（x86_64-apple-darwin19.0）
ブラウザ環境		バージョン
Google Chrome		86.0.4240.75（Official Build）（64 ビット）
開発環境		バージョン
Slack		4.8.0
Node.js		12.18.3 LTS
ngrok		2.3.35
Heroku		7.35.0 darwin-x64 node-v12.13.0
Xcode		12.0.1（App Storeから導入）
Python		3.8.2（macOS標準。python3コマンドで使用）
AWS CLI		v2.0.54
Google Cloud SDK		312.0.0
	bq	2.0.61
	core	2020.09.25
	gsutil	4.53

付属データのご案内

付属データ（本書記載のサンプルコード）は、以下のサイトからダウンロードできます。

- 付属データのダウンロードサイト
  URL https://www.shoeisha.co.jp/book/download/9784798164748

注意

付属データに関する権利は著者および株式会社翔泳社が所有しています。許可なく配布したり、Webサイトに転載したりすることはできません。

付属データの提供は予告なく終了することがあります。あらかじめご了承ください。

会員特典データのご案内

会員特典データは、以下のサイトからダウンロードして入手頂けます。

- 会員特典データのダウンロードサイト
  URL https://www.shoeisha.co.jp/book/present/9784798164748

注意

会員特典データをダウンロードするには、SHOEISHA iD（翔泳社が運営する無料の会員制度）への会員登録が必要です。詳しくは、Webサイトをご覧ください。

会員特典データに関する権利は著者および株式会社翔泳社が所有しています。許可なく配布したり、Webサイトに転載したりすることはできません。

会員特典データの提供は予告なく終了することがあります。あらかじめご了承ください。

免責事項

付属データおよび会員特典データの記載内容は、2020年11月現在の法令等に基づいています。

付属データおよび会員特典データに記載されたURL等は予告なく変更される場合があります。

付属データおよび会員特典データの提供にあたっては正確な記述につとめましたが、著者や出版社などのいずれも、その内容に対してなんらかの保証をするものではなく、内容やサンプルに基づくいかなる運用結果に関してもいっさいの責任を負いません。

付属データおよび会員特典データに記載されている会社名、製品名はそれぞれ各社の商標および登録商標です。

著作権等について

2020年11月
株式会社翔泳社　編集部

目次

Chapter 3　チャンネルに投稿しよう 45

Chapter 4　Slackアプリのサーバサイドを実装しよう 63

Chapter1

Slackアプリとは

本章ではSlackの基礎的な概念やSlackアプリの概要について触れていきます。

S01 基本的なSlackの概念

はじめにSlackの基本的な用語や概念について説明します。ここでは、まず「ワークスペース」「チャンネル」という概念を説明します。

ワークスペース

▲図1.1：ワークスペース

ワークスペース（図1.1）は複数の**チャンネル**から構成される、**コミュニケーションスペースの単位**です。

ユーザはワークスペースに所属する形でアカウントが作成されます。そして、そのワークスペースの中にあるチャンネルに参加したり、自分でチャンネルを作成して他の人をそこに招待することもできます。また、複数のワークスペースに同時にログインして、Slackのアプリ（以下Slackアプリ）でそれらを切り替えて行き来しながら、複数の組織やチームとコミュニケーションをとることもできます。

それぞれのワークスペースには管理者権限のユーザが存在します。管理者はワークスペースにおけるメンバーの管理、インストールされたSlackアプリの管理、その他ワークスペース全体の設定を行うことができます。

比較的小規模な組織でSlackを使う時は1つのワークスペースを全員で利用して、チームやプロジェクトごとにチャンネルを作って情報を整理していくことが多いです。一方、数千人・数万人規模の組織になってくると、ワークスペースを複数持って、それぞれの部門や地域などの単位で、最適な粒度に分けていくこともできます※1。

※1　大規模組織向けの管理を行うためのEnterprise Gridという有償プランがありますが、これについては本節末尾のコラムで紹介します。

ワークスペースやチャンネルの整理の仕方は組織構造などによっても最適解は変わってきます。例えば、社外とのやりとりが多く、部署を跨ぐプロジェクトに関わっている組織はproj-のようなプレフィックスを持つチャンネルでプロジェクト単位のコミュニケーションを行ったり、チームの単位とプロジェクトの単位が同じであるような場合はteam-devやteam-opsといったチームのチャンネルがメインのコミュニケーションになるかと思います。

Slackの活用に正解はないので、公開されているベストプラクティスを参考にしながら、自分たちのチームや組織にあったやり方を取り入れていくとよいでしょう。

非常に大きな組織であってもワークスペースは少数で十分に足りることが多いので、まずはチャンネル単位の整理を行い必要に応じてワークスペースを追加していくのがおすすめです※2。

チャンネル

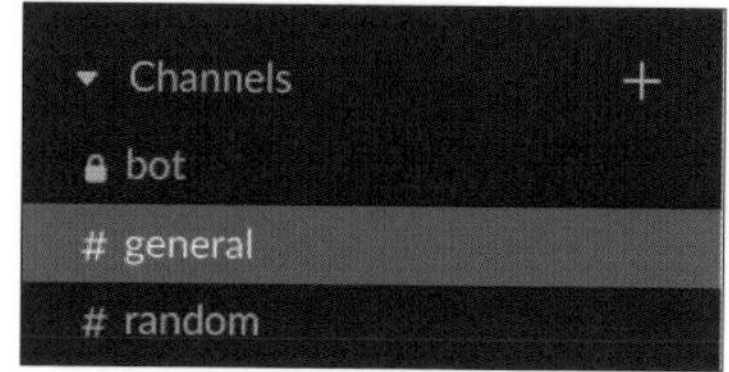

▲図1.2：チャンネル

チャンネル（図1.2）はチャットルームのようなもので、チームでコミュニケーションを行うために利用します。チャンネルという単位で、メッセージ、ファイルを1つに集めることができます。また、チャンネルに対してSlackアプリやBot（コードの実行やタスクの自動化に役立つ存在）などを追加することで様々な自動化を行うこともできます。

Slackには**パブリック**と**プライベート**という2種類のチャンネルが存在します。

パブリックチャンネルは文字通り公開されたチャンネルで、自由にチャンネルに参加できます。また、チャンネルに参加していなくても検索窓からメッセージの内容やファイルの内容を検索することが可能です。これにより後から組織に入ったメンバーも過去の経緯や他チームの状況をいつでも気軽に知るこ

※2　Enterprise Gridプランではワークスペース間のチャンネル移動もサポートしています。

とができます。

反対に**プライベートチャンネル**はとても厳密なアクセスコントロールが提供されています。チャンネルは招待されるまで参加することができず、検索も行えないためチャンネルが存在することも秘匿されます。例えば人事などごく一部の人にしか公開できないコンフィデンシャルな情報を扱わなければならないシーンではプライベートチャンネルを利用します。

パブリックチャンネルはプライベートチャンネルに変換可能ですが、プライベートからパブリックへの変更はできないので、上記のアクセスコントロールによる招待運用の発生や検索対象外になることなどのデメリットが存在することを忘れないようにしましょう。

Slackはオープンなコミュニケーションを促進するためのツールとして設計されているので、できるだけパブリックチャンネルを使ってコミュニケーションを行う方がよいでしょう。

ダイレクトメッセージ

ダイレクトメッセージは**1:1**もしくは**複数人**※3でコミュニケーションを行うことができる特殊なチャンネルです。個々人とコミュニケーションするために利用されます。また、ダイレクトメッセージはプライベートチャンネルへ変換することも可能です。

コラム

Enterprise Grid

Slackは無料でも利用できますが、いくつかの料金体系が存在します。基本的にはワークスペース単位で管理するモデルですが、一定規模以上の組織用に複数のワークスペースを管理できるエンタープライズプランであるEnterprise Gridが提供されています。

ユーザのプロビジョニング、ワークスペースを超えたダイレクトメッセージ、ワークスペース間で共有できるチャンネルや、セキュリティのポリシーなど、エンタープライズ用途で必要とされる機能はこのプランで提供されます。

また、ワークスペース間でチャンネルの移動が可能になるので、チャンネルが増えすぎてしまったワークスペースを分割することもできるようになります。

ある一定以上の規模で、2つ以上のワークスペースを運用しなければならないシーンではEnterprise Gridの契約も候補になるでしょう。

※3　2020年11月現在、9人までとなります。

S02 Slackアプリの概要

Slackアプリとは Slackにサービスやツールを連係させるプラグインのようなものです。Slack製やサードパーティ製のSlackアプリに加え、チーム独自のSlackアプリを開発することもできます。

SlackはTwitterやGitHubなど様々なサービスと連携することで真価を発揮します。Slackのポテンシャルを活かしきるためには**Slackアプリ**を使いこなすことが重要です。Slackアプリをインストールすることで各サービスからの通知をSlack上で受け取れることはもちろん、Slack上で作業を完了させることもできます。

例えばJiraアプリ（プロジェクト管理やバグトラッキング用のソフトウェア）であれば、チケットのステータス変更をSlackに通知して気付けるようにしたり、Slackからチケットを作成することもできるようになります。

インストール

初期状態ではteamに参加している誰でも**Slackアプリの追加**が可能です（ゲストを除く）。この権限は必要に応じてワークスペース管理者※4が追加できるようにする設定が可能なので、必要に応じて設定を変更してください。

Appディレクトリで配布されているSlackアプリはSlackの審査が行われていますが、Slackアプリが要求するScope（権限）によっては重要なデータがSlackの外に流れてしまいます。特に企業で利用する場合などはScopeを確認し、自社のセキュリティ基準に合わせてSlackアプリの精査を行うとよいでしょう。

Slackではそのような精査フローを助けるために、一般ユーザがSlackアプリのインストール権限を持たない時に管理者やオーナにSlackアプリのインストールをリクエストする機能もあります。これらを利用することでよりセキュアにSlackの運用ができます。

※4　Enterprise GridであればOrgのオーナのみがSlackアプリを追加できます。

Bot

Slackアプリを追加すると**Bot**が追加されることがあります。BotはSlackのユーザと同じように振る舞い、リプライやDMを送ったり対話することができます。

Botの裏側では各連携システムが待機していて、様々な挙動を実現します。ユーザに話しかけるようなインターフェースで連携システムと対話するための機能と考えてください。

Scope（権限）

Scope（スコープ）とはSlackアプリがSlack上で何をすることができるかを表す権限のことです。例えば、あるSlackアプリではパブリックチャンネルにはアクセスできるが、プライベートチャンネルにはアクセスできない、といった権限を細かく分けることができます。詳しくは第2章で説明します。

Appディレクトリ

Slackアプリの導入は自分で作成する方法と、すでに作成されたSlackアプリをインストールする方法があります。すでに作成されたSlackアプリは**Appディレクトリ**で探したりインストールしたりすることが可能です（図1.3）。

▲図1.3：Appディレクトリ

URL https://slack.com/intl/ja-jp/apps

これはiPhoneのApp StoreやAndroidのGoogle Playのようなもので、企業や個人が作成したSlackアプリが世界中に向けて公開されています。ここから自分の業務やコミュニティ運営に役立つSlackアプリ（メールやRSS、Twitterなど）を探して利用することで、Slackはより便利になっていきます。このような連携機能が多く存在し、手軽に拡張していける柔軟さもSlackの大きな特徴です。

03 Web APIで情報を送る・Slackを操作する

SlackのAPIは URL https://api.slack.com から作成したSlackアプリをワークスペースにインストールして利用します。Slackアプリを作成し、必要な権限を付与したToken（トークン）を取得することで、各APIのリソースにアクセスできます。ここではSlackのAPIで実際にどのようなリソースを操作できるのかを説明します。

APIで操作できるリソースの例

Slackではあらゆるリソースにアクセスする APIが用意されています。図1.4のドキュメントにAPIの一覧が載っているので、自分の作成するSlackアプリに必要なAPIを探してみます。

Start learning
Authentication
Surfaces
Block Kit
Interactivity
Messaging
APIs
Workflows
Enterprise
Apps for Admins
Reference

API Methods

All methods

All API methods follow the same calling conventions.

admin.apps

Method	Description
admin.apps.approve	Approve an app for installation on a workspace.
admin.apps.restrict	Restrict an app for installation on a workspace.

▲図1.4：API Methods
URL https://api.slack.com/methods

users

usersと付いているAPIはその名の通り、ユーザ情報系のAPIです。Slackアプリ作成時に頻出するであろうAPIです。例えばusers.conversationsはインストールした時に取得できるトークンに紐付いたユーザが所属しているチャンネルの一覧が取得できます。また、ユーザの詳細な情報を取得するusers.infoやワークスペースにいる人のリストを取得するusers.listなどもあります。

conversations

ユーザの他にもよく利用するのはチャンネル系の操作です。チャンネルやDMを操作するAPIは主に**conversations**という名前が付いています。例えば、チャンネルにポストされたメッセージの取得はconversations.history、チャンネル情報の取得はconversations.info、チャンネルの招待にはconversations.inviteなどが利用できます。

以前はパブリックチャンネル、プライベートチャンネル、DMなどそれぞれでAPIが分かれていましたが、現在はそれらを**conversations**というAPIでまとめて呼び出せるようになっています。

reactions

Slackでは**reactions**というライトなコミュニケーションがよく利用されますが、このリソースにもAPI経由でアクセスが可能です。メッセージにリアクションを加えるreactions.addや削除するreactions.removeなど、直感的に利用できる名前が付いています。

reminders

Slackには特定の時間にメッセージを送ってくれる**リマインダー機能**があります。通常はUIから設定することが多いと思いますがreminders.addでリマインドを追加したり、reminders.completeでリマインドの消し込みなどをAPI経由で行うことも可能です。

pins

実際にSlackを使ったことがある人は、チャンネルにピンどめされているメッセージを見たことがあるかもしれません。チャンネル全体にとって有用なメッセージなどはチャンネル自体に**ピンどめ**することができます。これらのリソースはreactionsのようにpins.addやpins.removeなどで設定が可能です。

stars

starsはpinsに似た機能ですが、pinsはチャンネルに紐付くのに対し、stars

は個々人に紐付きます。個人が持てるブックマークのようなものです。

APIとしてはその他のリソースとほぼ同様のstars.addやstars.removeなどで設定が可能です。ただし、こちらはpinsとは違い個人の設定なので、利用するユーザのstarsを設定するAPIとなります。

dnd

dndは**do not disturb**の略で、「起こさないで」、や「邪魔しないで」といった意味です。ホテルの扉にかける札のように、Slackからくる通知をコントロールすることができます。例えばdnd.setSnoozeで指定した分数だけ通知を止めたり、dnd.endSnoozeで止めた通知を再開したりできます。

APIレベルでの用語の言い換え

APIの中にはいくつか**普段使う名前と違うプロパティ**で呼ばれているものがありますので、知っておくと混乱しなくなるでしょう。

「ワークスペース」→「team」

基本的にワークスペースは**team**という名前で呼ばれています。APIのレスポンスにteamがあればそれはワークスペースのことを指すということを知っておけば大丈夫です。例えばワークスペースの情報を取得するAPIもteam.infoとなっています。

channel/group/mpim/im

先程、チャンネルやDMといったリソースにアクセスする時はconversationsというAPIを利用すると説明しましたが、内部的にはそれぞれ表1.1のような名前で区別されています。

▼表1.1：リソースと内部的な名前

利用するリソース	内部的な名前
パブリックチャンネル	channel
プライベートチャンネル	group
複数人 DM	mpim
DM	im

命名規則・呼び出し方

slack.com/api/METHOD_FAMILY.method

SlackのAPIは一定の規則にしたがって命名されています。https://slack.com/api/まではどのAPIでも共通しています。その次に先程説明したリソース名などが入り.でそのリソースに対する操作をつなげるといった規則となっています。

HTTP method/form/json for some

SlackのAPIはパラメータやレスポンス形式の指定など、それぞれ統一された方法で呼ぶことが可能です。

- クエリパラメータで渡す
- ヘッダにapplication/x-www-form-urlencodedを指定してPOSTパラメータで渡す
- 上記の2パターンの組み合わせ

また一部の書き込みを行うメソッドではapplication/jsonをサポートしているので、JSONでデータを送信可能です。具体的にはapplication/jsonをサポートしているメソッドは図1.5のドキュメントで確認できます。

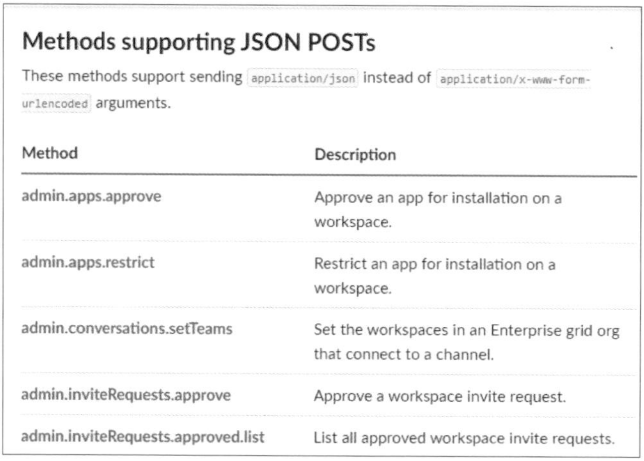

Methods supporting JSON POSTs

These methods support sending `application/json` instead of `application/x-www-form-urlencoded` arguments.

Method	Description
admin.apps.approve	Approve an app for installation on a workspace.
admin.apps.restrict	Restrict an app for installation on a workspace.
admin.conversations.setTeams	Set the workspaces in an Enterprise grid org that connect to a channel.
admin.inviteRequests.approve	Approve a workspace invite request.
admin.inviteRequests.approved.list	List all approved workspace invite requests.

▲図1.5：Methods supporting JSON POSTs

URL https://api.slack.com/web#methods_supporting_json

例えばcurl[※5]を使ってapplication/x-www-form-urlencodedでメッセージを投稿するサンプルは次のようになります[※6]。

ターミナル
```
% curl -X POST -H "Content-Type: application/x-www-form-urlencoded" ⏎
"https://slack.com/api/chat.postMessage?token=xoxb-XXXXXXXXXXXX-⏎
XXXXXXXXXXXXX-XXXXXXXXXXXXXXXXXXXXXXXX&channel=test&text=hello"
```

application/jsonでJSON形式のデータを扱いたい場合は次のサンプルのようにします。Authorizationヘッダにも対応しているので、そちらにトークンを設定することも可能です[※7]。

ターミナル
```
% curl -X POST -H "Content-Type: application/json; charset=UTF-8" -H ⏎
"Authorization: Bearer xoxb-XXXXXXXXXXXX-XXXXXXXXXXXXX-XXXXXXXXXX⏎
XXXXXXXXXXXXXX" https://slack.com/api/chat.postMessage -d ⏎
'{"channel": "test", "text": "hello"}'
```

Scope

SlackのAPIはトークンを取得したからといって無制限に呼べるものではありません。APIにはそれぞれ呼び出すために**Scope（スコープ）**という権限の概念があります。例えばメッセージを投稿するchat.postMessageであればトークンを取得する際にchat:writeスコープが付与されている必要があります。その他にもchat:writeはchat.updateやchat.deleteなど投稿に関わるAPIで必要となります。

このように、Slackアプリに必要なAPIに応じて必要なスコープを絞ることで、万が一、トークンが流出してしまった場合にも、そのスコープ以上のことはできなくなります。Slackアプリを作成する際には必要以上にスコープを付

※5 curlはhttpリクエストなどを手軽に行えるコマンドラインツールです。

※6 curlコマンドによる実行例の1つです。このトークンやチャンネルは一例なので、このまま実行してもエラーになります。

※7 curlコマンドによる実行例の1つです。このトークンやチャンネルは一例なので、このまま実行してもエラーになります。

けてしまわないようにしましょう。

APIに必要なスコープ は、図1.6のURLでそれぞれ確認できます。

Start learning
Authentication
Surfaces
Block Kit
Interactivity
Messaging
APIs
Workflows
Enterprise
Apps for Admins
</> Reference

Changelog

Scopes and permissions

A Slack app's capabilities and permissions are governed by named *scopes* and the tokens they support.

Scope	Description	Tokens
admin	Administer the workspace	user
admin.apps:read	View apps and app requests in a workspace	user
admin.apps:write	Manage apps in a workspace	user
admin.conversations:read	View the channel's member list, topic, purpose and channel name	user

▲図1.6：APIに必要なスコープ

URL https://api.slack.com/scopes

Bot Scope

スコープの中にはBotユーザにのみ付与できる**Bot Scope**があります。以前のBot Scopeは単一のスコープで多くのAPIを利用できるものでしたが、現在のBot Tokenはユーザのトークンと同様に分割されたスコープを付与する形になっています※8。

※8　https://medium.com/slack-developer-blog/more-precision-less-restrictions-a3550006f9c3

S04 まとめ

本章で学んだことをまとめます。

- 基本的なSlackの概念（本章01節）
- ワークスペース（本章01節）
- チャンネル（本章01節）
- ダイレクトメッセージ（本章01節）
- Slackアプリ（本章02節）
- Bot（本章02節）
- Scope（権限）（本章02節）
- Appディレクトリ（本章02節）
- Web API（本章03節）
- 命名規則・呼び出し方（本章03節）
- Scope（本章03節）

Chapter2

Slackアプリ開発をはじめよう

本章ではSlackアプリ開発の準備について解説していきます。

S01 本書の開発環境を構築する

本書ではmacOS（Catalina）とNode.js v12、npm v6で開発および動作確認を行っています。

Node.jsのインストール

本書ではNode.js（JavaScript実行環境）とnpm（パッケージ管理ツール）を利用して開発を進めていきます。

Node.jsのインストール方法はいくつかありますが公式サイトからインストールすることをおすすめします。

- Node.js
  URL https://nodejs.org/ja/

図2.1の手順に沿って、インストーラをダウンロードし、ウィザードを起動し、ウィザードの指示にしたがいインストールしてください❶～⓭。

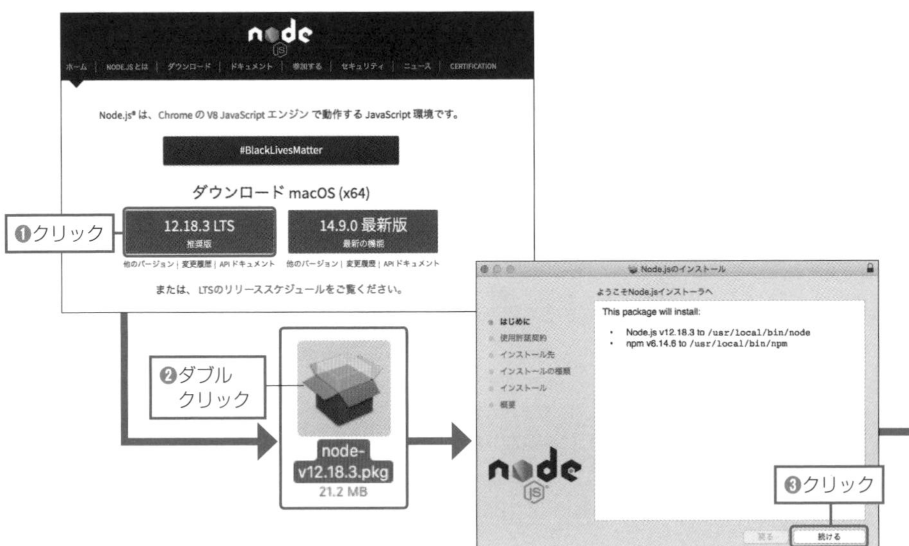

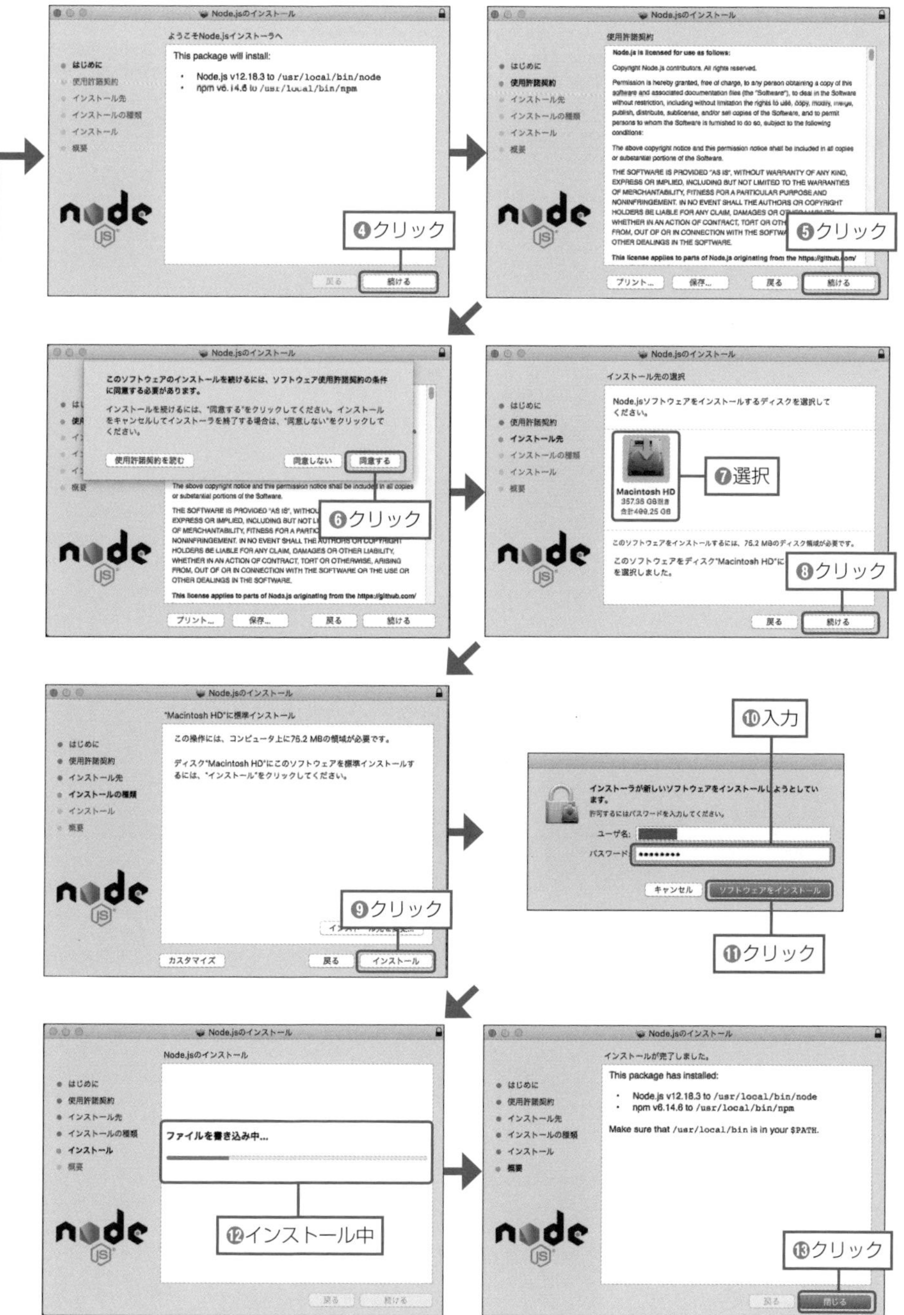

▲図2.1：Node.jsのインストール

インストールの確認

Node.jsをインストールすると、npmも同時にインストールされます。

インストールしたNode.jsのバージョンを確認してみましょう。ターミナルを起動して、次のコマンドを入力して実行してください。Node.jsのバージョンが表示されます。

ターミナル

```
% node -v
v12.18.3
```

続けてnpmのバージョンも確認しておきましょう。次のコマンドを入力して実行するとバージョンが表示されます。

ターミナル

```
% npm -v
6.14.6
```

「複数のバージョンを同時に動かしたい」という方もいるかと思いますが、JavaScriptは非常に後方互換性が強い言語です。マイナーバージョンアップでNode.jsのアプリが大きく壊れることはあまりありません。図2.1のように公式サイトからLTSバージョン※1をダウンロードして、インストールすれば、スムーズに開発を進められます。

※1 Long Term Supportの略。長期サポートの対象になっているバージョンを意味します。

S02 ワークスペースを作成する

Slackアプリを開発するには、Slackアプリをインストールするための**ワークスペース**が必要です。この節では、ワークスペースの新規作成手順を説明します。すでにSlackを利用したことがあり既存のワークスペースを利用する方は、この節を読み飛ばして構いません。

Slackのトップページにアクセスして（URL https://slack.com/intl/ja-jp/）、「サインイン」をクリックします（図2.2❶）。「Sign in to Slack」画面の下にある「Change region」で「日本（日本語）」を選択します❷❸。すると日本語に切り替わります❹。なおここではまだサインインしません。

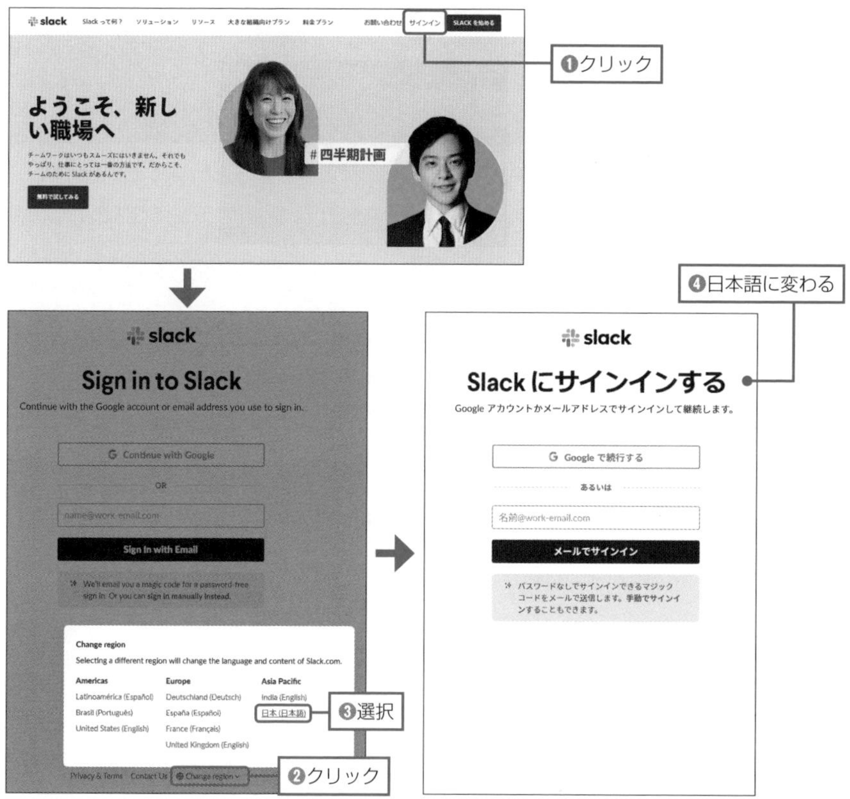

▲図2.2：日本語表示にする

ワークスペースの作成にあたり、メールアドレスが必要なので事前に準備しておきます。準備が完了したら、ワークスペース作成ページ（URL https://app.slack.com/create）にアクセスします。ワークスペースの作成画面が表示されます（図2.3）。メールアドレスを入力して❶、「次へ」をクリックします❷。

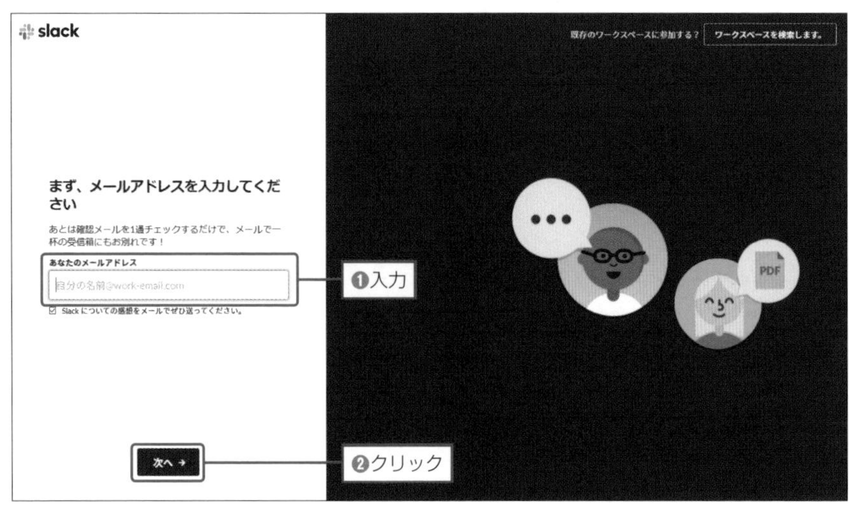

▲図2.3：ワークスペース作成ページ

2要素認証用の画面が表示されます（図2.4）。確認コードが入力したメールアドレスに送信されるので、確認コードを入力します❶。

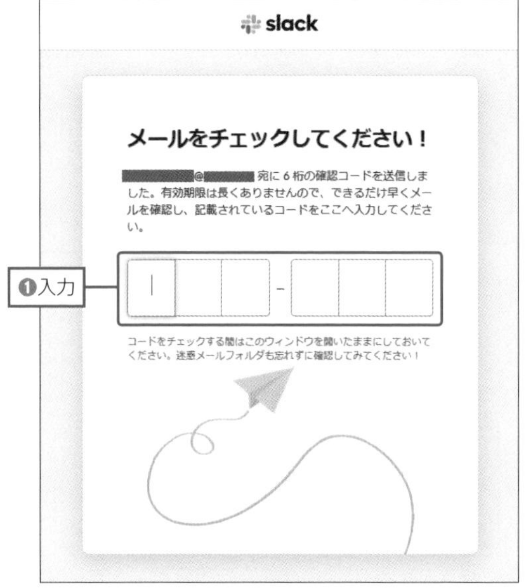

▲図2.4：2要素認証用の画面

入力が完了したら、ワークスペース名の入力画面が表示されます（図2.5）。テキストボックスにワークスペース名を入力後❶、「次へ」をクリックします❷。

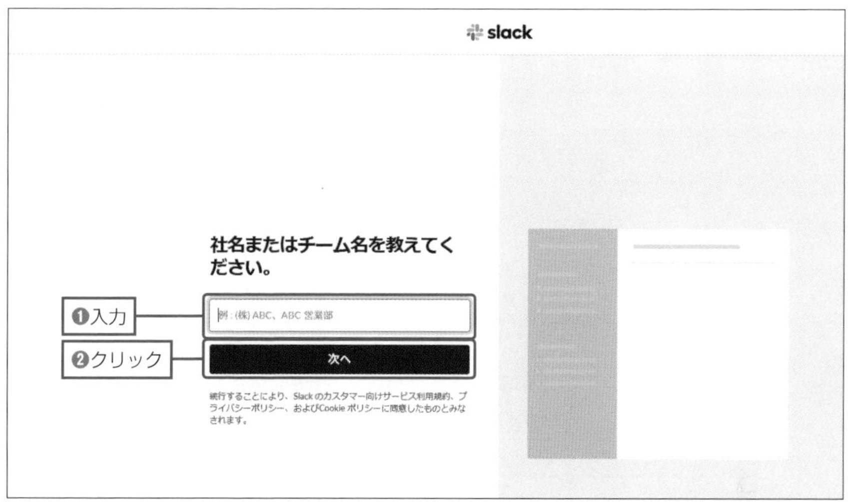

▲図2.5：ワークスペース名の入力画面

既定で所属するチャンネルの入力画面が表示されます（図2.6）。テキストボックスに適当な名前を入力して❶、「次へ」をクリックします❷。

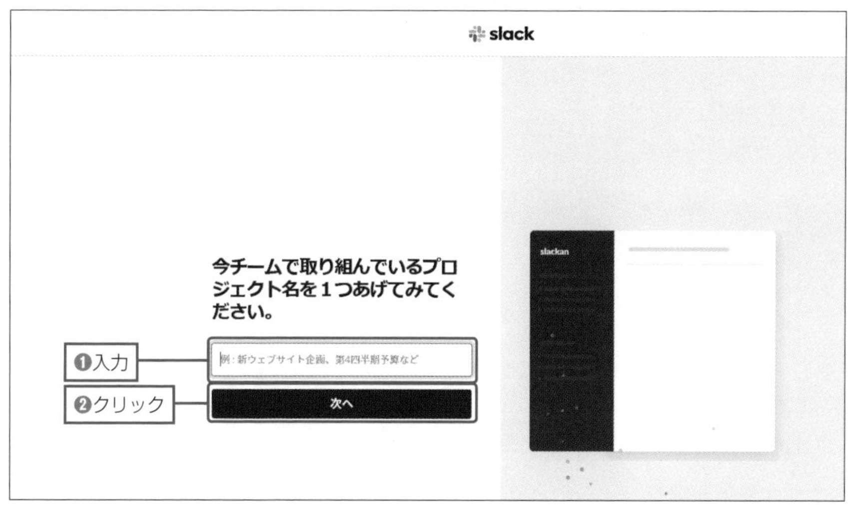

▲図2.6：チャンネルの入力画面

すると、他のメンバーの招待画面が表示されます（図2.7）。必要に応じて、他のメンバーのメールアドレスを入力して❶、「チームメンバーを追加する」をクリックします❷。特に必要がなければ、「後で」をクリックします❸。

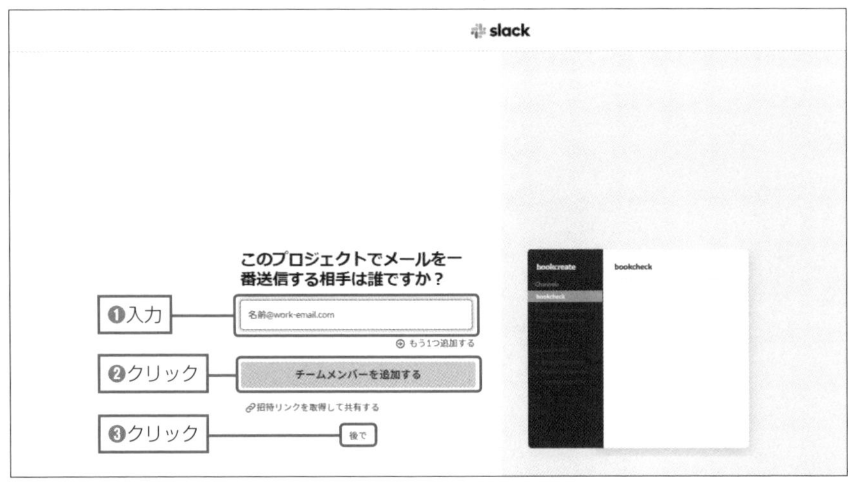

▲図2.7：他のメンバーの招待画面

クリックした後、作成完了画面が表示されます（図2.8）。「Slackでチャンネルを表示する」をクリックします。

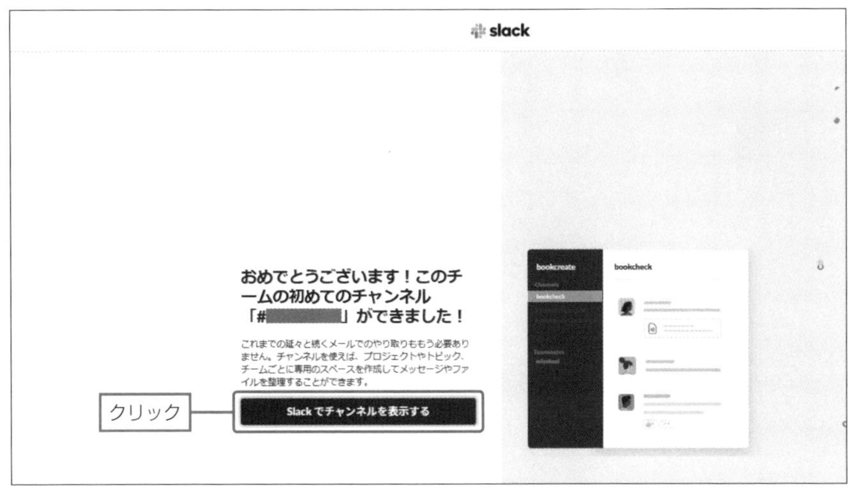

▲図2.8：作成完了画面

すると Slack のワークスペースの初期画面になります。初期画面で「Slack を始める」の部分を省略する場合、マウスオーバーすると「×」が表示されるのでクリックして（図2.9❶）、|「Slack を始める」を外しますか？」画面で「削除する」をクリックします❷。すると❸の画面の状態になります。

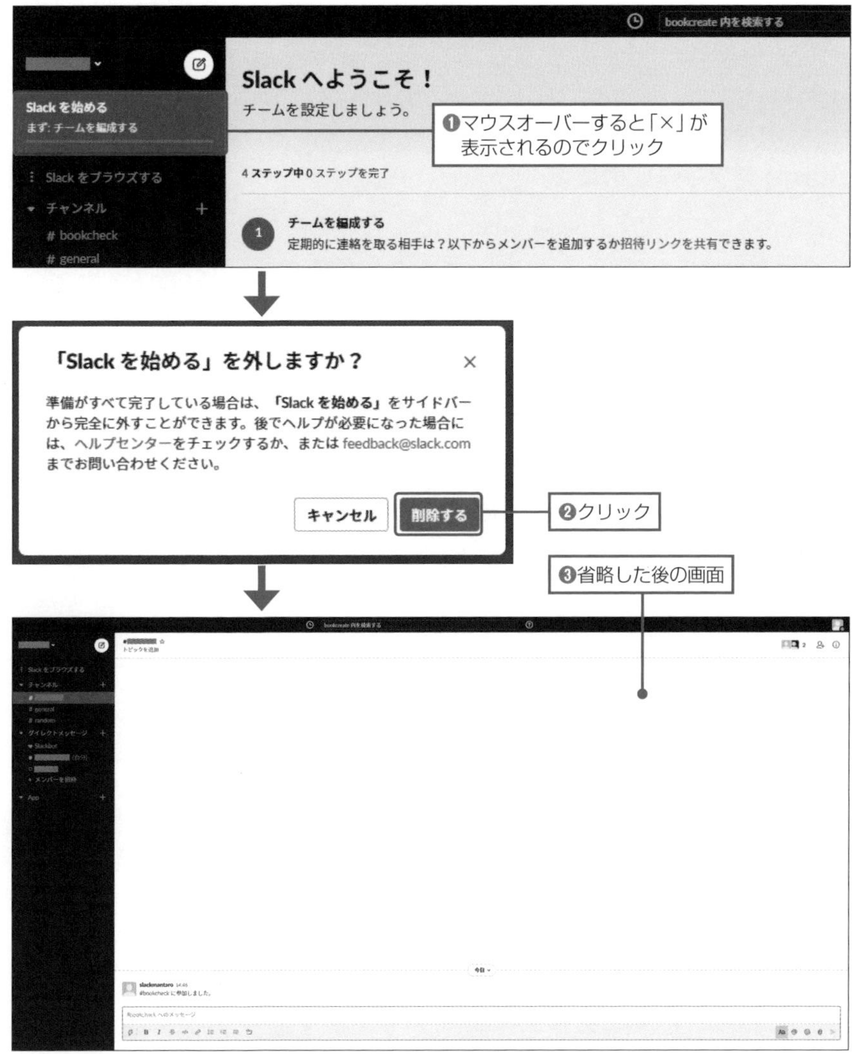

▲図2.9：「Slack を始める」の省略

03 Slackアプリを作成する

この節では、Slackアプリの管理画面からSlackアプリを作成する手順を説明します。

Slackアプリ作成の概要

スラッシュコマンド（Slash Commands）等の機能や各API連携等、Slackアプリの開発はすべてSlackアプリ管理画面（URL https://api.slack.com/apps/{App ID}）※2上で開始します。管理画面上での操作手順の要約は、下記の通りです。

1. 必要な機能、権限、接続先URL等を設定したSlackアプリを作成
2. 作成したSlackアプリをワークスペースにインストール
3. Slackアプリのインストール後に払い出されるAPIのアクセストークンを取得

作成するSlackアプリに必要な機能や権限に変更が発生した場合は、上記の手順を必要に応じて繰り返します。

Slackアプリ作成の第一歩

slack api（URL https://api.slack.com）にアクセスすると、slack apiのホーム画面が表示されます。画面中央の「Start Building」をクリックします（図2.10）。

※2 {} で囲んだ箇所は、任意の値が入ります。

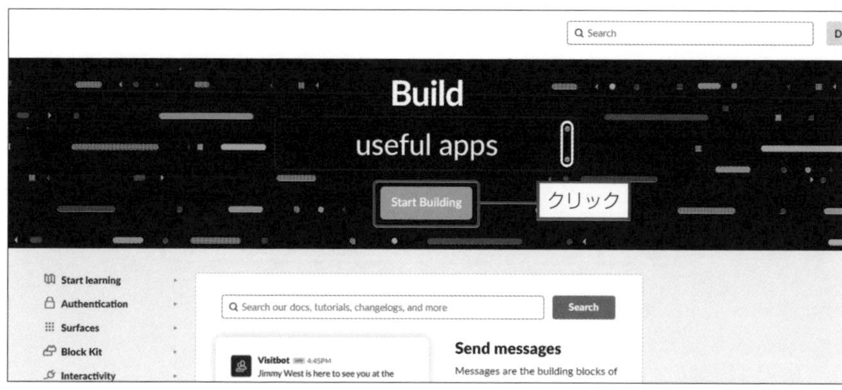

▲図2.10：slack apiのホーム画面

すると、「Create a Slack App」画面が表示されます（図2.11、表2.1）。「App Name」にSlackアプリ名を入力します（ここでは「test-app」と入力）❶。「Development Slack Workspace」は、本章02節で作成したワークスペース名を選択します❷。選択肢にワークスペースが表示されない場合は、Slackアプリを作成するワークスペースにログインします。「Create App」をクリックします❸。

▼表2.1：「Create a Slack App」画面

項目	説明	入力例
❶App Name	Slackアプリの名前	test-app
❷Development Slack Workspace	開発用のワークスペース	作成したワークスペース名

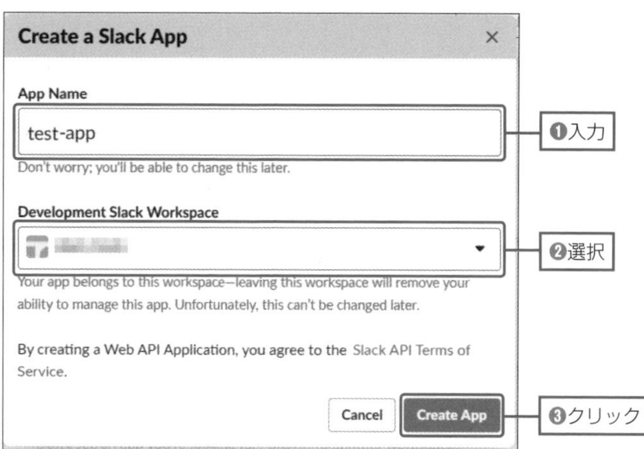

▲図2.11：Slackアプリ作成画面

するとSlackアプリが作成されて管理画面が表示されます（図2.12）。

https://api.slack.com/apps/{App ID}が、作成したSlackアプリの管理画面のURLとなります。

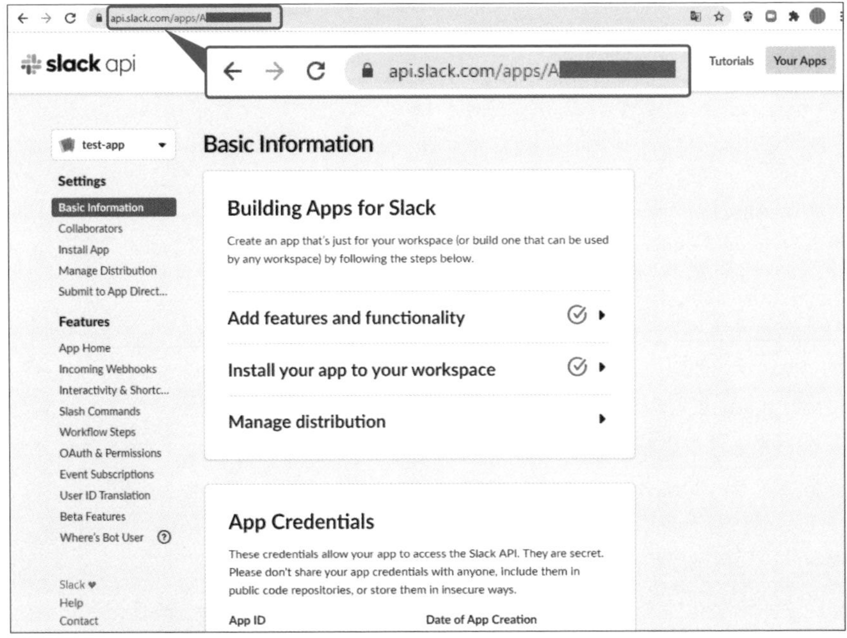

▲図2.12：管理画面

S04 機能・権限一覧

ここでは機能・権限一覧について解説します。

Slackアプリが動作するには、利用する機能やAPIが必要とする**権限（スコープ）**が設定されたアクセストークンが必要となります。

（例）

- スラッシュコマンドを利用：commandsスコープの権限が必要
- APIを利用して外部からメッセージを投稿：chat:writeスコープの権限が必要

Slackアプリがワークスペースにインストールされたタイミングで、Slackアプリに対してアクセストークンが発行されます。Slackアプリはこのトークンを保存して機能の提供に利用します。

本節ではこれらの前段階として、スコープの設定方法について説明します。

トークンへのスコープの設定は、左メニューの「OAuth & Permissions」（図2.13❶）をクリックし、「Scopes」で行います❷。

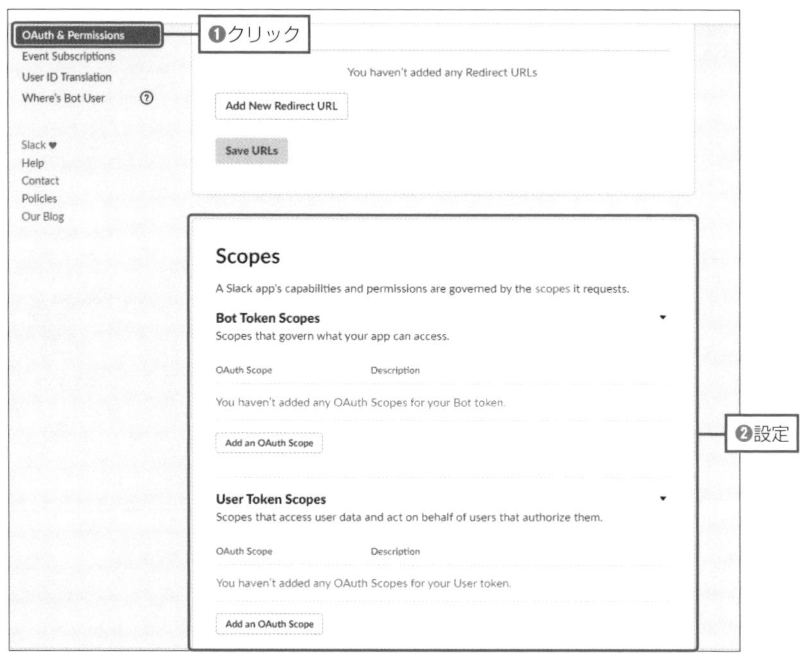

▲図2.13：「OAuth & Permissions」→「Scopes」

発行されるアクセストークンには、表2.2の2種類が存在します。

▼表2.2：アクセストークン

アクセストークンの種別	通称	関連先	利用シーン	接頭辞
Bot User OAuth Access Token	ボットトークン	ボットユーザ	ワークスペース内のすべてのユーザが、Slackアプリの機能を同様に利用する	xoxb-
OAuth Access Token	ユーザトークン	インストールしたユーザ	• インストールしたユーザとしてSlackアプリが動作を行う • インストールしたユーザの権限でSlackアプリが情報にアクセスする	xoxp-

これらのトークンのうち、通常は**ボットトークン**を利用します。インストールしたユーザとしてメッセージを投稿したい場合などには、**ユーザトークン**を利用します。

代表的なAPIと必要なスコープの関係は表2.3の通りです。

▼表2.3：代表的なAPIと必要なスコープの関係

APIの種別	API名	ボットユーザで必要なスコープ	スコープの説明
Web API	chat.postMessage	chat:write	チャンネルにメッセージを投稿する
Web API	files.upload	files:write	チャンネルにファイルをアップロードする
Web API	conversations.history	channels:history groups:history im:history mpim:history	チャンネルで発生したやりとり（メッセージなど）の履歴を取得する
Events API	message.channels	channels:history	チャンネルで発生したイベントを取得する

表2.3を含め、各APIの公式ドキュメントは、https://api.slack.com/methods/{API名}や、https://api.slack.com/events/{イベント名}に記載されています（図2.14）。

▲図2.14：例：chat.postMessageのドキュメント

URL https://api.slack.com/methods/chat.postMessage

各APIの公式ドキュメントには、APIを利用するにあたって必要なスコープや、実際の利用方法の説明、リクエスト、レスポンス、エラーのサンプルなどが記載されています。

05 ボットユーザを作る

本節では、最も単純なボットを搭載したSlackアプリを作成する手順を説明します。

対話的にコードの実行やタスクを処理してくれるプログラムを総称して、**チャットボット**といいます。Slackでは既定で用意されているSlackbotの他に、Slackアプリで動作するオリジナルのボットユーザを作ることができます。

ボットユーザ（以下、ボット）をSlackアプリに作成すると、ユーザはボットに対して下記のような動作ができます。

- メンション（@による呼び出し）する
- チャンネルに参加させる
- ダイレクトメッセージを送る

本来はボットを通じてユーザに便利な機能を提供しますが、本節では上記の機能しか持たない単純なボットを作成します。

Bot Scopeの設定

スコープとは、SlackアプリがSlack上で何ができるかを指定する権限のことです。

ボットを作成するには、最低限1つ以上のスコープを設定する必要があります。本節では、Slackに書き込みを行うことを許可するスコープであるchat:writeスコープを設定して、ボットからメッセージを送信できるようにします。

作成したSlackアプリ管理画面から「OAuth & Permissions」をクリックします（図2.15❶）。「Scopes」の「Bot Token Scopes」の「Add an OAuth Scope」をクリックして❷、「Add permission…」のフォームに「chat:write」と入力して検索し、「chat:write」を選択します❸。

すると、スコープが設定されて画面上側に「Success!」のメッセージが表示されます❹。

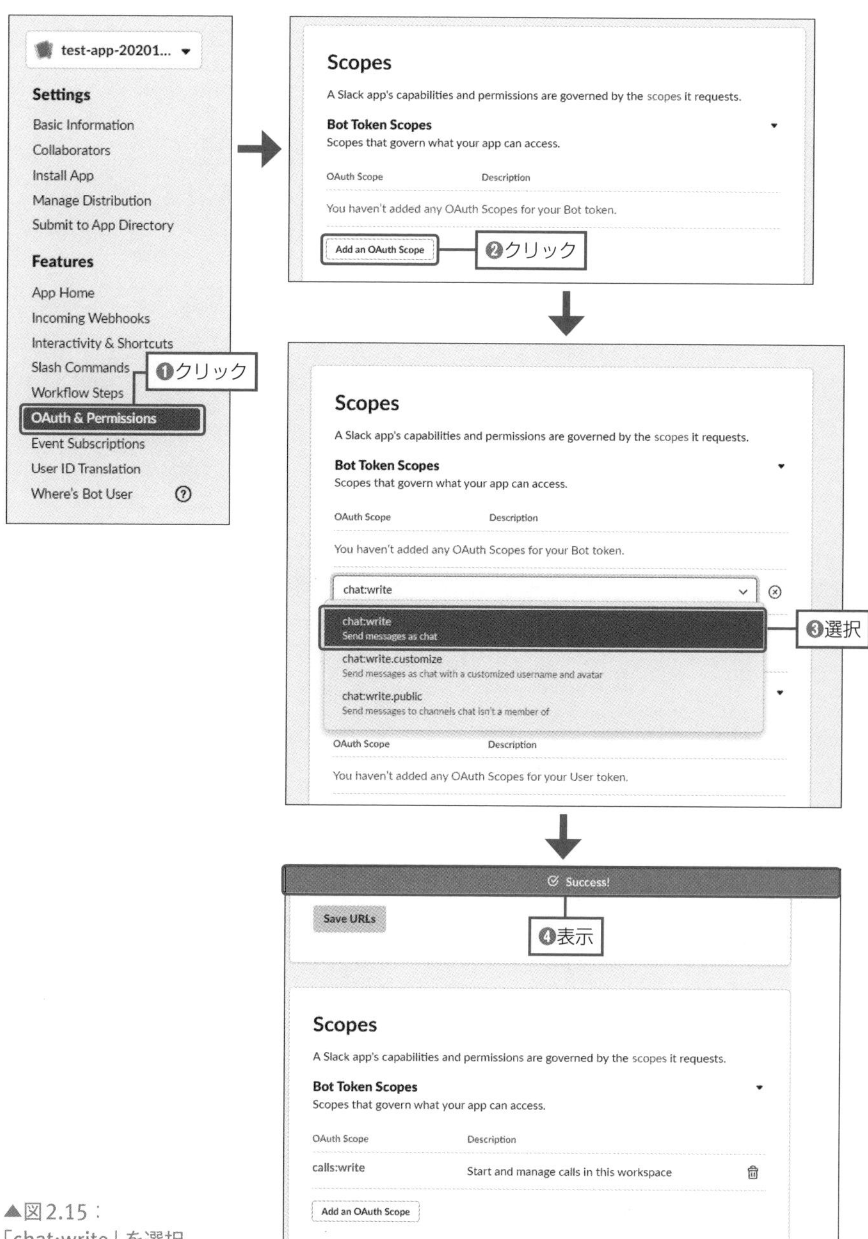

▲図2.15：
「chat:write」を選択

また、スコープが1つ以上設定されるとSlackアプリ管理画面の「App Home」が有効化されます（図2.16❶❷）。

App Display Nameの「Edit」をクリックすると❸、ボットの情報を設定することができます❹❺（表2.4）。設定したら「Save」をクリックします❻。

▼表2.4：ボットの情報を設定

項目	説明	入力例
❹Display Name（Bot Name）	ボットの名称	test-app
❺Default username	Slack上でのIDに相当	test-bot

「Always Show My Bot as Online」をオンにしておくと❼、ボットは常にOnline状態となります。本書ではオンにして解説します。

以上でボットの作成は完了です。

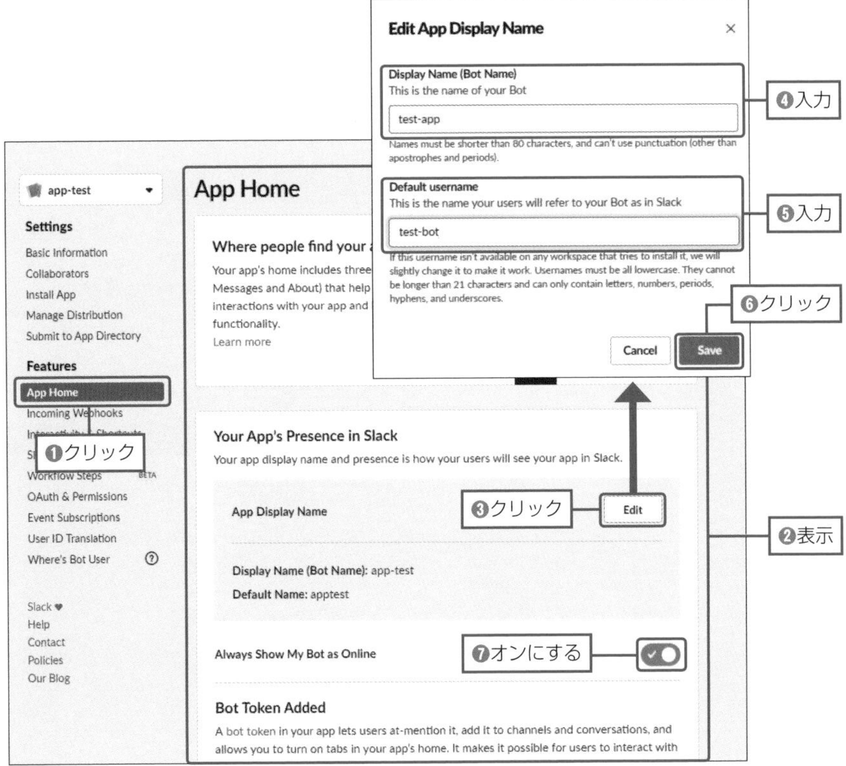

▲図2.16：「App Home」の有効化と設定

App Home

Slackアプリ管理画面の「App Home」→「Show Tabs」→「Home Tab」をオンにすると、ユーザがSlackアプリをより専有的に利用することができます（図2.17）。本書ではオンにして解説します。

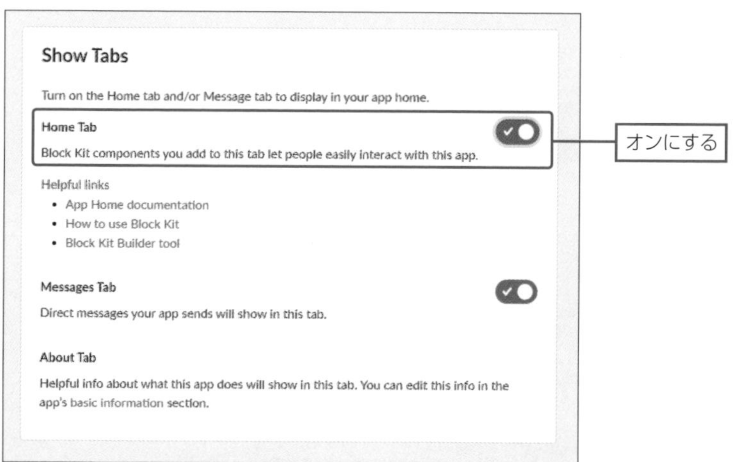

▲図2.17：「Home Tab」を有効化

本書で詳細は触れませんが、「Home Tab（Slackアプリのホーム画面）」によってユーザ個人向けの情報をより集積して提供できるようになります。

（例）

- 特定のユーザにしか表示されないメッセージ（エフェメラルメッセージ）として表示するのではなく、「Home Tab」に集積して表示する

「Messages Tab」は、ボットからのDMの表示を制御できます。

Slackアプリの外観

実際にSlackアプリの作成が完了して、利用するタイミングで構いませんが、Slackアプリの外観や説明を設定することで、ユーザが親しみやすくなります。左メニューの「Basic Information」（図2.18❶）→「Display Information」にてこれらを設定することができます❷❸❹❺（表2.5）。変更した場合は「Save Changes」をクリックして❻、完了です（成功すると「Success!」のメッセージが表示されます。画面は割愛します）。

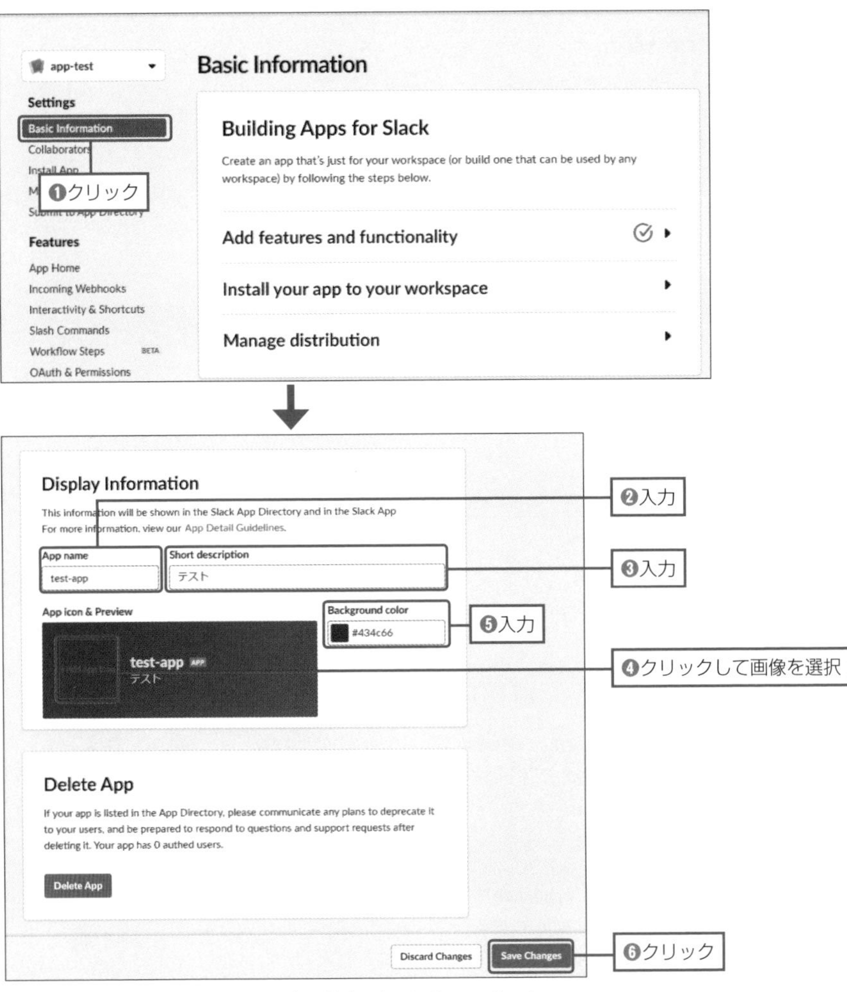

▲図2.18：「Basic Information」→「Display Information」

▼表2.5：Display Information

項目	説明	入力例
❷App name	Slackアプリの名称	test-app
❸Short description	Slackアプリの説明	テスト
❹App icon & Preview	Slackアプリのアイコン （「+ Add App Icon」をクリックして、画像を選択する）	（好みの画像を選択）
❺Background color	Slackアプリの背景色（カラーピッカーをクリックして16進数カラーコードを指定するか、もしくは直接16進数カラーコードを入力して設定する）	#434c66

06 ワークスペースにSlackアプリをインストールする

ボットの追加、スコープの設定が完了したら、開発するワークスペースにSlackアプリをインストールします。

前節でスコープを設定したので、左メニューから「OAuth & Permissions」（図2.19❶）をクリックして、「Install App to Workspace」がアクティブになっていることがわかります。これをクリックします❷。

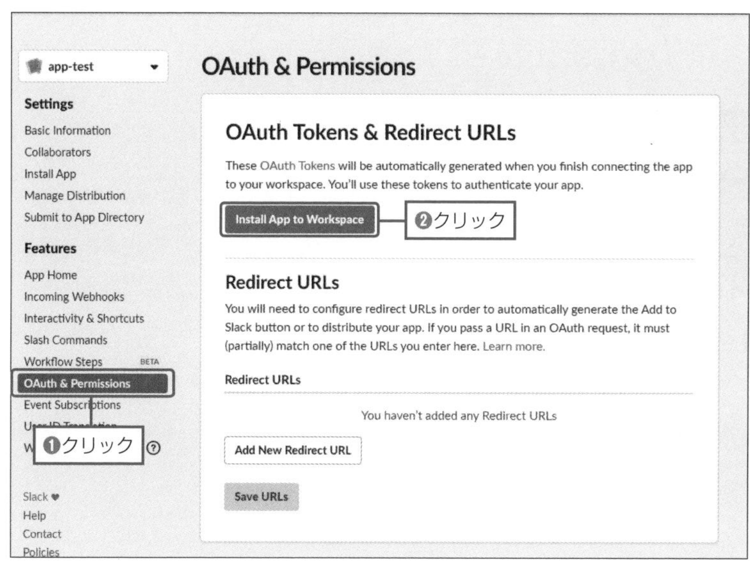

▲図2.19：「Install App to Workspace」をクリック

するとアクセス権限のリクエスト画面が表示されます。「許可する」をクリックします（図2.20❶）。成功すると「Success!」のメッセージが表示されます（画面は割愛します）。開発ワークスペースにSlackアプリがインストールされます❷。

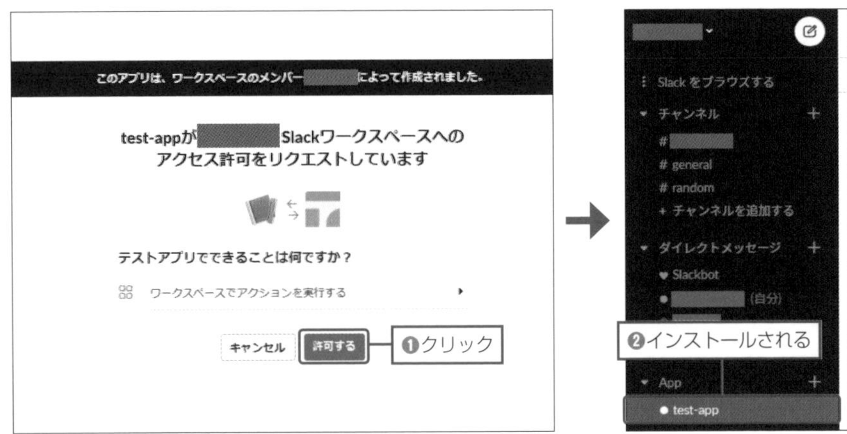

▲図2.20：アクセス権限のリクエスト画面

前節までの手順で作成したSlackアプリは、ボットが既定で備える最低限の機能しか動作しません。試しにApp内の「test-app」を選び（図2.21❶）、「メッセージ」タブをクリックして❷、ボット（Slackアプリ）宛にダイレクトメッセージを送っても❸❹、特に反応がないことがわかります❺。

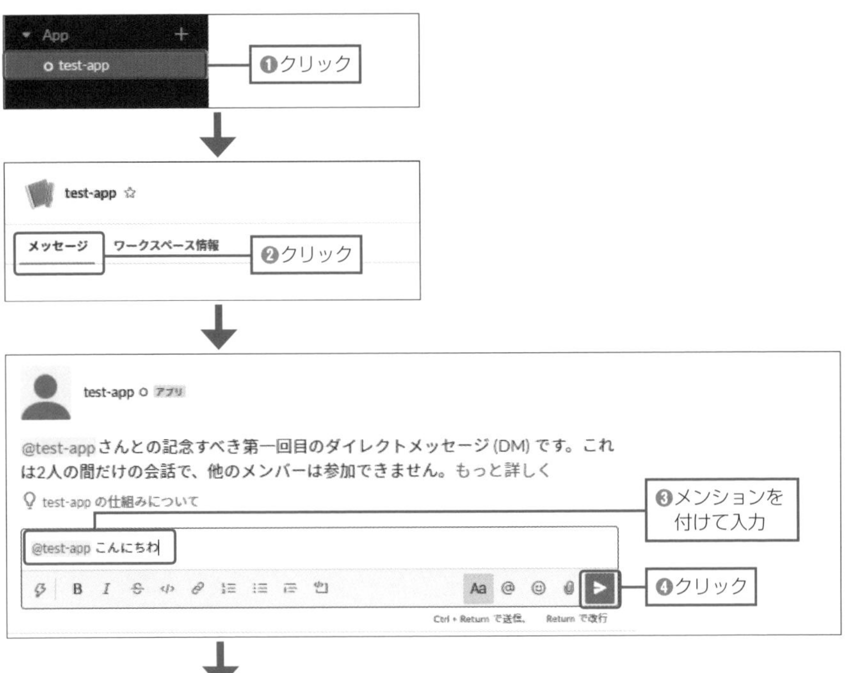

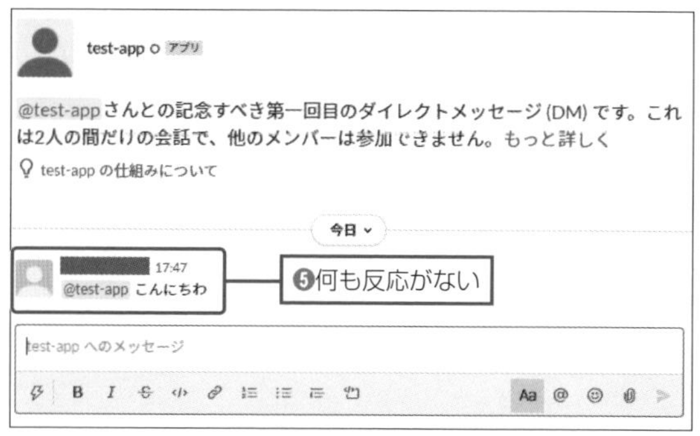

▲図2.21：ボット（Slackアプリ）宛にダイレクトメッセージを送った結果

より詳細なボットの開発については、第5章以降で説明します。

同様の手順で他に作成したSlackアプリも、ワークスペースにインストールできます※3。

アクセストークンの取得

開発用のSlackワークスペースにSlackアプリをインストール後、Slackアプリ管理画面の左メニューで「OAuth & Permissions」をクリックすると（図2.22❶）、ボットトークン（Bot User OAuth Access Token）が発行されていることがわかります❷。

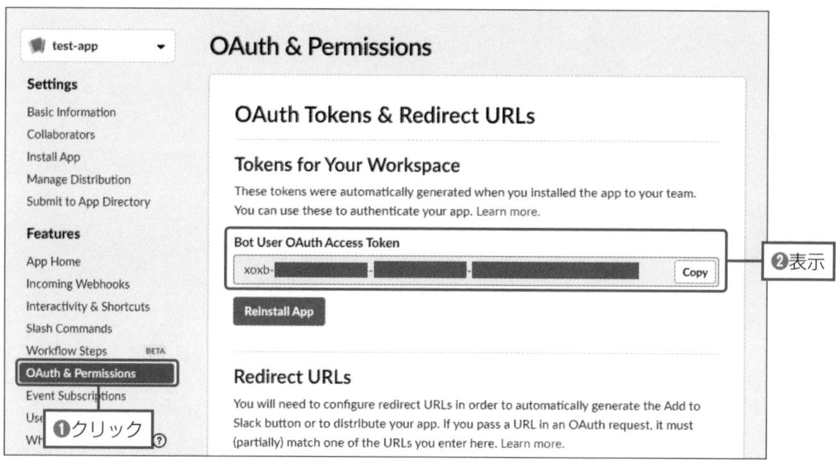

▲図2.22：発行されたボットトークンの確認

※3 開発したアプリをワークスペースで有効化する場合、無料プランだと上限がありますので（本書執筆時点では10個）、ご注意ください。

ユーザトークンのスコープ（User Token Scopes）が設定された場合も同様です。

ユーザデータにアクセスする場合は、これらのトークンが必要になります。

追加したスコープの確認

前節で ボットの基本機能（メンション、チャンネル参加、ダイレクトメッセージ）以外に、チャンネルへのメッセージ投稿機能（chat.postMessage）を追加したので、これらの動作を確認しておきます。

適当なチャンネルにて、作成したボットにメンションします（図2.23❶❷❸）。

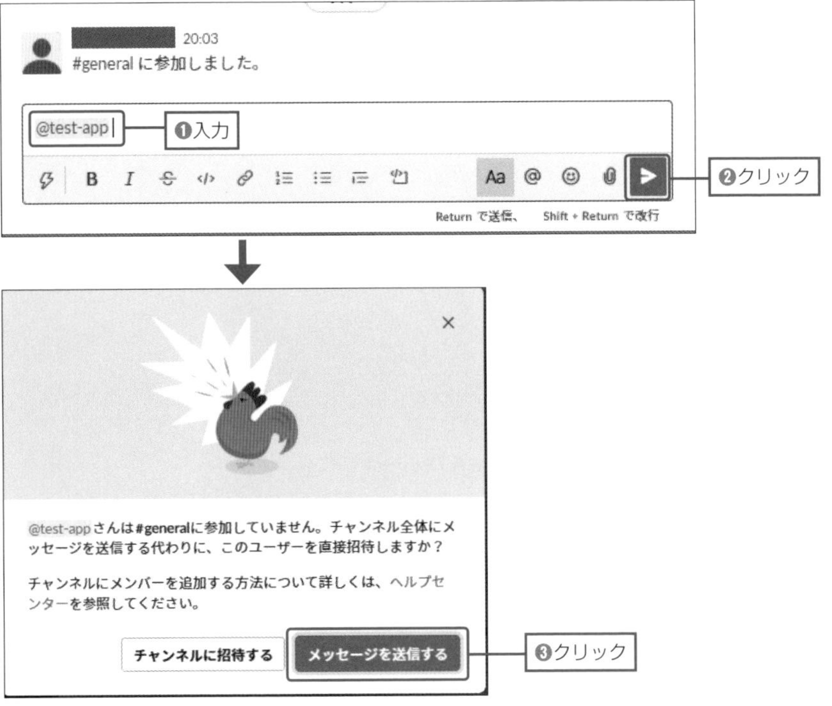

▲図2.23：作成したボットにメンション

Slackbotから、まだチャンネルに参加していない旨の返信がされます。「招待する」をクリックします（図2.24）。

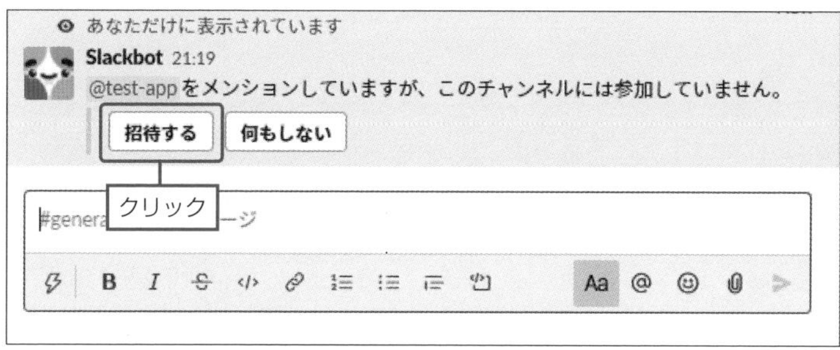

▲図2.24：「招待する」をクリック

するとSlackbotがボットをチャンネルに招待します（図2.25）。

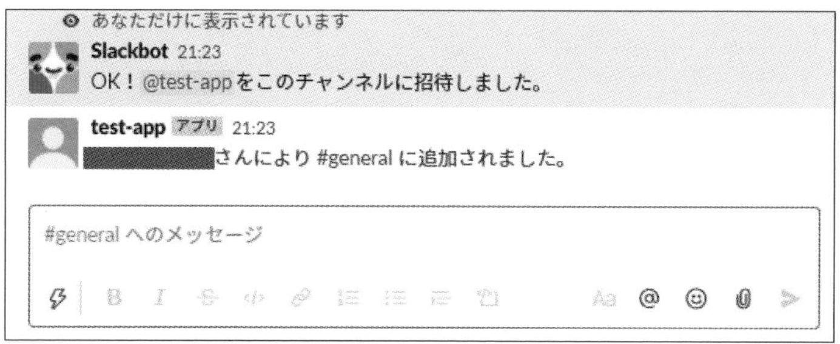

▲図2.25：ボットをチャンネルに招待

ここまでがボットの基本機能です。

chat.postMessageが利用できること

続いてchat.postMessageが利用できることを簡易的に確かめてみます。

簡易的なテストの方法として、curlコマンドでリクエストを送る方法や、APIドキュメントに併設されている**Tester**を利用する方法があります。ここでは、Testerを利用する方法を紹介します。

URL https://api.slack.com/methods/{API名}/testにアクセスすると、当該APIのテストを実施することができます。chat.postMessageの場合は、URL https://api.slack.com/methods/chat.postMessage/test にアクセスすることで、指定したチャンネルへのメッセージ投稿のテストをすることができます。

APIのテストページにアクセス後、表2.6の必須入力項目を入力します（図2.26❶❷❸）。

入力したらAPIのテストページの画面を下にスクロールして「Test Method」をクリックします❹。

▼表2.6：必須入力項目

必須入力項目	入力内容	入力例
❶token	Slackアプリのインストール後に発行されるアクセストークンの値	xoxb-xxx-yyy-zzz
❷channel	チャンネル名またはチャンネルID※4	CXXXXXXXX
❸text	チャンネルに投稿するメッセージ	test

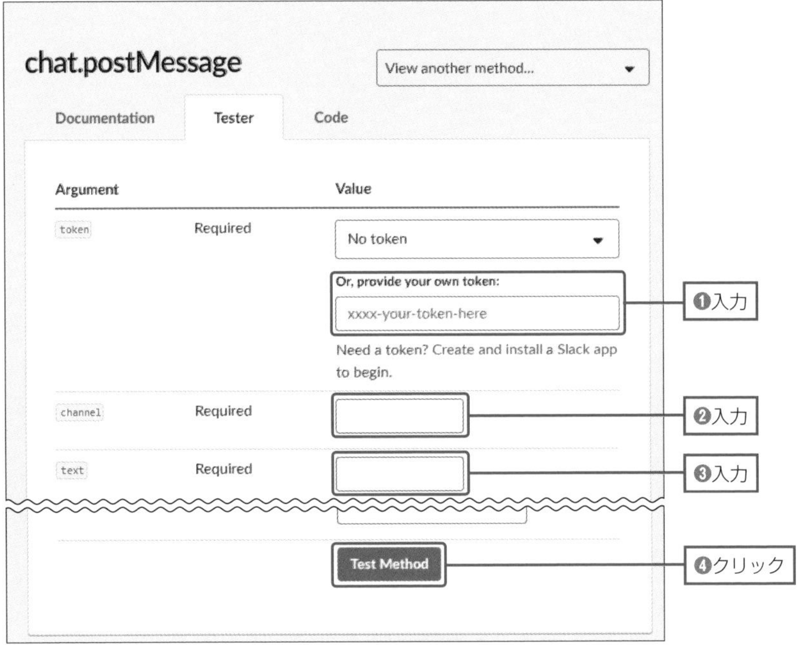

▲図2.26：指定したチャンネルへのメッセージ投稿のテスト

APIアクセスのテストが成功した場合

APIアクセスのテストで、成功時は「"ok": true」がレスポンスとなります（図2.27）。その他の項目は、成功時の付帯情報です。

※4　ワークスペースのチャンネル一覧からチャンネルを選択した時のURLで確認できます。https://app.slack.com/client/{ワークスペース名}/{チャンネルID}の{チャンネルID}の部分です。

URL

https://slack.com/api/chat.postMessage?token=xoxb-[illegible]-[illegible]-[illegible]=general&text=test&pretty=1 (open raw response)

```
{
    "ok": true,
    "channel": "[illegible]",
    "ts": "[illegible]",
    "message": {
        "bot_id": "[illegible]",
        "type": "message",
        "text": "test",
        "user": "[illegible]",
        "ts": "[illegible]",
        "team": "[illegible]",
        "bot_profile": {
            "id": "[illegible]",
            "deleted": false,
            "name": "test-app",
            "updated": [illegible],
            "app_id": "[illegible]",
            "icons": {
                "image_36": "https:¥/¥/a.slack-edge.com¥/80588¥/img¥/plugins¥/app¥/bot_36.png",
                "image_48": "https:¥/¥/a.slack-edge.com¥/80588¥/img¥/plugins¥/app¥/bot_48.png",
                "image_72": "https:¥/¥/a.slack-edge.com¥/80588¥/img¥/plugins¥/app¥/service_72.png"
            },
            "team_id": "[illegible]"
        }
    }
}
```

成功時のレスポンス

▲図2.27：成功時は「"ok": true」がレスポンスになる

投稿したチャンネルを確認すると、先程入力した「test」という文字列がボットから投稿されていることがわかります（図2.28）。

test-app アプリ 21:41
test

▲図2.28：ボットから文字列が投稿されている

APIアクセスのテストが失敗した場合

APIアクセスのテストで、失敗時はチャンネルにメッセージを投稿できず、「"ok": false, "error": {エラー種別}, …」がレスポンスとなります（図2.29）。

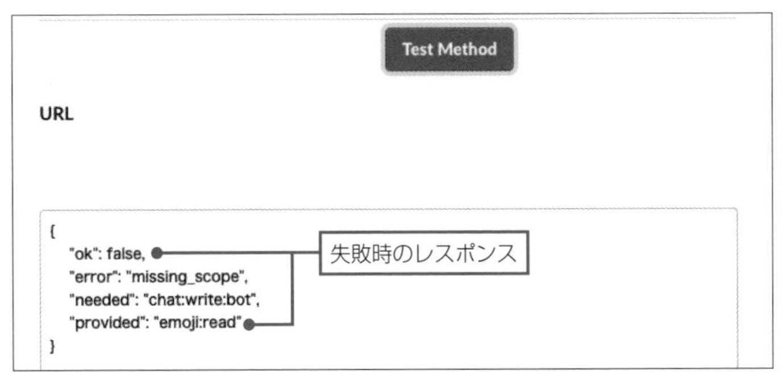
Test Method
URL
{
"ok": false,
"error": "missing_scope",
"needed": "chat:write:bot",
"provided": "emoji:read"
}
失敗時のレスポンス

▲図2.29：失敗時は「"ok": false, "error": {エラー種別}, …」がレスポンス

エラーに対処するには、表示されたエラーコードをAPIのドキュメント等で確認して、原因を調べます。

権限が足りない場合はneededとprovidedの項目を見ることで原因を突き止めることができます。

図2.29の例では、chat:writeの代わりにemoji:readが設定されており、"needed": "chat:write:bot", "provided": "emoji:read"が表示されているので、適切なスコープ（=chat:write）を付けて再インストールが必要だとわかります。

コラム

特殊スコープ（Slack Enterprise Grid向け）

ここまでに紹介したスコープの他に、Slack Enterprise Grid 向けの特殊スコープがあります。Enterprise Gridでは、複数のワークスペースの管理や、Slack全体の監査が必要になる場合があります。この場合、Enterprise Grid専用のAPIを利用することで、業務の効率化を期待できます。

例えば複数のワークスペースの管理を行う場合、Enterprise Grid専用のAPIであるAdmin API（URL https://slack.com/api/admin.{スコープ名}）の利用を検討します。ただし、これらを利用するためのadminスコープのアクセストークンは、通常のスコープのアクセストークンの取得方法とは異なります。要約すると、表2.7の通りです。

▼表2.7：Slack Enterprise Grid 向けの特殊スコープ

スコープの種別	スコープの例	アクセストークンの取得方法	アクセストークンの取得に必要な権限	Slackアプリ、スコープの確認方法
通常	chat:write	ワークスペースにSlackアプリをインストールする	ワークスペースの設定に依存	• App管理画面 • My Authorizations
admin	admin.users:write	Enterprise Gridオーガナイゼーション（以下OrG）全体にSlackアプリをインストールする	OrG管理者以上	My Authorizations

具体的なadminスコープのトークンの取得方法は、公式ドキュメントを参考にしてください。

・Managing users in Enterprise Grid workspaces
URL https://api.slack.com/admins/workspaces

S07 まとめ

本章で学んだことをまとめます。

- 開発環境の準備（本章01節）
- Node.jsのインストール（本章01節）
- ワークスペースの作成（本章02節）
- Slackアプリの作成（本章03節）
- 機能・権限一覧（本章04節）
- ボットユーザ（本章05節）
- Bot Scopeの設定（本章05節）
- Slackアプリの外観（本章05節）
- Slackアプリのワークスペースへのインストール（本章06節）
- Bot User OAuth Access Tokenの取得（本章06節）

Chapter3

チャンネルに投稿しよう

本章では連携の基礎となるチャンネルへの投稿を行っていきます。

S01 チャンネルへの投稿に使う機能の紹介

一口にチャンネルへの投稿といっても、Slackには複数の投稿方法や複数のメッセージの種類があります。ここではそれらの違いについて触れます。

Incoming Webhooks

- Sending messages using Incoming Webhooks
  URL https://api.slack.com/messaging/webhooks

Incoming WebhooksとはSlackアプリから発行した特定のURLにリクエストを投げるとその内容に応じてSlackにメッセージを投稿する機能です。

SlackにはIncoming Webhooksと呼ばれるものが2種類存在しますが「カスタムインテグレーションのIncoming Webhooks」は現在非推奨となっています。Slackアプリを作成して、Incoming Webhooksを有効化することで利用できるようになります。

Slackアプリの設定を変更する

ここで利用するSlackアプリは第2章05節で作成した「test-app」です。

IncomingWebhooksを有効化するにはSlackアプリ管理画面の左メニューから「Incoming Webhooks」をクリックします（図3.1❶）。ここで機能が「Off」になっている場合は「On」にします❷。

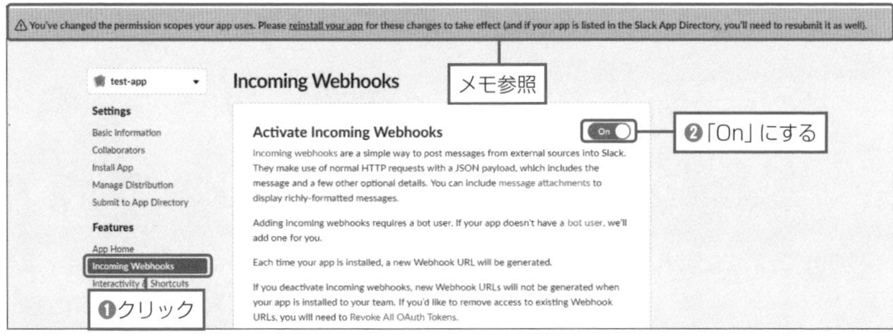

▲図3.1：「On」にする

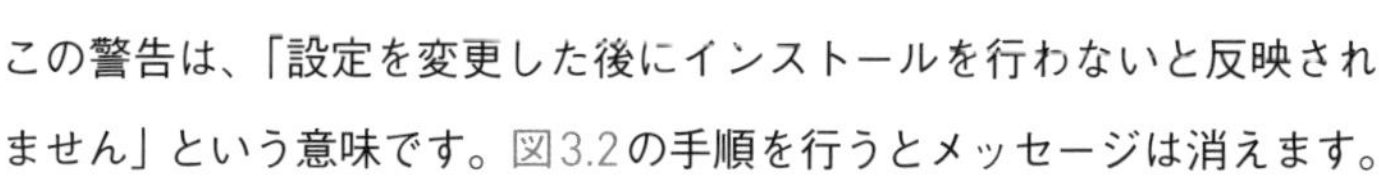

この警告は、「設定を変更した後にインストールを行わないと反映されません」という意味です。図3.2の手順を行うとメッセージは消えます。

下にスクロールして「Add New Webhook to Workspace」をクリックすると（図3.2❶）、Webhookを追加するチャンネルを選択する画面になります。チャンネルを選択して❷、「許可する」をクリックします❸。

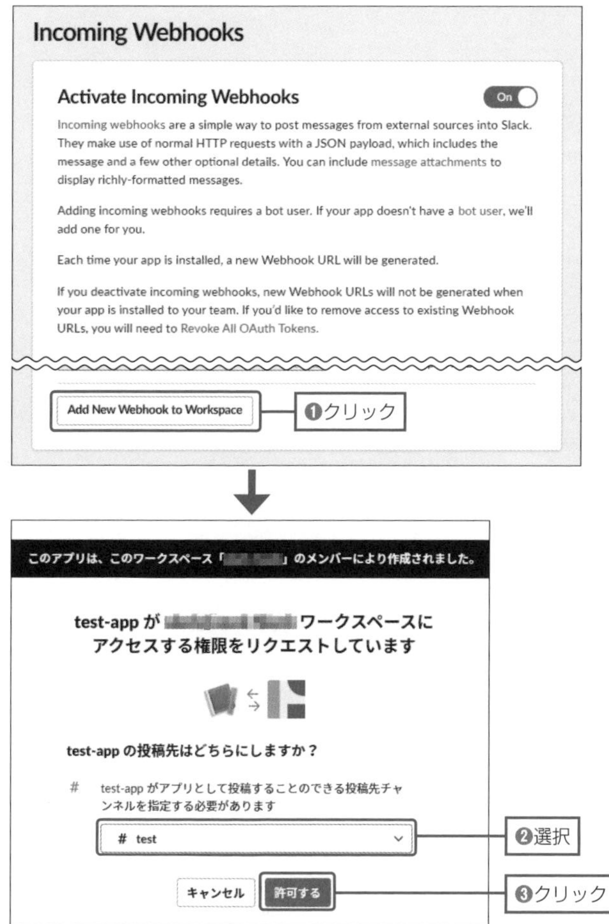

▲図3.2：Webhookを追加するチャンネルを選択する画面

追加が完了すると、そのチャンネルにポストできるWebhookのURLが生成されます（図3.3）。

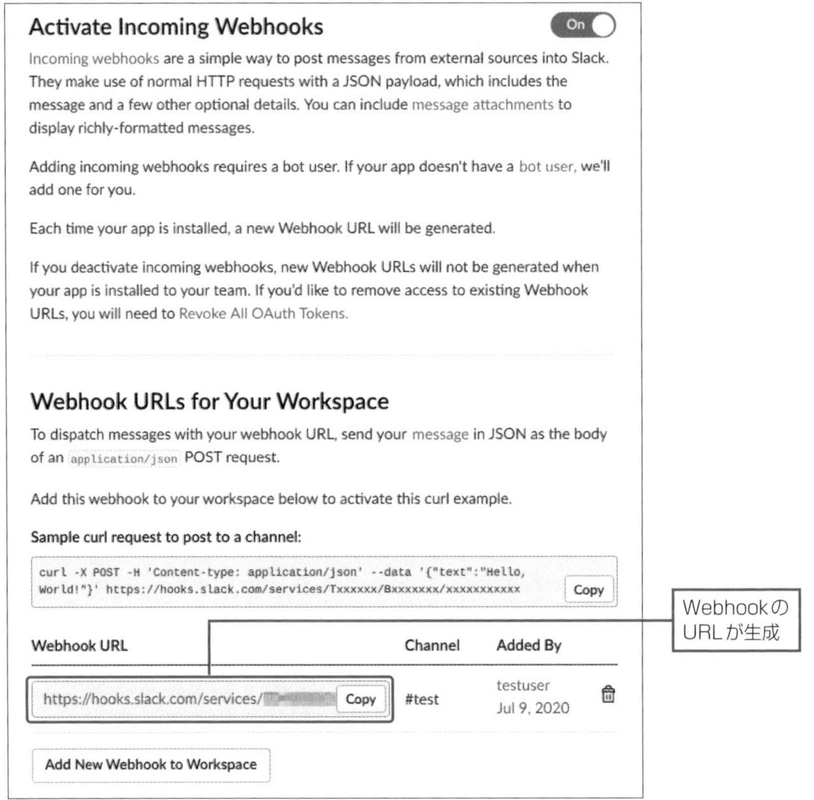

▲図3.3：WebhookのURLが生成される

先の手順で発行したIncoming WebhookのURLにcurlを使ってメッセージを投稿してみましょう。

下記のサンプルのhttps://hooks.slack.com/services/xxxxxxx/xxxxxxxxxx/xxxxxxxxxxxxxxxxxxの部分を自身で発行したURLに変更してください。

ターミナル
```
% curl -X POST -H 'Content-type: application/json' --data '{"text":⏎
"Hello, World!"}' https://hooks.slack.com/services/xxxxxxx/xxxxxxxxxx⏎
/xxxxxxxxxxxxxxxxxx
```

リクエストを送るとURL発行時に入れたチャンネルへメッセージが投稿されます（図3.4）。

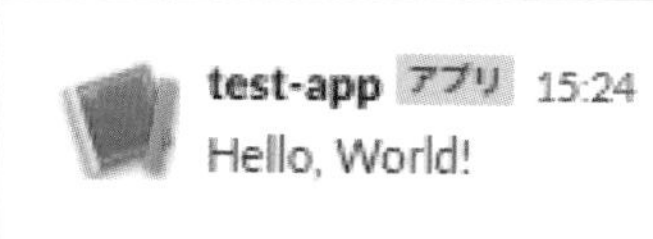
test-app アプリ 15:24
Hello, World!

▲図3.4：チャンネルへのメッセージ

chat.postMessage

- chat.postMessage
  URL https://api.slack.com/methods/chat.postMessage

メッセージをチャンネルに投稿するための最もベーシックなAPIです。第2章で発行したxoxb-からはじまるトークン（Bot Token）を利用した場合（Bot Tokenについては、第2章06節の「アクセストークンの取得」を参照）、下記のようなcurlコマンドでチャンネルにメッセージを投稿できます。

なお、Bot Tokenでメッセージを投稿する場合にはchat:writeというスコープが必要になるので、あらかじめ付与しておきましょう（Bot Tokenの付与の方法は、第2章05節の「Bot Scopeの設定」を参照）。

ターミナル

```
% curl https://slack.com/api/chat.postMessage -X POST -H "Content-⏎
Type: application/json; charset=UTF-8" -H "Authorization: Bearer xoxb-⏎
xxxxxxxxxxxx-xxxxxxxxxxxxx-xxxxxxxxxxxxxxxxxxxxxxxx" -d '{⏎
"channel": "CHANNELID", "text": "hello" }'
```

JSON形式で投稿したいチャンネルとメッセージを入れます。プライベートチャンネル等に投稿する場合は、そのチャンネルにSlackアプリが存在していないと投稿できないのでまずはパブリックチャンネルで試してみましょう（パブリックチャンネルはチャンネル名の横に#が付いているかどうかで見分けることができます）。

チャンネルIDはSlack上でチャンネルを右クリックし「リンクをコピー」を選択で取得することができます。

▼[URL]

```
https://xxx.slack.com/archives/{CHANNEL ID}
```

ユーザが自由に取得できるサブドメイン　チャンネルID

投稿に成功するとリスト3.1のようなJSON形式でデータが返ってきます。

▼リスト3.1：JSON形式のデータ

```
{  "ok": true, "channel": "CHANNELID", "ts": "1594356944.006000", ⏎
"message": {"type": "message", "text": "hello", ⏎
"ts": "1594356944.006000", "team": "TEAMID", (…略…) }}}
```

okパラメータがtrueになっていれば投稿成功です（図3.5）。失敗した時はokパラメータがfalseになり、errorパラメータにエラーの理由が入ります（リスト3.2）。

▲図3.5：投稿成功

▼リスト3.2：エラーの例

```
{ "ok": false, "error": "not_authed" }
```

この時、HTTPのステータスコードは200となり4xx、5xxでは返ってきません。ですのでエラーハンドリングはステータスコードではなくSlackアプリの中身を見て、判断する必要があります。

errorパラメータに入っている文字列で公式ドキュメントを検索するとエラーの理由がわかります。例えばリスト3.2の例だとリクエストにトークンが与えられていないエラーとなります。

chat.update

投稿したメッセージを更新するためのAPIです。

chat.postMessageの成功時に返却されるts（タイムスタンプ）を指定してtextを更新できます。

先程の結果で得られたtsを指定してtextを更新（ここでは「hello」を「update!」にしています）してみましょう（以下のコマンドの例でいうと`1594356944.006000`が指定する値となります）。

ターミナル

```
% curl https://slack.com/api/chat.update -X POST -H "Content-Type: ↵
application/json; charset=UTF-8" -H "Authorization: Bearer xoxb-↵
xxxxxxxxxxxx-xxxxxxxxxxxxx-xxxxxxxxxxxxxxxxxxxxxxxx" -d '{↵
"channel": "CHANNELID", "text": "update!", "ts": "1594356944.006000" }'
```

投稿が成功すると、先に投稿されたメッセージの下に「編集済み」という表示がされ「update!」という文字列にアップデートされます（図3.6）。

test-app アプリ 18:23
update!（編集済み）

▲図3.6：「編集済み」という表示

chat.postEphemeral

このAPIは一時的に表示される**エフェメラルメッセージ**を投稿するためのAPIです。

はじめてチャンネルに入った時に「あなただけに表示されています」というメッセージを見たことがないでしょうか。

Slackではこのようにそのユーザにしか表示されないメッセージを送ることができ、これをエフェメラルメッセージと呼んでいます。Slackの標準機能ではチャンネルに入った時やスラッシュコマンドの説明などで表示されます。

また、チャンネルに入った時にカスタマイズされた説明を表示したい、といった場合などに利用できます。

chat.postEphemeralはchat.postMessageとAPIがほぼ同じです。chat.postEphemeralでは送るパラメータに表示するユーザが必須となっています。

ターミナル

```
% curl https://slack.com/api/chat.postEphemeral -X POST -H "Content-⏎
Type: application/json; charset=UTF-8" -H "Authorization: Bearer xoxb-⏎
xxxxxxxxxxxx-xxxxxxxxxxxxx-xxxxxxxxxxxxxxxxxxxxxxxx" -d '{ ⏎
"channel": "CHANNELID", "text": "hello", "user": "USERID" }'
```


スレッド上でユーザアイコンまたはユーザ名を右クリックして、「リンクをコピー」を選択します。URLの最後の文字列がユーザIDです。

▼[URL]

```
https://app.slack.com/team/{USER ID}
```

ユーザID

まずはテストのために自分のユーザIDを取得して、該当のチャンネルに移動してからAPIで投稿してみてください。

投稿に成功すると、自分にしか見えないメッセージが投稿されているのが確認できるはずです（図3.7)。

▲図3.7：自分にしか見えないメッセージが投稿されている

chat.scheduleMessage

このAPIは/remindで登録したメッセージのように、指定した時間に表示されるメッセージをあらかじめ投稿するためのAPIです。

chat.scheduleMessageもchat.postMessageとAPIがほぼ同じです。こちらは

表示する時間を指定するpost_atというパラメータが必須となっています。post_atにはUnix EPOCH timestampの数値を与えます。

ターミナル

```
% curl https://slack.com/api/chat.scheduleMessage -X POST -H "Content-
Type: application/json; charset=UTF-8" -H "Authorization: Bearer xoxb-
xxxxxxxxxxxx-xxxxxxxxxxxxx-xxxxxxxxxxxxxxxxxxxxxxxx" -d '{
"channel": "CHANNELID", "text": "hello", "post_at": 1601805600 }'
```

POSTに成功してもSlackのUI上では一見すると何も起きないですが、post_atで指定した日時（サンプルの1601805600の場合は2020-10-04 19:00:00）になると発言が投稿されます（図3.8）。

```
19:00 hello
```

▲図3.8：19：00にメッセージが投稿された結果

メモ Unix EPOCH

協定世界時（UTC）の1970年1月1日0時0分0秒から経過した秒数を意味します。

01 チャンネルへの投稿に使う機能の紹介

S02 メッセージの作り方

投稿するメッセージはいくつかの方法でフォーマットすることができます。

text

Slackに投稿する文字列はMarkdown（文書を記述するマークアップ言語）に似た文法によって装飾が可能です。

例えばSlackのクライアントでも利用できる下記の文法はAPIでも利用できます。

- _italic_　斜体
- *bold*　強調
- ~strike~　打ち消し線

実際に下記のようなリクエストを送ってみると装飾されたテキストが表示されます（図3.9）。

ターミナル

```
% curl https://slack.com/api/chat.postMessage -X POST -H "Content-⏎
Type: application/json; charset=UTF-8" -H "Authorization: Bearer xoxb-⏎
xxxxxxxxxxxx-xxxxxxxxxxxxx-xxxxxxxxxxxxxxxxxxxxxxxx" -d '{⏎
"channel": "CHANNELID", "text": "_italic_ *bold* ~strike~" }'
```

▲図3.9：装飾されたテキストが表示

その他多くの文法もAPIから利用可能です。例えばemojiやCode Blocks、Block Quotes、Listなどを投稿したい時は、下記のような文字列をtextパラメータに記載します（図3.10）。

▼[文字列]

```
"text": ":smile: \n - List 1 \n - List `2` \n ```code block```"
```

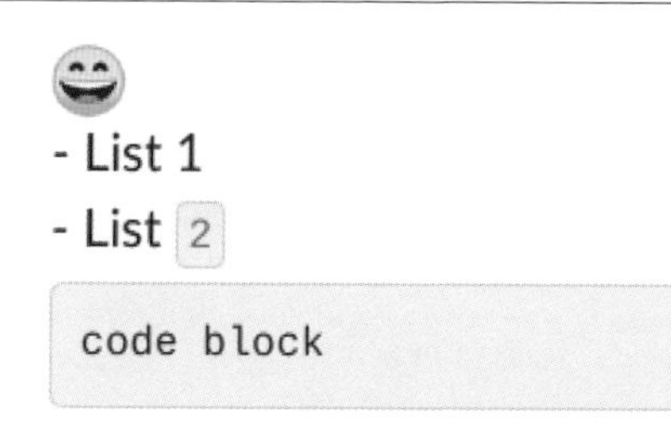

▲図3.10：emojやCode Blocks、Block Quotes、List

上記の例で先に出てしまいましたが、改行をしたい時には\nを入れます。このようにAPIからのみ送れる記法もいくつか存在します。リンクの追加などがわかりやすい例でしょう。

リンク名 + URL リンクは下記のような記法で送信可能です（図3.11）。

▼[記法]

```
"text": "<https://yahoo.co.jp| ヤフー>"
```

ヤフー

▲図3.11：リンク名 + URL リンク

その他詳細な記法については下記の公式ドキュメントに詳しく載っているのでいろいろと試してください。

- Formatting text for app surfaces
  URL https://api.slack.com/reference/surfaces/formatting

attachments

attachmentsはtextに加えて構造化された情報を追加で表示できるパラメータです。

メッセージにサムネイルや段組みなどを表示し、よりフォーマッティングされて見やすいメッセージの作成が可能です。

例えば次のようなリクエストを送ってみると、通常投稿されるテキストの下に追加でリンク付きタイトルや色の付いた帯を表示できます（図3.12）。

リクエストを見やすく整形するとリスト3.3のようになります。

ターミナル

```
# トークンとチャンネルIDを自分の環境に応じて変更してください
% curl -X POST -H "Content-Type: application/json" -H "Authorization: ⏎
Bearer xoxb-xxxxxxxxxxxx-xxxxxxxxxxxxx-xxxxxxxxxxxxxxxxxxxxxxxx" ⏎
https://slack.com/api/chat.postMessage -d '{ "channel": "CHANNELID", ⏎
"text": "テキスト", "attachments":[{"title": "title!","title_link": ⏎
"https://api.slack.com","text": "attachments text","color": "#36a64f"} ⏎
]}'
```

▼リスト3.3：リクエスト

```
{
  "channel": "CHANNELID",
  "text": "テキスト",
  "attachments": [
    {
      "title": "title!",
      "title_link": "https://api.slack.com",
      "text": "attachments text",
      "color": "#36a64f"
    }
  ]
}
```

▲図3.12：attachments

attachmentsは例えばチケットツールの通知でリンクやタイトルなどの内容を送信するのに利用されています。具体的に利用できるフィールドは下記の公式ドキュメントで確認できます。

- Reference: Secondary message attachments
  URL https://api.slack.com/reference/messaging/attachments

都度投稿して表示を確かめるのは大変なので、下記の公式ドキュメントで提供されているビルダーを利用するとJSONでの確認ができて便利です。

- Message Formatting
  URL https://api.slack.com/docs/messages/builder

attachmentsについて調べてみるとblocksというプロパティに出会うことがあります。blocksは古くからあるプロパティで、今は同じような仕組みでより表現力の高いBlock Kitの利用が推奨されています。

blocks (Block Kit)

Block KitはSlack AppのためのUIフレームワークです。

- Block Kit
  URL https://api.slack.com/block-kit

前述のattachmentsプロパティでもある程度テキストを装飾することができますが、Block Kitはattachmentsより大きな表現力を持ち、柔軟な見た目を構築することができます。attachmentsが進化したものがBlock Kitだと認識しておくとよいでしょう。

言葉で説明してもイメージがしにくいと思うので、早速サンプルを実行してみます。

ターミナル

```
$ curl https://slack.com/api/chat.postMessage -X POST -H ⏎
"Content-Type: application/json; charset=UTF-8" -H "Authorization: ⏎
Bearer xoxb-xxxxxxxxxxxx-xxxxxxxxxxxxx-xxxxxxxxxxxxxxxxxxxxxxxx" ⏎
-d '{"channel": "CHANNELID", "blocks": [{ "type": "section", "text": { ⏎
"type": "mrkdwn", "text": "hello" } }, { "type": "divider" }, ⏎
{ "type": "section", "text": { "type": "mrkdwn", "text": "world" } }] }'
```

リクエストを見やすく整形するとリスト3.4のようになります。

▼リスト3.4：リクエスト

```
{
  "channel": "CHANNELID",
  "blocks": [
    { "type": "section", "text": { "type": "mrkdwn", "text": "hello" } },
    { "type": "divider" },
    { "type": "section", "text": { "type": "mrkdwn", "text": "world" } }
  ]
}
```

サンプルを実行するとhelloとworldの間に区切り線の入ったメッセージを投稿することができます（図3.13）。

test-app アプリ 19:42
hello
world

▲図3.13：区切り線の入ったメッセージ

利用できるパーツは下記のURLにまとまっています。

- Reference: Layout blocks
  URL https://api.slack.com/reference/block-kit/blocks

UIをJSONで直接組み立てるのは大変ですが、SlackのAPIドキュメントではありがたいことにBlock Kit Builderというツールを提供しています。

- Block Kit Builder
  URL https://api.slack.com/tools/block-kit-builder

これはBlock Kit Builderで利用できるパーツの配置をWeb上でできるツールです。配置したいパーツをクリックやドラッグをすると、パーツのJSONを同時に生成してくれます。また、以降の章で説明されるボタンやDatepickerなどをクリックした時にどのようなリクエストが送られてくるかなども、この画面上から確認が可能です。

非常に手軽に確認ができるツールなので、ぜひこちらを利用しましょう。

03 APIクライアントの紹介

SlackにはAPI開発をより効率的に行うために各開発言語向けのSDK（Software Development Kit：ソフトウェア開発キット）があります。システムで利用している言語が一致している場合、Slackへの連携を作るコストをより下げることができるので利用を検討しましょう。

Bolt

BoltはWeb APIの呼び出しだけでなく、本書で実装するようなモーダルなどのインタラクティブな機能を使ったSlackアプリを作るためのフレームワークです。本書執筆時点でサポートされている開発言語は JavaScript/Python/Javaの3つです。

- Bolt for JavaScript
  URL https://github.com/slackapi/bolt-js
- Bolt for Java
  URL https://github.com/slackapi/java-slack-sdk
- Bolt for Python（beta）（本書執筆時点ではまだWIP状態）
  URL https://github.com/slackapi/bolt-python

本格的にSlackアプリを運用することを見据える場合、これらのフレームワークを利用するのをおすすめします。

公式 SDK

Web APIだけを使いたいなどの場合は、公式SDKのうち必要なモジュールだけを選択して、アプリ内に組み込むことができます。こちらもJavaScript/Python/Javaの3つの開発言語がサポートされています。Boltも内部的にはこれらのSDKが提供するモジュールを利用して実装されています。

slack-node-sdk

Node.js用のSlack公式SDKです。

- slackapi/node-slack-sdk
  URL https://github.com/slackapi/node-slack-sdk

SlackはNode.jsへのサポートが非常に手厚いです。Slackに連携するSlackアプリを作成しようと考えていて、使用する開発言語に悩んでいるのならばNode.jsはよい選択肢の1つになります。

Python Slack SDK

こちらもNode.jsと同様にSlack公式から提供されているPythonのSDKです。

- slackapi/python-slack-sdk
  URL https://github.com/slackapi/python-slack-sdk

公式に提供されているSDKなので「Node.jsよりPythonのほうが得意だ」という方はこちらを選択すると楽でしょう。

その他言語の紹介

Ruby

RubyのSDKはユーザコミュニティによって提供・運用されています。

- slack-ruby/slack-ruby-client
  URL https://github.com/slack-ruby/slack-ruby-client
- slack-ruby/slack-ruby-bot
  URL https://github.com/slack-ruby/slack-ruby-bot

slack-ruby-botはslack-ruby-clientを下敷きに、よりBotの作成に特化したSDKになっています。

Go

GoのSDKもRubyと同様にユーザコミュニティによって運用されていて、非常に活発に開発が行われています。

- slack-go/slack
  URL https://github.com/slack-go/slack

S04 まとめ

本章で学んだことをまとめます。

- チャンネルへの投稿に使う機能（本章01節）
- Incoming Webhooks（本章01節）
- chat.postMessage（本章01節）
- chat.postEphemeral（本章01節）
- chat.scheduleMessage（本章01節）
- メッセージの作成（本章02節）
- attachments（本章02節）
- blocks（Block Kit）（本章02節）
- APIクライアント（本章03節）
- Bolt（本章03節）
- Bolt for JavaScript（本章03節）

Chapter4

Slackアプリのサーバサイドを実装しよう

SlackにAPIから投稿するだけならばサーバを用意する必要はありません。
しかし、このあと出てくるメッセージの中に配置したボタンやプルダウンのユーザ操作を受け付けて処理を行ったりするイベントAPI（Events API）などのインタラクティブなアクションと連携したSlackアプリを作りたい場合は、Slackからイベントを受け取るサーバが必要となります。
この章ではSlackとインタラクティブなやりとりを行うための実装方法について解説します。

S01 インタラクティブな Slackアプリを作るには

インタラクティブなSlackアプリを作成するため、Slackからアクセス可能なURLを用意します。

本章の章扉でも説明したインタラクティブなアクションとの連携は、Slackのサーバから必要なタイミングで必要な情報をHTTPリクエストとして送ることで実現しています。

つまり、Slackアプリを実装するためにはそのリクエストを受け取るSlackのサーバからアクセスするURLが必要となります。

Request URL

Slackアプリでは上記のSlackのサーバからアクセスするURLのことをRequest URLと呼びます。

例えばスラッシュコマンドを作る場合は、Slackアプリ管理画面からスラッシュコマンドをOnにして出てきたRequest URLにリクエストを受け取りたいURLを設定します。

Slash Commands（スラッシュコマンド）

投稿ボックスで/を入力するとSlackアプリを呼び出すことができます。例えばデフォルトではSlackの組み込みスラッシュコマンドがあり、/remindでリマインドを指定したり/whoでチャンネルに参加している人のリストを取得したりすることができます。

バグの報告や困ったことがあれば/feedbackでSlackに質問することもできます（もちろん日本語もOKです）。

また、Slackアプリでスラッシュコマンドを作成すると独自のスラッシュコマンドを拡張することができます。

Interactive Components

機能だけでも十分に便利ですがこれだけでは文字列でしかやりとりできず、記法を知らなければ利用できません。

Interactive Componentsはそれらの機能とは違い、サーバから送信したJSONデータからボタンやセレクトボックスなどのUIを組み立ててくれます。これによりユーザとより直感的なやりとりが可能となります。

Events

先に述べた連携方法は主にユーザの能動的な働きかけに対する応答方法でした。しかし、それ以外にもシステム側からユーザの挙動に合わせて機能を提供したいシーンは多くあります。例えばリアクションが行われた時やチャンネルに人が参加した時などのイベントに、処理をフックすることができます。Slackが公式に提供しているReacji Channeler（URL https://reacji-channeler.builtbyslack.com/）などはEvents APIのわかりやすいユースケースです。

作成したSlackアプリの設定からこの機能をOnにすることでそれらのイベントを受け取り、処理することができるようになります。

- API Event Types
  URL https://api.slack.com/events

Events APIはWebSocketを利用してSlackとやりとりをするReal Time Messaging APIとできることは似ていますが、WebSocketを利用しないのでスケールアップやロードバランシングなどが容易です。

また何かしらの理由により一時的にリクエストを受け取れなかった場合、Slackからリトライを受け取ることも可能です。

ngrok

- ngrok
  URL https://ngrok.com/

実際にサービスインするためにはSlackからアクセスできるURLを用意しなければなりませんが、挙動を確認するために毎回デプロイするのは非常に手間です。

開発中はローカルのPCに立てたサーバで動作確認を行いたいものです。そういったユースケースを解決してくれるのが**ngrok（エングロック）**というサービスです。

次節で紹介しますが、ngrokを利用すると、指定したlocalhostのポートをngrok.ioドメインにフォワードしてくれます。また、有償プランではサブドメインを固定することもできます。

例えば下記のようなコマンドでngrokを実行すると（ngrokがホームディレクトリにある場合）、localhostの3000番ポートをインターネットに公開するためのURLが生成されます。ローカルのデータがインターネットに公開されるため、実行する際にはディレクトリや実行ファイルなどには十分に気を付けましょう。

ターミナル

```
% ./ngrok http 3000
```

このドメインをSlackアプリのRequest URLに設定することで、Slackからのイベントをngrok経由でローカルPCに引き込むことができます※1。

ngrokのインストールと設定は次節で紹介します。

※1 企業で利用する際には、情報システム部門に確認するなどして十分セキュリティに注意してください。利用が難しい場合は、クラウドプラットフォームのAWSやGCP等の利用も検討してください。

S02 ngrokを利用する

ここではngrokを利用して外部公開用のURLを用意する方法を解説します。

ngrokを起動するにはアカウント登録が必要になります。GoogleアカウントやGitHubアカウントを持っている方はそちらでサインアップしてもよいでしょう。

本書での利用範囲ではfreeプランで十分です。

ngrokのサイト（URL https://ngrok.com/）にアクセスして、「Sign Up」をクリックします（図4.1❶）。ngrokのアカウント作成画面になるので表4.1の項目を入力して❷❸❹、「私はロボットではありません」にチェックを入れ❺、「Sign Up」をクリックします❻。

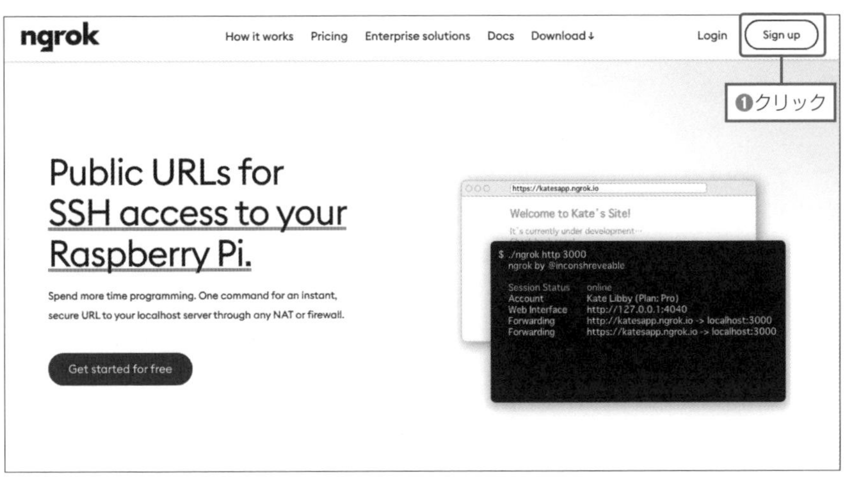

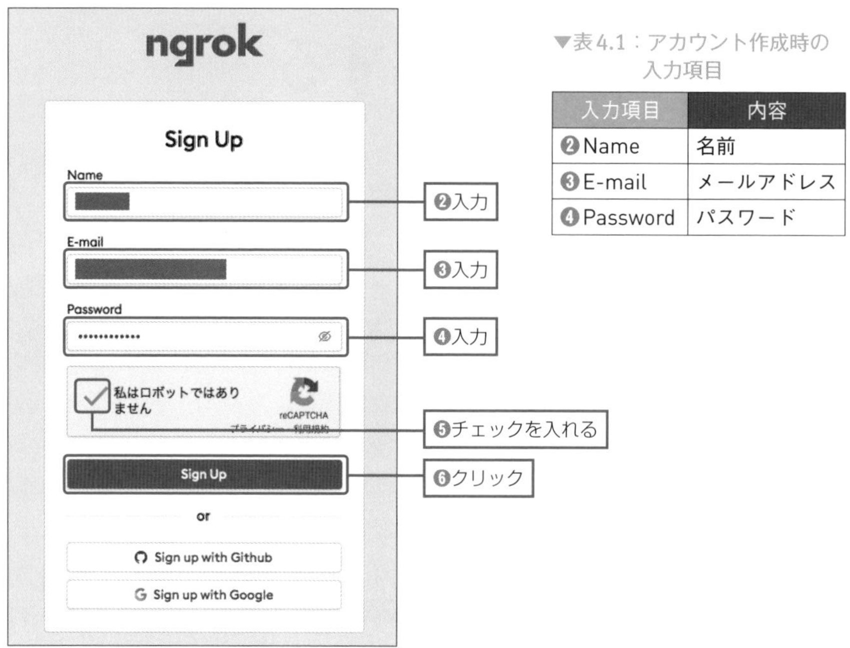

▼表4.1：アカウント作成時の入力項目

入力項目	内容
❷Name	名前
❸E-mail	メールアドレス
❹Password	パスワード

▲図4.1：ngrokのサイトにアクセスしてアカウントを作成

登録を完了すると自動的にログインされ、ダッシュボード画面になります（図4.2）。ダッシュボード画面にある「Download for Mac OS」をクリックして❶、ZIPファイルをダウンロードします。ダウンロードファイルをダブルクリックして解凍すると❷、実行用のバイナリが表示されます。実行用のバイナリを任意のディレクトリ（外部に公開することになるので、他のファイルがないディレクトリが望ましい）に移動してください❸。

実行用のバイナリを使ってngrokのCLI（Command Line Interface）とユーザ情報を紐付けます。紐付けるトークン（authtoken）はダッシュボードに記載されていますのでコピーします（図4.3）。

ターミナルで、以下のコマンドを入力します。xxxxxxxxxxxxxxxxxxxxxxxxxxxx_xxxxxxxxxxxxxxxxxxxxxの部分に先程コピーしたトークンをペーストしてください。実行して、ユーザ情報を紐付けます。

ターミナル

```
% cd (ngrokを移動したディレクトリ)
% ./ngrok authtoken xxxxxxxxxxxxxxxxxxxxxxxxxxxx_xxxxxxxxxxxxxxxxx⏎
xxxx
```

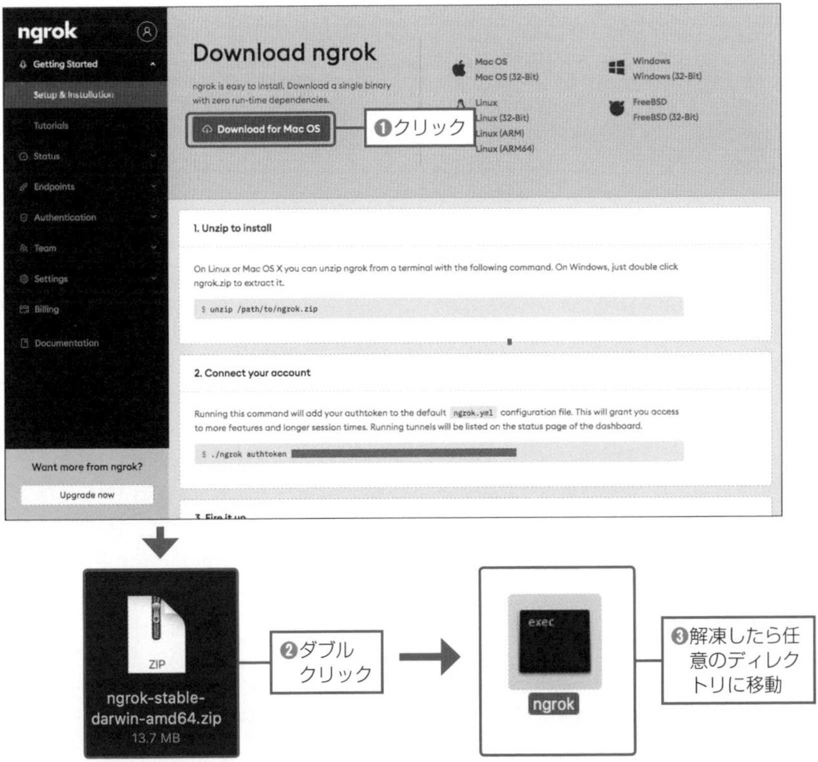

ngrok
Getting Started
Setup & Installation
Tutorials
Status
Endpoints
Authentication
Team
Settings
Billing
Documentation
Want more from ngrok?
Upgrade now

Download ngrok
ngrok is easy to install. Download a single binary with zero run-time dependencies.
Download for Mac OS
❶クリック
Mac OS
Mac OS (32-Bit)
Linux
Linux (32-Bit)
Linux (ARM)
Linux (ARM64)
Windows
Windows (32-Bit)
FreeBSD
FreeBSD (32-Bit)

1. Unzip to install
On Linux or Mac OS X you can unzip ngrok from a terminal with the following command. On Windows, just double click ngrok.zip to extract it.
$ unzip /path/to/ngrok.zip

2. Connect your account
Running this command will add your authtoken to the default ngrok.yml configuration file. This will grant you access to more features and longer session times. Running tunnels will be listed on the status page of the dashboard.
$ ./ngrok authtoken

ZIP
ngrok-stable-darwin-amd64.zip
13.7 MB
❷ダブルクリック
exec
ngrok
❸解凍したら任意のディレクトリに移動

▲図4.2：ngrokのサイトにサインインして、ngrokをダウンロード

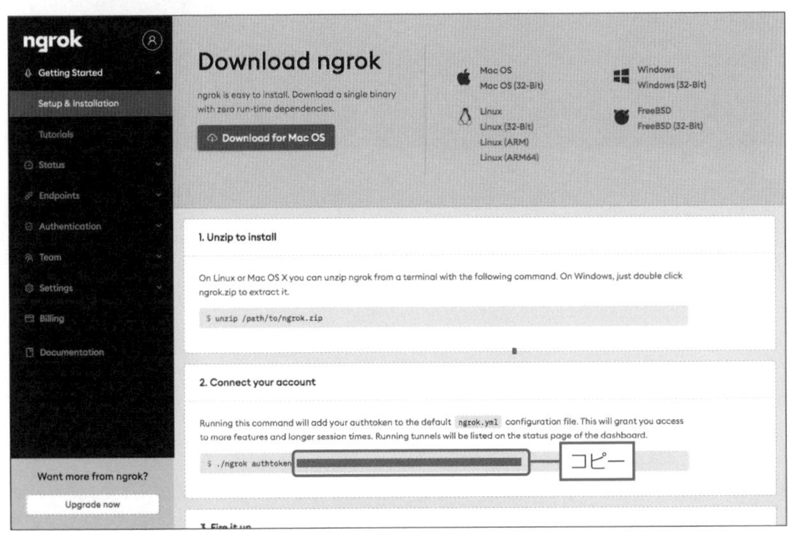

▲図4.3：authtokenをコピー

ngrokのCLIとユーザ情報の紐付けが完了するとngrokが利用できるようになります（図4.4）。以下のコマンドを実行します。実行後に下のようにコンソールに出力されていれば起動は成功です。ローカルポートの3000をhttps://xxxxxxxxxxxx.ngrok.ioというドメインで公開できます※2。

ターミナル

```
% ./ngrok http 3000

Session Status    online
Account           <ユーザ名> (Plan: Free)
Version           2.3.35
Region            <リージョン名>
Web Interface     http://127.0.0.1:4040
Forwarding        http://xxxxxxxxxxxx.ngrok.io -> http://localhost:3000
Forwarding        https://xxxxxxxxxxxx.ngrok.io -> http://localhost:3000

(…略…)
```

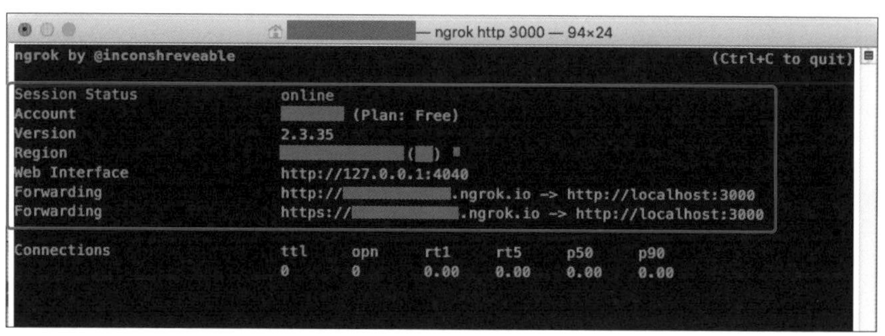

▲図4.4：CLIとユーザ情報の紐付けが完了した画面

次にローカルにシンプルなWebサーバを立てて公開できているかを確認します。具体的にはNode.jsで3000ポートを使うシンプルなWebサーバをリスト4.1のように記述して、「server.js」というファイル名で保存し、ngrokと同じディレクトリに保存します。

※2 ngrokは再起動すると、公開URLが毎回変わってしまう（無料版の制限）ので、注意してください。

▼リスト4.1：server.js

```
require('http')
  .createServer((req, res) => res.end('hello ngrok'))
  .listen(3000);
```

先程のngrokを立ち上げたターミナルとは別のターミナルでサーバを立ち上げます※3。

ターミナル

```
% node server.js
```

ターミナル側は特に変化がありませんが、この状態でブラウザから URL https://xxxxxxxxxxxx.ngrok.io にアクセスして「hello ngrok」と表示されていれば（図4.5）、インターネットにローカルのサーバが公開されている状態になります。確認したら［Ctrl］＋［C］キーを押してNode.jsのサーバを閉じておきます。

▲図4.5：ブラウザで「hello ngrok」と表示

※3　ngrokとNode.jsのサーバを同時に起動して、インターネットに公開されていることを確認するステップのため、改めてターミナルを起動する必要があります。

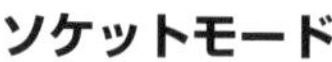

ソケットモード

本書執筆時点ではまだ開発中ですが、近日中に「ソケットモード」という新しいSlackアプリの実行スタイルがリリースされることがSlack社の年次イベントFrontiersで発表されました※4。これは、本書で扱っているようなWebサーバを立ててSlackのサーバとコミュニケーションするスタイルに加えて、WebSocketのコネクション経由で同様のインタラクションをSlackサーバとやりとりできるようになる機能です。このモードを使うと、公開されたURLを用意してRequest URLを設定する必要がなくなるだけでなく、ファイアウォール内で運用する必要があるアプリからもSlackとの連携がやりやすくなります。

BoltはReceiverを切り替えるだけでソケットモードで動作する新しいオプションを追加する予定です。ですので、本書のコードはソケットモードでもそのまま動作させることが可能です。また、ソケットモードがリリースされても、本書で扱っているWebサーバを立てる方法が廃止されることはありませんので、ご安心ください。

※4 https://slack.com/intl/ja-jp/blog/transformation/people-partners-systems-slack

S 03 Boltとは

Slack公式のBoltを紹介します。

Boltの概要

公式のフレームワーク

Boltは Slackが公式に提供しているSlackアプリ開発のためのフレームワークです。Node.js上で実行することができます。

また、プログラミング言語のTypeScriptで実装されているので、TypeScriptを利用する場合には静的型付けやインターフェースの補完など、エディタによる恩恵を得ることができます。

リクエストの検証機能

Boltの特徴は各イベントやリクエストなどを抽象化してくれるところにありますが、一番の利点はリクエストの検証を行ってくれることでしょう。

SlackのRequest URLから送られてくるリクエストには、リクエストがSlackからきたものであることを検証するために用いるX-Slack-Signatureというヘッダで署名が送信されます。

検証をせずにリクエストを利用することも可能ですが、Request URLが外部に知られた場合に悪意のある第三者がSlackのリクエストに偽装して外部からリクエストを送信する可能性もあります。

安全なアプリであるためには、正当なリクエストであることを証明するためにすべてのリクエストで正当性の検証をしなければなりません。

この検証方法はSlackの公式ドキュメントにも記載がありますが、自身で実装するのは大変です。また、自分で実装した検証処理にバグがあった場合にはやはり不正なリクエストを受け入れてしまう可能性があります。

- Verifying requests from Slack
  URL https://api.slack.com/docs/verifying-requests-from-slack

アプリの実運用を始める時には安全を担保するために検証は必須になります。

Boltを利用することでリクエストの検証が隠蔽されロジックの実装がシンプルになります。Boltが利用できる状況であれば積極的に利用していきましょう。

フレームワーク側でペイロード判定

Boltを利用すると他にもメリットがあります。例えばEvents APIを受け取る処理を自分で書いた場合は送られてきたリクエストを自分でパースし、それぞれの処理を行うコードを書かなければなりません。

リスト4.2は少し大げさな例ですが、Expressでサーバを作成し、イベントリクエストが送られてくるエンドポイントの中でeventのtypeごとに分岐する処理※5を書く例です。

さらに本番運用時はこれに加えて先に述べたリクエストの検証ロジックなども組み込まなければなりません。

▼リスト4.2：eventのtypeごとに分岐する処理の例（サンプルなし）

```
const axios = require('axios');
const app = express();

const wrap = (fn) => (req, res, next) => fn(req, res).catch((e) => ⏎
next(e));

app.post(
  '/slack/events',
  wrap(async (req, res) => {
    if (
      req.body.event.type !== 'message' ||
      // 自身の発言に反応しないように
      req.body.event.bot_id === 'Bxxxxxxx' ||
```

※5 リスト4.2を実行するには、Node.jsやブラウザで動くHTTPクライアントであるaxiosのインストールおよび、環境変数の設定が必要です。例として紹介している関係上、詳細は割愛します。

```
      // botが反応するパターン
      !req.body.event.text.includes('hello')
    ) {
      return res.status(404).send('');
    }
    await axios.post(
      'https://slack.com/api/chat.postMessage',
      {
        channel: req.body.event.channel,
        text: `hello ${req.body.event.user}`
      },
      {
        headers: {
          authorization: `Bearer ${process.env.SLACK_BOT_TOKEN}`
        }
      }
    );
    res.status(200).send('');
  })
);
```

Boltを利用して同じような処理を実装すると、リスト4.3のようなシンプルなコードで表現することができます。

▼リスト4.3：eventのtypeごとに分岐する処理の例（Boltの場合、サンプルなし）

```
const { App } = require('@slack/bolt');

const app = new App({
  token: process.env.SLACK_BOT_TOKEN,
  signingSecret: process.env.SLACK_SIGNING_SECRET
});

app.message('hello', async ({ message, say }) => {
  await say(`hello ${message.user}`);
});
```

コードの見通しもよくなりましたし、リクエストの検証もしてくれています。柔軟にロジックを指定したい場合もあるかもしれませんが、Events APIを利用できる環境であればほとんどの場合、Boltの提供するAPIで十分に対応できます。

　また、MITライセンスで公開されたOSSなので、必要に応じてコントリビュートすることも可能です。

- Listening to messages
  URL https://slack.dev/bolt/concepts

　公式に日本語のドキュメントも公開されていて、日本の開発者にとってフレンドリーであるところも魅力です。

S04 Boltを利用する

Slack公式のBoltのインストールからBoltのサーバの公開までを解説します。

メモ Bolt入門ガイド

下記の公式ドキュメントでBoltについて詳しい解説があります。

- Bolt入門ガイド
  URL https://slack.dev/bolt/ja-jp/tutorial/getting-started

ディレクトリを作成する

以下のコマンドを実行して、プロジェクトルートのディレクトリを適当な場所に作成してカレントディレクトリにします。

ターミナル

```
% mkdir test-sample && cd test-sample
```

Boltのパッケージをインストールする

Boltを利用する前に、まず作成したディレクトリ内で、以下のnpmコマンドを実行してパッケージをインストールする準備をします。実行するとpackage.jsonが作成されます。

ターミナル

```
% npm init -y
```

Boltを利用するには、作成したディレクトリ内で、以下のnpmコマンドを実行してBoltを追加します。実行すると「node_modules」フォルダとpackage-lock.jsonが作成されます。

ターミナル

```
% npm i @slack/bolt
```

ディレクトリ構成は図4.6のようになります。

```
test-sample
    ├── app.js
    ├── node_modules
    ├── package-lock.json
    └── package.json
```

▲図4.6：ディレクトリ構成

次に以下のコマンドを実行してBoltがインストールされているかを確認します。以下のように表示されていれば無事インストールされています。

ターミナル

```
% npm ls

slack_book@1.0.0 /Users/slack_book

└─┬ @slack/bolt@2.4.1
(…略…)
```

サンプルコードを設置する

まずはリスト4.4のapp.jsを作成します。コードについては後ほど解説します。

▼リスト4.4：test-sample/app.js

```
const { App } = require('@slack/bolt');

const app = new App({
  token: process.env.SLACK_BOT_TOKEN,
  signingSecret: process.env.SLACK_SIGNING_SECRET
});

(async () => {
  // Webアプリの起動
  await app.start(3000);
  console.log('Bolt app is running!');
})();
```

app.jsを作成したら、任意のディレクトリ（ここでは「test-sample」）に保存します。ターミナルを起動し、app.jsのあるディレクトリに移動します。

Webアプリを起動する

ここで利用するSlackアプリは第2章05節で作成した「test-app」です。

Slackアプリ管理画面（URL https://api.slack.com/apps/）に移動して、左メニューから「OAuth & Permissions」をクリックし、Bot User OAuth Access Tokenの「copy」をクリックして値をコピーしてテキストエディタなどにペーストします。

次に左メニューから「Basic Information」をクリックして、Signing Secretの「Show」をクリックし、Signing Secretの値をコピーしてテキストエディタなどにペーストします。そうしたら以下のコマンドのSLACK_BOT_TOKENの部分にBot User OAuth Access Tokenの値を、SLACK_SIGNING_SECRETの部分にSigning Secretの値をテキストエディタからコピー&ペーストします。このコマンドでは、Slackアプリ管理画面からBot User OAuth Access TokenとSigning Secretを取得し、環境変数として渡しながらリスト4.4のスクリプトを起動しています。このコマンドを実行してBoltで作成したWebアプリ(Boltのサーバ）を起動します。

「Bolt app is running!」が表示されれば無事に起動しています。

ターミナル

```
% SLACK_BOT_TOKEN=xoxb-xxxxxxxxxxxx-xxxxxxxxxxxxx-xxxxxxxxxxxxxxx⏎
xxxxxxxxxx SLACK_SIGNING_SECRET=xxxxxxxxxxxxxxxxxxxxxxxxxxxxxxxx ⏎
node app.js
Bolt app is running!
```

Chapter4 Slackアプリのサーバサイドを実装しよう

起動を確認したら［Ctrl］+［C］キーを押して終了します。

このコードはまだ何も行っていませんが、ここから順を追ってそれぞれが何をしているのかを説明します。

BoltはNode.jsのフレームワークであるExpressとよく似た構成を持つので、Expressを利用したことがある人は理解しやすいです。

サンプルコードについて

リスト4.4について解説します。

Appインスタンス

リスト4.4のコードにも少し出てきたAppクラスから生成されたインスタンスが（リスト4.5）、BoltでWebアプリを作成する時に手を加えることになるオブジェクトです。BoltによるWebアプリの作成はここからはじまります。

▼リスト4.5：リスト4.4の3から6行目

```
const app = new App({
  token: process.env.SLACK_BOT_TOKEN,
  signingSecret: process.env.SLACK_SIGNING_SECRET
});
```

AppクラスのコンストラクタにはBot User OAuth Access TokenとSigning Secretの2つにそれぞれの文字列情報が必要です。リスト4.5のコード例ではSLACK_BOT_TOKENとSLACK_SIGNING_SECRETという環境変数から値を取得しています。

Webアプリの起動

Appインスタンスにはサーバを起動するstartというメソッドがあり、引数にポート番号を渡すことでWebアプリを起動できます（リスト4.6）。

▼リスト4.6：リスト4.4の8から12行目

```
(async () => {
  // Webアプリの起動
  await app.start(3000);
  console.log('Bolt app is running!');
})();
```

Boltのサーバを公開する

Boltはデフォルトでhttps:// ｛…略…｝ /slack/eventsのパスを自動で読む仕組みになっています。実際に試すためにngrokを起動して先程のBoltのサーバを外部に公開してみましょう。

ターミナル

```
% ./ngrok http 3000
```

別プロセスでngrokを起動することで3000ポートで立ち上がっているBoltのサーバを外部に公開できます。

ngrokを起動してhttps://xxxxxxxxxxxx.ngrok.ioのようなドメインを取得できたら、ここから先のステップで要求されるRequest URLにはhttps://xxxxxxxxxxxx.ngrok.io/slack/eventsとすることでSlackからのイベントリクエストをngrokを経由して手元のBoltのサーバに引き込むことができるようになります。

S05 スラッシュコマンドを利用したSlackアプリを作る

スラッシュコマンド（/echo）を利用した簡単なSlackアプリを作ります。

利用するSlackアプリと特徴

ここで利用するSlackアプリは第2章05節で作成した「test-app」です。/echoは入力した内容をそのまま返すスラッシュコマンドです。

Slackアプリを設定する

Slackアプリにスラッシュコマンドを追加する場合はSlackアプリ管理画面（URL https://api.slack.com/apps/）に移動し、左メニューから「Slash Commands」をクリックして（図4.7❶）「Create New Command」をクリックします❷。Commandに「/echo」❸、Request URLにngrokのURLを入力します（Boltの利用を前提とするので「https://xxxxxxxxxxxx.ngrok.io/slack/events」となります）❹。Short Descriptionに「echo message」を入力し❺、「Save」をクリックします❻。はじめて追加した時は警告画面が出るので「reinstall your app」をクリックして❼、Slackアプリの投稿先を指定し❽、「許可する」をクリックします❾。するとスラッシュコマンドが登録されます❿。

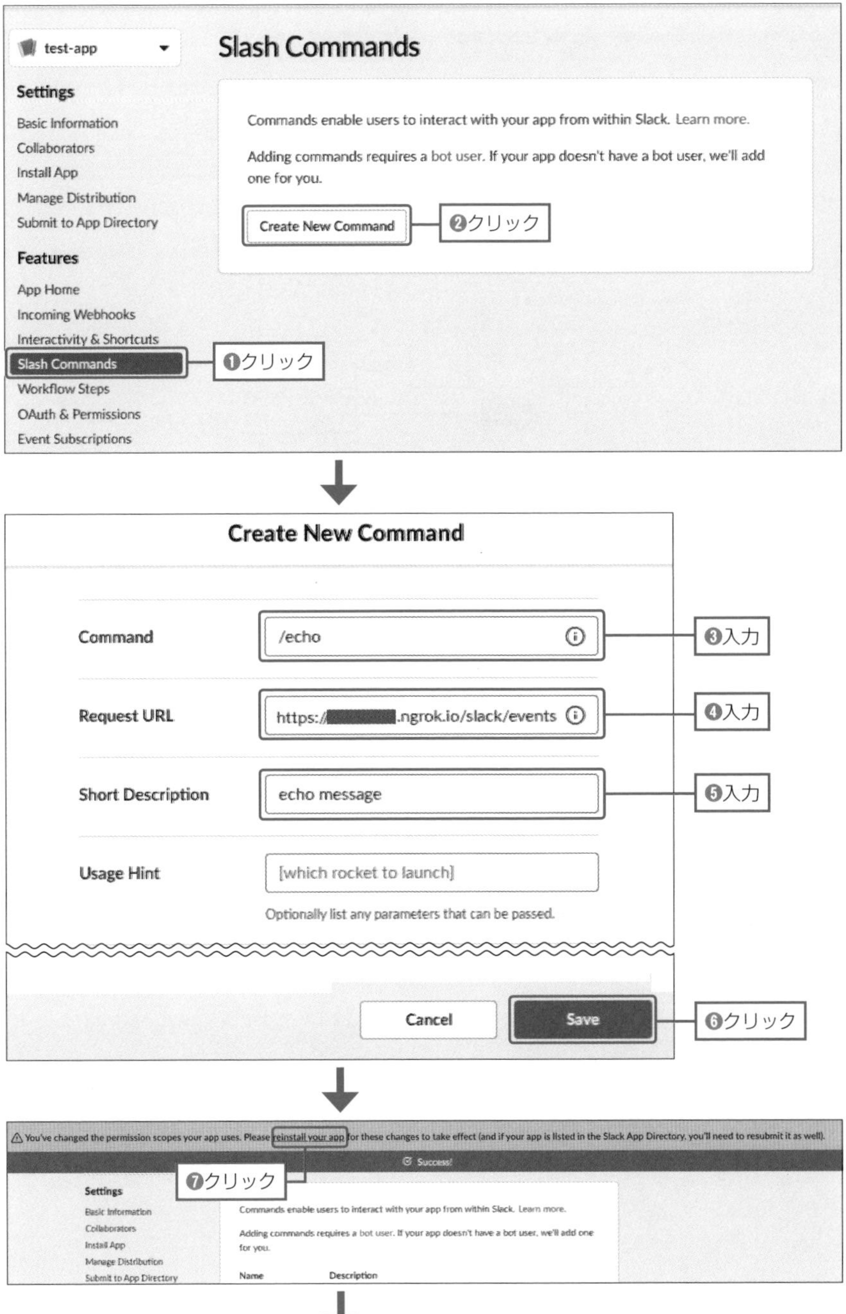
test-app
Slash Commands
Settings
Basic Information
Collaborators
Install App
Manage Distribution
Submit to App Directory
Features
App Home
Incoming Webhooks
Interactivity & Shortcuts
Slash Commands
Workflow Steps
OAuth & Permissions
Event Subscriptions
Commands enable users to interact with your app from within Slack. Learn more.
Adding commands requires a bot user. If your app doesn't have a bot user, we'll add one for you.
Create New Command
❷クリック
❶クリック
Create New Command
Command
/echo
❸入力
Request URL
https://■■■■.ngrok.io/slack/events
❹入力
Short Description
echo message
❺入力
Usage Hint
[which rocket to launch]
Optionally list any parameters that can be passed.
Cancel
Save
❻クリック
You've changed the permission scopes your app uses. Please reinstall your app for these changes to take effect (and if your app is listed in the Slack App Directory, you'll need to resubmit it as well).
Success!
❼クリック
Settings
Basic Information
Collaborators
Install App
Manage Distribution
Submit to App Directory
Commands enable users to interact with your app from within Slack. Learn more.
Adding commands requires a bot user. If your app doesn't have a bot user, we'll add one for you.
Name
Description

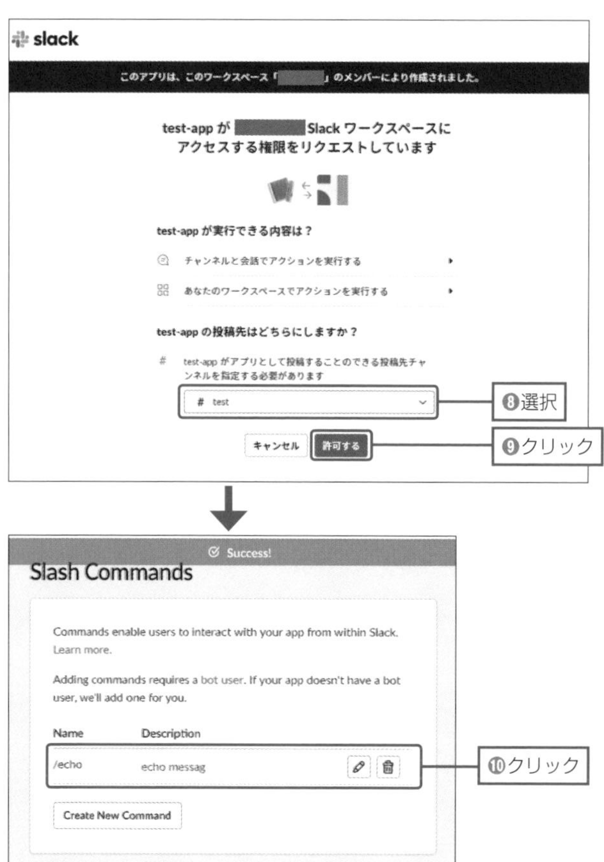

▲図4.7：スラッシュコマンドの登録

サンプルコードを設置する

リスト4.7のapp_command.jsを作成して、図4.6と同じ「test-sample」ディレクトリに保存します。

▼リスト4.7：test-sample/app_command.js

```
(…略：リスト4.4と同じコードが入る…)

app.command('/echo', async ({ command, ack, say }) => {
  await ack();
  await say(`echo: ${command.text}`);
});
```

Webアプリを起動する

新規でターミナルを起動し、cdコマンドでWebアプリのあるディレクトリに移動し、本章04節の「Webアプリを起動する」で説明した通りSLACK_BOT_TOKENとSLACK_SIGNING_SECRETを指定したWebアプリの起動コマンドを実行します。

ターミナル

```
% SLACK_BOT_TOKEN=xoxb-xxxxxxxxxxxx-xxxxxxxxxxxxx-xxxxxxxxxxxxxxx⏎
xxxxxxxxxx SLACK_SIGNING_SECRET=xxxxxxxxxxxxxxxxxxxxxxxxxxxxxxxx ⏎
node app_command.js
Bolt app is running!
```

動作を確認する

Slack上で/echoのコマンドに続けてテキストを入力すると、入力されたテキストがそのまま出力されます（図4.8）。動作を確認したらターミナルに戻り、［Ctrl］＋［C］キーでWebアプリを終了してください。以降、動作確認後は同じようにしてください。

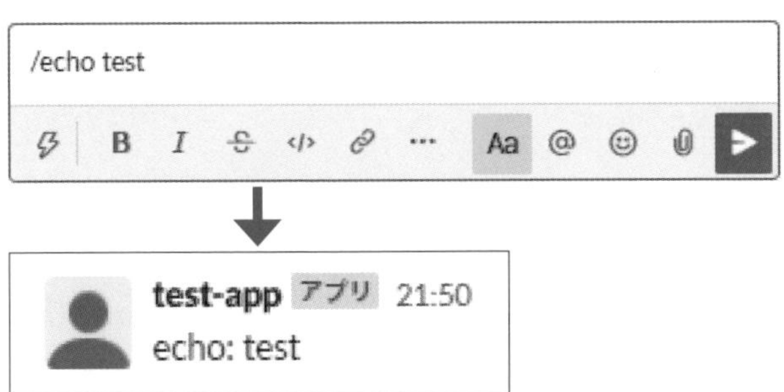

▲図4.8：スラッシュコマンド（/echo）の例

サンプルコードについて

app.commandはスラッシュコマンドを管理する関数です。

またackという関数は必須です。Slackはエラーやタイムアウトなどが起きるとRequest URLにデータを再送します。ackを呼び出すことでSlackへ「そのコマンドを受け取った」という情報を返し、再送をキャンセルします。

ackへの応答は3秒以内に返さなければならないことに注意してください。3秒を超えるとSlackはタイムアウトと判断してしまいます。そのためできる限り同期的にハンドラの上部でackを呼び出すことをおすすめします。

S06 Events APIを利用したSlackアプリを作る①

app.eventを利用したSlackアプリを作成します。

利用するSlackアプリと特徴

ここで利用するSlackアプリは第2章05節で作成した「test-app」です。Events APIの購読ができるapp.eventを利用したSlackアプリを作成します。

サンプルコードを設置する

リスト4.8のapp_reaction.jsを作成して、図4.6と同じ「test-sample」ディレクトリに保存します。

▼リスト4.8：test-sample/app_reaction.js

```
(…略：リスト4.4と同じコードが入る…)

app.event('reaction_added', async ({ event, context }) => {
  const result = await app.client.chat.postMessage({
    token: context.botToken,
    channel: event.item.channel,
    text: `<@${event.user}> added reaction! :${event.reaction}:`
  });
  console.log(result);
});
```

Webアプリを起動してからサーバを公開する

新規でターミナルを起動し、cdコマンドでWebアプリのあるディレクトリに移動し、本章04節の「Webアプリを起動する」で説明した通りSLACK_BOT_TOKENとSLACK_SIGNING_SECRETを指定したWebアプリの起動コマンドを実行します。

ターミナル

```
% SLACK_BOT_TOKEN=xoxb-xxxxxxxxxxxx-xxxxxxxxxxxxx-xxxxxxxxxxxxxxx↵
xxxxxxxxxx SLACK_SIGNING_SECRET=xxxxxxxxxxxxxxxxxxxxxxxxxxxxxxxx ↵
node app_reaction.js
Bolt app is running!
```

次に新規のターミナルを開き、以下のコマンドを実行して、ngrokでサーバを公開します。

ターミナル

```
% ./ngrok http 3000
```

Slackアプリを設定する

Events APIを利用できるようにSlackアプリの設定変更を行います。

Slackアプリ管理画面の左メニューから「Event Subscriptions」をクリックして（図4.9❶）、Enable Eventsを「On」にします❷。Request URLにngrokのURLを入力します（Boltの利用を前提とするので、「https://xxxxxxxxxxxx.ngrok.io/slack/events」となります）❸。入力後、「Verified」が表示されたら成功です。

「Subscribe to bot events」には「reaction_added」を登録します❹。「Save Changes」をクリックします❺。はじめて追加した時には警告画面が出るので「reinstall your app」をクリックして❻、Slackアプリの投稿先を指定し❼、「許可する」をクリックします❽。

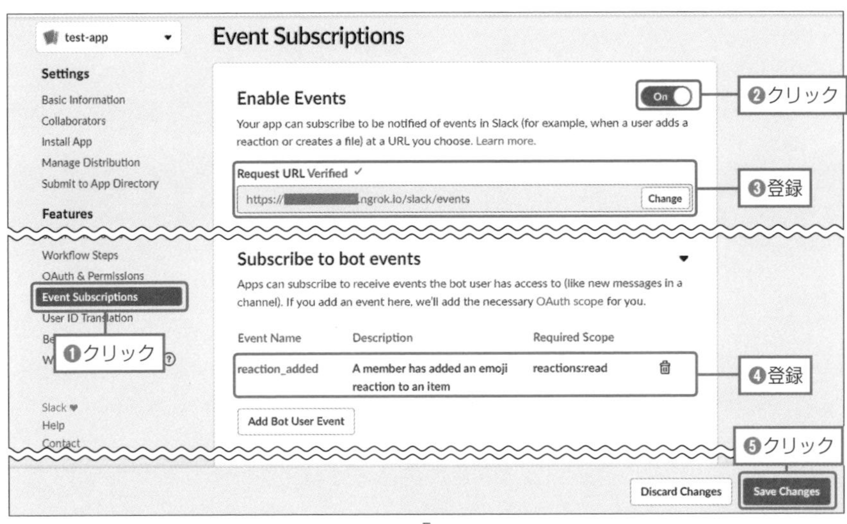

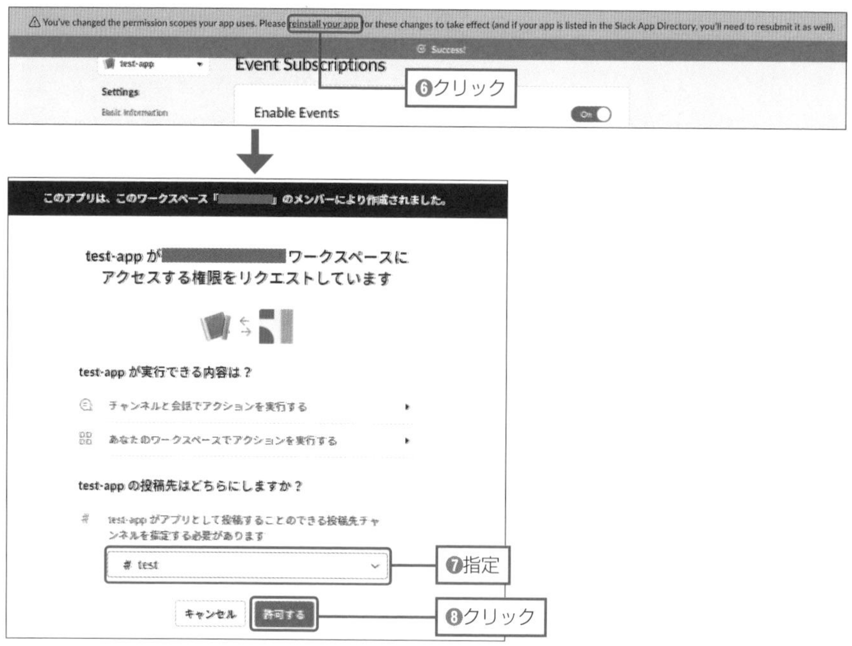

▲図4.9：「Event Subscriptions」の設定

動作を確認する

Slackでリアクションが追加された時に、誰が追加したリアクションなのかをボットのほうで通知してくれます（図4.10）。

▲図4.10：リアクションを追加したユーザを通知する例

サンプルコードについて

リスト4.8のapp.eventはEvents APIの購読ができる関数です。例えばmember_joined_channelを購読すればパブリックチャンネルかプライベートチャンネルにメンバーが所属したタイミングでWelcomeメッセージを送ることができます。

- member_joined_channel event
  URL https://api.slack.com/events/member_joined_channel

他にもreaction_addedなどにバインドするとリアクションが発生した時に別のチャンネルにポストしたり、デプロイリアクションを押したらデプロイスクリプトをキックする、などの実装ができるようになります。

- reaction_added event
  URL https://api.slack.com/events/reaction_added

バインドできるイベントは下記の公式ドキュメントに記載されています。

- API Event Types
  URL https://api.slack.com/events

リスト4.8で注目してほしいのは、contextを利用している箇所です。

すべてのイベントがチャンネルに紐付くわけではない（ユーザのプロフィール情報変更イベントなど）ので、eventでフックしたいイベントに応じて、contextからSlackアプリのトークンを取得して利用してください。

07 Events APIを利用したSlackアプリを作る②

app.message（Events APIの亜種）を利用したSlackアプリ（その①）を作成します。

利用するSlackアプリと特徴

ここで利用するSlackアプリは本章06節で設定した「test-app」です。

特定の文字列に反応するSlackアプリを作成します。

Slackアプリを設定する

Events APIを利用できるようにSlackアプリの設定変更を行います。

Slackアプリ管理画面の左メニューから「Event Subscriptions」をクリックします（図4.11❶）。

「Subscribe to bot events」には「message.im」❷と「message.channels」❸を登録します。「Save Changes」をクリックします❹。はじめて追加した時には警告画面が出るので「reinstall your app」をクリックして❺、Slackアプリの投稿先を指定し❻、「許可する」をクリックします❼。

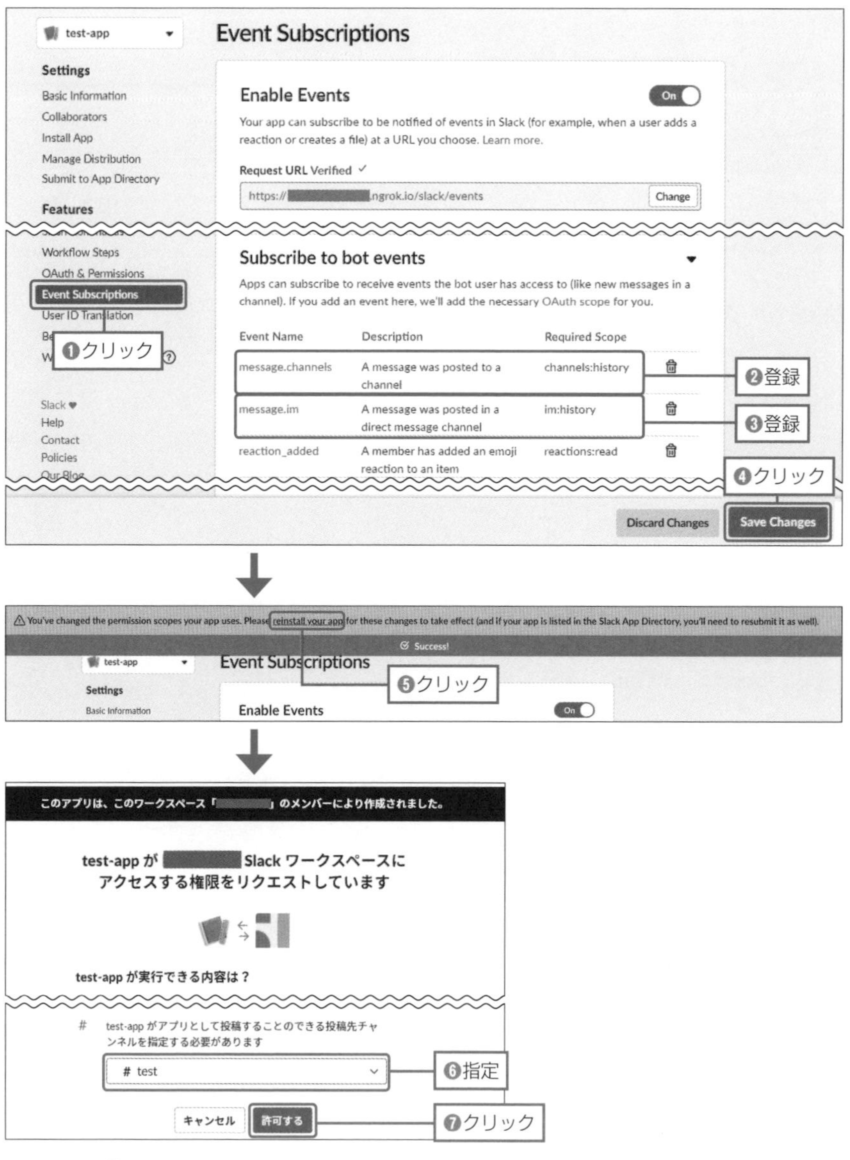

▲図4.11：「Event Subscriptions」の設定

サンプルコードを設置する

　リスト4.9のapp_message1.jsを作成して、図4.6と同じ「test-sample」ディレクトリに保存します。

▼リスト4.9：test-sample/app_message1.js

```
(…略：リスト4.4と同じコードが入る…)

app.message('hello', async ({ message, say }) => {
  await say(`hey ${message.user}`);
});
```


Webアプリを起動する

新規でターミナルを起動し、cdコマンドでWebアプリのあるディレクトリに移動し、本章04節の「Webアプリを起動する」で説明した通りSLACK_BOT_TOKENとSLACK_SIGNING_SECRETを指定したWebアプリの起動コマンドを実行します。

ターミナル

```
% SLACK_BOT_TOKEN=xoxb-xxxxxxxxxxxx-xxxxxxxxxxxxx-xxxxxxxxxxxxxxx⏎
xxxxxxxxxx SLACK_SIGNING_SECRET=xxxxxxxxxxxxxxxxxxxxxxxxxxxxxxxx ⏎
node app_message1.js
Bolt app is running!
```

動作を確認する

Slackアプリが追加されているチャンネルで「hello」という文字列が含まれているメッセージが投稿された時、そのユーザに対して「hey {USER_ID}」と返します（図4.12）。

▲図4.12：「hello」に対して「hey {USER_ID}」と返す例

サンプルコードについて

app.messageはメッセージイベントのみにフックすることができる特別なEvents APIのハンドラです。

本章05節のapp.eventでは、指定したイベントを取得することができましたが、ここで紹介するapp.messageはmessageイベントのみに反応するハンドラです。

S08 Events APIを利用したSlackアプリを作る③

app.message（eventの亜種）を利用したSlackアプリ（その②）を作成します。

利用するSlackアプリと特徴

ここで利用するSlackアプリは本章07節で設定した「test-app」です。複数の文字列に反応するSlackアプリを作成します。

Slackアプリを設定する

本章07節で設定済みなので変更はありません。

サンプルコードを設置する

リスト4.10のapp_message2.jsを作成して、図4.6と同じ「test-sample」ディレクトリに保存します。

▼リスト4.10：test-sample/app_message2.js

```
(…略：リスト4.4と同じコードが入る…)

app.message(/hi|hello/, async ({ context, message, say }) => {
  const greeting = context.matches[0];
  await say(`${greeting} ${message.user}`);
})
```

Webアプリを起動する

新規でターミナルを起動し、cdコマンドでWebアプリのあるディレクトリに移動し、本章04節の「Webアプリを起動する」で説明した通りSLACK_BOT_TOKENとSLACK_SIGNING_SECRETを指定したWebアプリの起動コマンドを実行します。

ターミナル

```
% SLACK_BOT_TOKEN=xoxb-xxxxxxxxxxxx-xxxxxxxxxxxxx-xxxxxxxxxxxxxxx⏎
xxxxxxxxxx SLACK_SIGNING_SECRET=xxxxxxxxxxxxxxxxxxxxxxxxxxxxxxxx ⏎
node app_message2.js
Bolt app is running!
```


動作を確認する

Slackアプリが追加されているチャンネルで「hi」「hello」という文字列が含まれているメッセージが投稿された時に、そのユーザに対して「{指定の文字列} {USER_ID}」と返します（図4.13）。

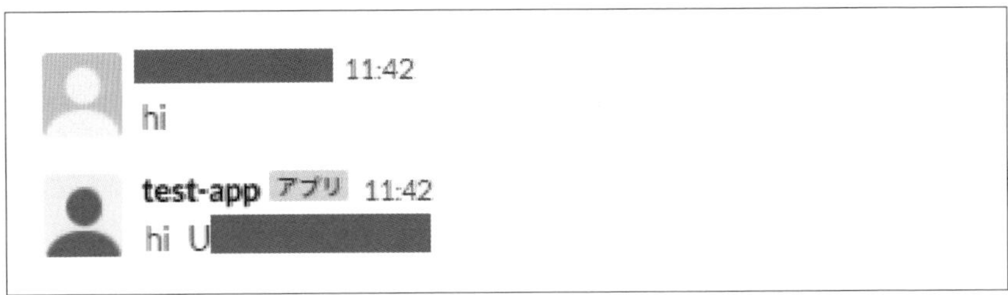

▲図4.13：「hi」「hello」に対して「{指定した文字列} {USER_ID}」」と返す例

サンプルコードについて

前節のリスト4.9で触れた第1引数には文字列以外に正規表現を渡すこともできます。この時にcontext.matchesで正規表現に一致した結果が返ってくるので、正規表現のマッチングに応じて処理を変えることも可能です。

ボットを作成する時にはこういった特定の文字列に反応する処理は頻繁に記述することになります。そのような時にこのメソッドを利用することでより簡潔に記述することができます。

Botを作るフレームワークという意味ではHubot（ここでいうHubotはフレームワークのほうで、Slack AppのHubotではない）に近しいものがあります。Hubotの関数でいうとrobot.hearやrobot.respondの関数で行っていたことがapp.messageで実現できます。

Slackではもともと特定のメッセージがきたタイミングでその内容を外部サーバにリクエストするOutgoing Webhooksという仕組みがあります。この仕組みを利用した連携等もSlackの公式ドキュメントで多く紹介されていますが、本書執筆時点でOutgoing Webhooksは非推奨の機能となっているので、同様のことができるこちらの仕組みに移行してください。

09 Events APIを利用したSlackアプリを作る④

app.actionを利用したSlackアプリを作成します。

利用するSlackアプリと特徴

ここで利用するSlackアプリは本章08節で設定した「test-app」です。

Slack AppではSlackのUI上でボタンやセレクトメニュー、Datepickerなどを扱うことができます。

ユーザがこれらの操作を行った時にSlackはEvents APIと同様に指定したRequest URLにデータを送信します。それをapp.actionでハンドリングすることができます。

ここではメッセージ中のボタンをクリックした時のイベントをハンドリングするSlackアプリを作ります。

Slackアプリを設定する

app.actionを利用するためにはSlackアプリ側のInteractivityを有効にする必要があります。

Slackアプリ管理画面（URL https://api.slack.com/apps/）の左メニューから「Interactivity & Shortcuts」をクリックして（図4.14❶)、「Interactivity」を「On」にすると❷、Request URLを設定できるようになります。Boltではデフォルトで Events APIで設定したものと同じエンドポイントが使用されるので、Request URLにはEvents APIに使用したものと同じ「https://xxxxxxxxxxxx.ngrok.io/slack/events」を入力し❸、「Save Changes」をクリックします❹。

なお、app.actionの利用方法は、第5章で詳しく解説します。

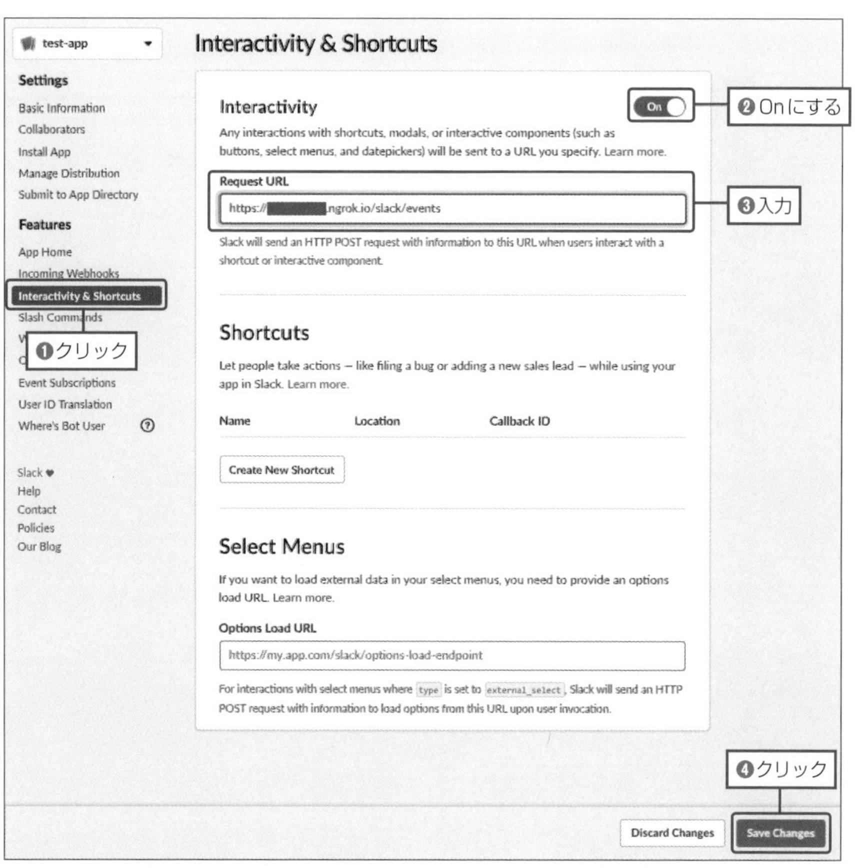

▲図4.14：「Interactivity」を「On」にする

サンプルコードを設置する

リスト4.11のapp_click.jsを作成して、図4.6と同じ「test-sample」ディレクトリに保存します。

▼リスト4.11：test-sample/app_click.js

```
(…略：リスト4.4と同じコードが入る…)

app.message('hey', async ({ message, say }) => {
  await say({
    blocks: [
```

```
      {
        type: 'section',
        text: {
          type: 'mrkdwn',
          text: `Hey <@${message.user}>!`
        },
        accessory: {
          type: 'button',
          text: {
            type: 'plain_text',
            text: 'クリック! '
          },
          action_id: 'button_click'
        }
      }
    ]
  });
});

app.action('button_click', async ({ body, ack, say }) => {
  await ack();
  await say(`<@${body.user.id}> clicked button`);
});
```


Webアプリを起動する

新規でターミナルを起動し、cdコマンドでWebアプリのあるディレクトリに移動し、本章04節の「Webアプリを起動する」で説明した通りSLACK_BOT_TOKENとSLACK_SIGNING_SECRETを指定したWebアプリの起動コマンドを実行します。

ターミナル

```
% SLACK_BOT_TOKEN=xoxb-xxxxxxxxxxxx-xxxxxxxxxxxxx-xxxxxxxxxxxxxx⏎
xxxxxxxxxxx SLACK_SIGNING_SECRET=xxxxxxxxxxxxxxxxxxxxxxxxxxxxxxxx ⏎
node app_click.js
Bolt app is running!
```

動作を確認する

Slackアプリが追加されているチャンネルで「hey」と投稿すると（図4.15❶）、ボットから「クリック!」というボタンの付いたメッセージが届きます❷。「クリック!」のボタンをクリックすると❸、「clicked button」と表示されます❹。

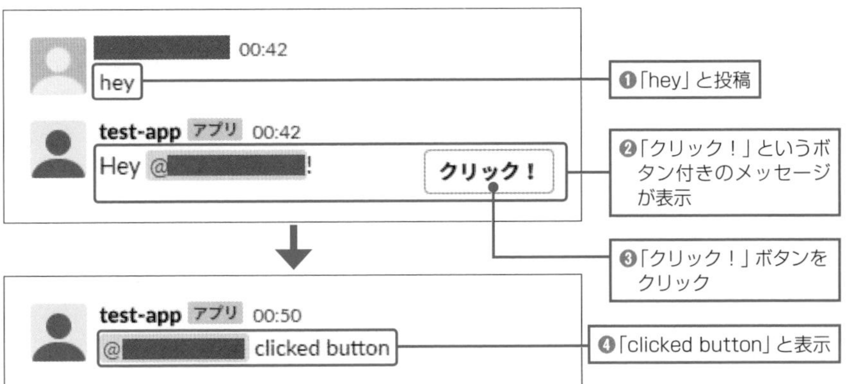

▲図4.15：「hey」と投稿すると「クリック!」というボタンの付いたメッセージが届き、「クリック!」のボタンをクリックすると「clicked button」と表示される例

サンプルコードについて

最初のapp.messageは「hey」というメッセージに対してボタン付きのメッセージを返すコードです。Block Kitを利用してメッセージとボタンをひとまとめにしています。

Boltでは第3章でも触れたBlock Kitも利用可能です。Block Kitのオブジェクトをsayという関数に渡すことでフォーマットしたメッセージが投稿されます。

重要なのはボタンのaction_idです。action_idには任意の文字列を設定可能で、ここに設定した文字列がapp.actionでハンドリングするためのイベント名になります。

app.action('button_click', async ({ body, ack, say }) => { …})とすることでbutton_clickに対するハンドラを登録できます。app.actionの第1引数は文字列の完全一致の他に正規表現でも記述可能です。また、ハンドラ内のackという関数の呼び出しはapp.eventと同様に必須となります。

S10 まとめ

本章で学んだことをまとめます。

- Request URL（本章01節）
- Slash Commands（スラッシュコマンド）（本章01節）
- Interactive Components（本章01節）
- Events（本章01節）
- ngrokの利用（本章02節）
- Boltの概要（本章03節）
- Boltの利用（本章04節）
- Webアプリの起動（Boltのサーバの公開）（本章04節）
- スラッシュコマンドを利用したSlackアプリの作成（本章05節）
- Events APIを利用したSlackアプリの作成（本章06〜09節）

Chapter5

ランチのお店を選んでくれるボットを作ろう

この章ではランチのお店を選んでくれるSlackアプリ（ボット）を作りながらスラッシュコマンドやInteractive Componentsについて触れていきます。

S01 ボットで使う機能

本章で作成するSlackアプリ（ボット）は、ランチのお店を選んでくれる機能や、お店の情報を提供する機能があります。ここではそれらの機能で利用しているスラッシュコマンドやInteractive Components、chat.postMessageについて解説します。

スラッシュコマンド

スラッシュコマンドは表5.1にあるようなものが標準で用意されています。

▼表5.1：スラッシュコマンド一覧

スラッシュコマンド	アクション
/apps	ディレクトリでSlackアプリを検索する
/archive	現在開いているチャンネルをアーカイブする
/away	ログイン状態を切り替える（離席中 ⇄ アクティブ）
/collapse	チャンネル内でインライン表示されている画像やビデオをすべて折りたたむ（/expandコマンドの逆）
/dnd [時間設定テキスト]	おやすみモードを開始または終了する
/expand	チャンネル内の画像やビデオをすべて展開してインライン表示する（/collapseコマンドの逆）
/feed help [またはsubscribe・list・removeなど]	RSSフィード管理（ヘルプ・購読・リスト・削除など）
/feedback [任意のテキスト]	Slackにフィードバックまたはヘルプリクエストを送信する
/invite @メンバー [#チャンネル]	メンバーをチャンネルに招待する
/join [#チャンネル]	チャンネルを開きメンバーになる
/leave（または /close か /part）	チャンネルを退出する
/me [任意のテキスト]	文字を斜体にする。例えば、「/me 斜体にする」と入力すると、「斜体にする」という文字が斜体で表示される
/msg [#チャンネル]（または /dm @メンバー）[メッセージ]	メッセージをチャンネルに送信する、または他のメンバーにダイレクトメッセージを送信する
/mute	チャンネルをミュートする（すでにミュートされている場合はそれを解除する）。デスクトップでは、/muteを使ってスレッドのフォローを解除することもできる
/open [#チャンネル]	チャンネルを開く

（続き）

スラッシュコマンド	アクション
/remind [@メンバーまたは #チャンネル] to [何を] [いつ]	メンバーやチャンネルのためにリマインダーを設定する
/remind help	リマインダーの設定方法について詳細を確認する
/remind list	自分が設定したリマインダーのリストを表示する
/remove（または /kick）@メンバーの表示名	現在のチャンネルからメンバーを外す。このアクションはワークスペースのオーナと管理者のみに制限することが可能
/rename [新しい名前]	チャンネル名を変更する（管理者のみ利用可）
/search [任意のワード]	Slackのメッセージやファイルを検索する
/shortcuts	キーボードショートカットのメニューを表示する
/shrug [メッセージ]	メッセージの最後に ¯_(ツ)_/¯ を挿入する
/status	ステータスを削除、または新しく設定する
/topic [テキスト]	チャンネルのトピックを設定する
/who	現在のチャンネルに参加しているメンバーのリスト（最大100人）を表示する

スラッシュコマンドとは、Slackアプリを動かすためのショートカットのようなものです。ユーザは定められたコマンドをメッセージボックスから実行することで様々な機能やSlackアプリを起動することができます。例えばSlackでは標準でもいくつかスラッシュコマンドが用意されていて、招待を行う /inviteや逆に退出を行う /leaveなどのコマンドがあります。

実際にチャンネルの参加者を教えてくれる/whoコマンドを実行します。メッセージの入力欄に/whoと入力して投稿してみましょう。チャンネルの参加者が投稿されました（図5.1）。

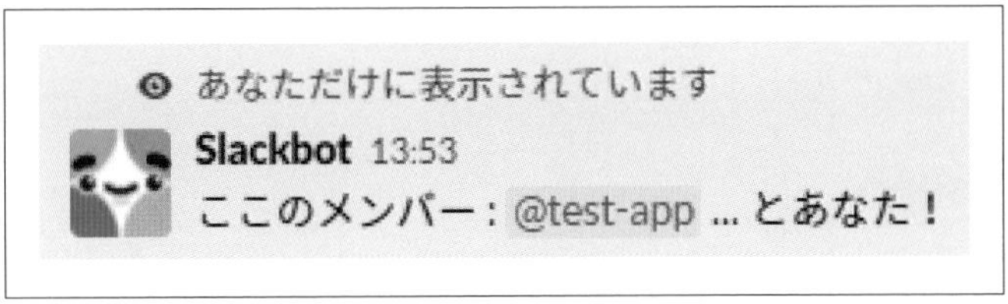

▲図5.1：チャンネルの参加者が投稿した例

このようにスラッシュコマンドは処理（Slackアプリ）を起動させるためのトリガーを意味します。それではスラッシュコマンドを利用したSlackアプリのサンプルを見ていきましょう。

Interactive Components

- Interactivity in Block Kit：Component collection
  URL https://api.slack.com/block-kit/interactivity#components

第4章でも出てきましたがInteractive Componentsとは、Block Kitで利用することのできるインタラクティブにコミュニケーションが可能なコンポーネントです。要素にはボタンやチェックボックス、ラジオボタンなど様々なタイプが存在します。用途に合わせたComponentsを利用することで、より直感的な操作を実現することが可能です。

例えば、ランダムでおすすめスポットを教えてくれる/spotコマンドを作ったとしましょう。コマンドを入力し「遊園地はいかがですか？」とおすすめされましたが、そのような気分ではなかったので別の候補を知りたくなった時、改めてコマンドを入力するのも悪くないですが、別候補を教えてくれる「他の候補をみる」ボタンがあったらどうでしょう（図5.2）。より便利に、直感的に操作することができるのではないでしょうか。

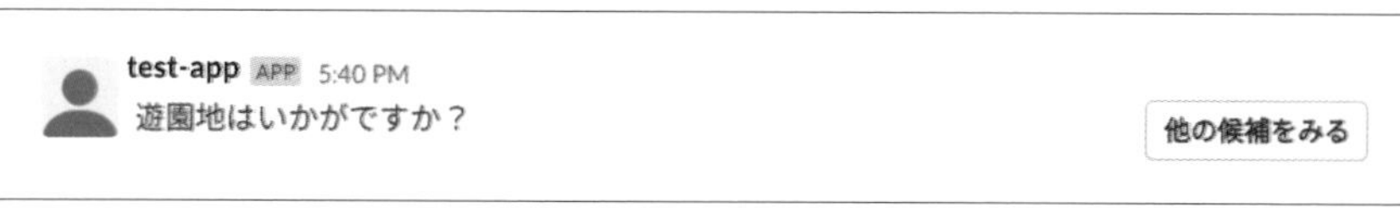

▲図5.2：「他の候補をみる」ボタンの設定例

このように、テキストのみとは違う利便性を持ったメッセージを実現するのがInteractive Componentsです。本章03節で紹介するSlackアプリのサンプルでさらに詳しく見ていきましょう。

chat.postMessage

SDKの呼び出し

chat.postMessageなどの説明は何度か出てきているので省略します。Boltでは、これらのAPIは隠蔽されて利用できるような仕組みになっています。

しかし、どうしても隠蔽されていない生のAPIを呼び出したい場合には、Bolt内部で利用しているSDKを直接呼び出すことも可能です。

const app = new App({ ... })で生成したappインスタンスのapp.clientにBolt内部で利用されているSlack SDKのインスタンスがぶら下がっています。Boltの初期化時に使用されたトークンはcontextオブジェクト内に保持されています。

リスト5.1のchat.scheduleMessageを呼び出す例を見てみましょう。

▼リスト5.1：chat.scheduleMessageを呼び出す例（サンプルなし）

```
app.message('起こして', async ({ message, context }) => {
  await app.client.chat.scheduleMessage({
    // Webアプリの初期化に用いたトークンをcontextから取得
    token: context.botToken,
    channel: message.channel.id,
    // September 30, 2019 11:59:59 PM
    post_at: 1569887999,
    text: '夏が来た!'
  });
});
```

リスト5.1の例はBoltの公式ドキュメントにも記載されています。このように、SDKを直接呼び出すことで、例えばより柔軟な操作（特定のエラーのみ別の処理をするなど）や、Boltの標準機能では実現が難しかった場合にもAPIを呼び出して対処することが可能です。

- Bolt入門ガイド：Web APIの使用
  URL https://slack.dev/bolt-js/ja-jp/concepts#web-api

say

Boltではchat.postMessageなどが隠蔽されていると説明しました。sayという関数はその代表例です。

先程のSDKを直接呼び出す方法では、トークンの取得やチャンネルの指定など、自分で指定しなければならない箇所があります。

このような時、sayを利用することで、これらの指定を内部で自動的に行い、必要な実装に集中することができます。例えば、リスト5.2は単純なメッセージの応答をする例です。

▼リスト5.2：単純なメッセージの応答をする例（サンプルなし）

```
// "knock knock" を含むメッセージをリスニングし、"who's there?" というメッセージ⏎
をイタリック体で送信
app.message('knock knock', async ({ message, say }) => {
  await say(`_Who's there?_`);
});
```


- Bolt入門ガイド：メッセージの送信
  URL https://slack.dev/bolt-js/ja-jp/concepts#message-sending

respond

Boltで作成するWebアプリはactionというメソッドを用いて、ボタンのクリック、メニューの選択、メッセージショートカットなどのユーザのアクションに反応させることができます。アクションへの応答には、主に2つの方法があります。

- say
- respond

sayはメッセージを受け取った際に、そのイベントが発生した場所（チャンネルやDM）へメッセージを返します。

respondはアクションに紐付けられているresponse_urlに対して応答する際に利用します（リスト5.3）。「レスポンスパラメータにresponse_urlが含まれる場合に応答するためのユーティリティである」と覚えてください。

▼リスト5.3：action_idがトリガーされたアクションをリスニング（サンプルなし）

```
// "user_select"のaction_idがトリガーされたアクションをリスニング
app.action('user_choice', async ({ action, ack, respond }) => {
  await ack();
  await respond(`You selected <@${action.selected_user}>`);
});
```

- Bolt入門ガイド：アクションへの応答
  URL https://slack.dev/bolt-js/ja-jp/concepts#action-respond

S 02 /lunchコマンドでおすすめのお店を表示する

スラッシュコマンドを使って、Slackアプリからメッセージを受け取ります。

ngrokを起動する

Slackアプリを作成する前に新規のターミナルを開き、ngrokを起動し、生成されたURL（https://xxxxxxxxxxxx.ngrok.io）をメモしておきます（図5.4の❷で利用します）。

ターミナル

```
% ./ngrok http 3000
```

作成するSlackアプリの特徴

ここでは固定のリストから単純に乱数を使っておすすめのお店の結果を返す/lunchコマンドを作ります。

Slackアプリを作成する

Slackアプリ管理画面（URL https://api.slack.com/apps）にアクセスして第2章03節および05節と同じ要領で「lunch」というボットアプリを作成します（表5.2）。

▼表5.2：Slackアプリの設定

- Slackアプリ名の例：lunch

Features	設定項目	内容	設定例
OAuth & Permissions	Bot Token Scopes	Slackに書き込みを行うことを許可するスコープ	chat:write

Slackアプリ管理画面の左メニューから「Slash Commands」クリックして（図5.3❶）、「Create New Command」をクリックします❷。

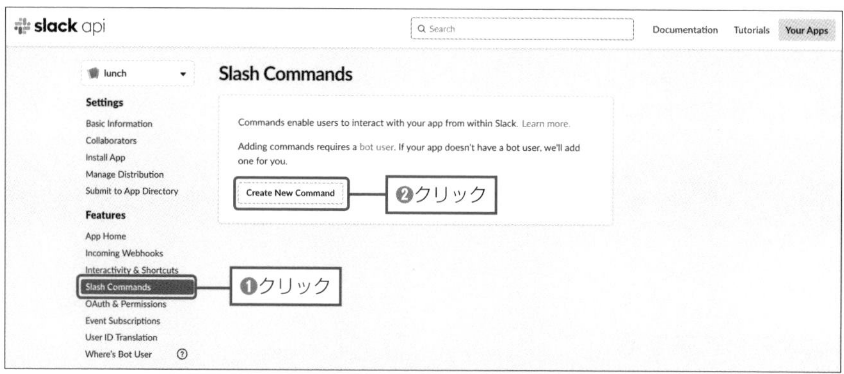

▲図5.3：「Slash Commands」→「Create New Command」をクリック

「Create New Command」画面で必要な項目を入力します（図5.4❶〜❺、表5.3）。入力が完了したら「Save」をクリックして保存します❻。

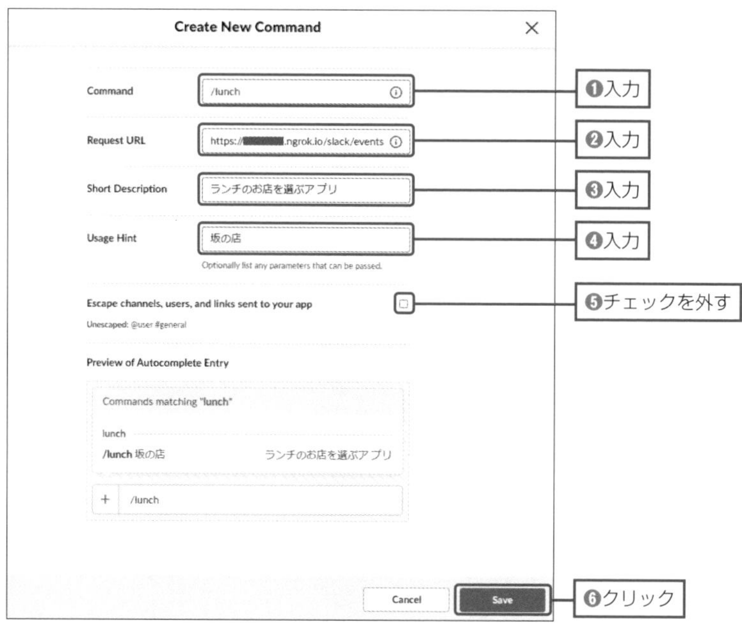

▲図5.4：「Create New Command」画面

▼表5.3：「Create New Command」画面の設定

項目	説明	入力値サンプル
❶Command	ユーザが入力するスラッシュコマンド	/lunch
❷Request URL	コマンドを実行した際にリクエストが送られるURL。 Slackからここにリクエストされる	http:///{ngrokのURL}/slack/events
❸Short Description	コマンド入力時などに表示される短いコマンド説明になる	ランチのお店を選ぶアプリ
❹Usage Hint	スラッシュコマンドの引数の例を入れることができる	赤坂の店※1
❺Escape channels, users, and links sent to your app	Slackはコマンドでユーザ名やチャンネル名を利用する時に有効にすることを推奨している。 URL https://api.slack.com/interactivity/slash-commands	チェックを外す

Slackアプリ管理画面の「Slash Commands」に作成した/lunchコマンドが表示されていれば、スラッシュコマンドの作成は完了です（図5.5）。

▲図5.5：/lunchコマンドの表示

※1　本サンプルでは引数を使わない例で説明しています。

ここまでで一旦作成したSlackアプリをワークスペースにインストールします。具体的には、左メニューから「OAuth & Permissions」(図5.6❶)をクリックして、「Install App to Workspace」❷をクリックし、リクエスト画面のアクセス権限で「許可する」をクリックします❸。

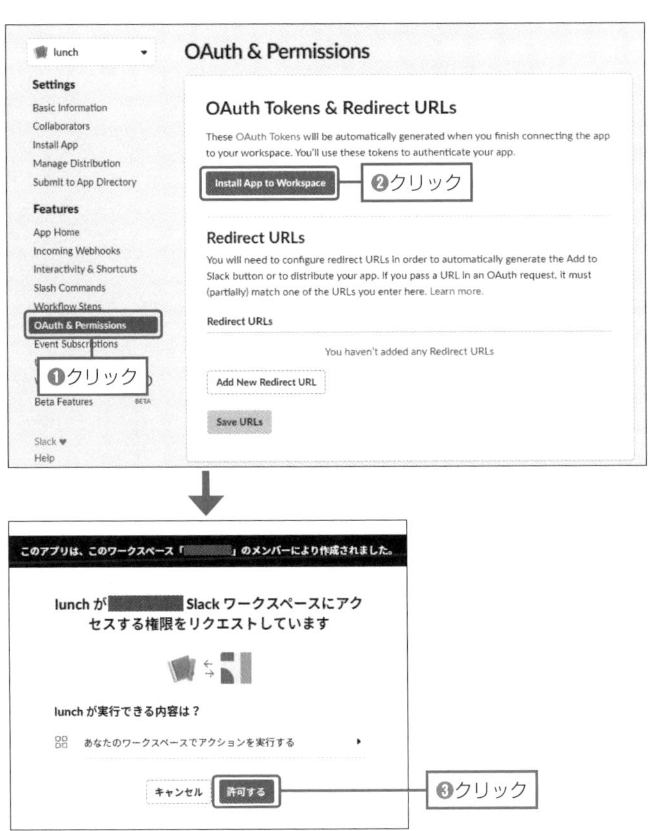

▲図5.6：ワークスペースにSlackアプリをインストール

Slackでスラッシュコマンド（/lunch）を実行すると、実行自体はできますが「/lunchはエラー「dispatch_failed」により失敗しました」といったメッセージが届くと思います。中身を作っていないので当たり前ですが、これはRequest URLのリクエスト先が何もレスポンスを返していないためです。

サンプルコードを設置する

Slackアプリを設定後、プロジェクトルートのディレクトリを適当な場所に作成してカレントディレクトリにします。その後、npmコマンドでBoltをインストールします。

ターミナル

```
% mkdir lunch-sample && cd lunch-sample
% npm init -y
% npm i @slack/bolt
```

インストールが完了したら、実際にレスポンスを返せるように中身を作成します。リクエストを受け付けたら乱数を返す処理を追加します。Webアプリは第4章で紹介したBoltを利用して作成します。

random.jsを作成します。スラッシュコマンド（/lunch）が実行されたら、乱数の値を返すシンプルなWebアプリにします（リスト5.4）。

▼リスト5.4：lunch-sample/random.js

```
const { App } = require('@slack/bolt');

const app = new App({
  token: process.env.SLACK_BOT_TOKEN,
  signingSecret: process.env.SLACK_SIGNING_SECRET
});

(async () => {
  await app.start(process.env.PORT || 3000);
  console.log('Bolt app is running!');
})();

const getRandomNum = (max) => {
  return Math.floor(Math.random() * Math.floor(max));
};

app.command('/lunch', async ({ ack, say }) => {
  const rand = getRandomNum(100);
  await ack();
  await say(`${rand}`);
});
```

random.jsを作成したら「lunch-sample」ディレクトリに保存します。
ディレクトリ構成は図5.7のようになります。

```
lunch-sample
├── random.js
├── node_modules
├── package-lock.json
└── package.json
```

▲図5.7：ディレクトリ構成

Webアプリを起動する

新規でターミナルを起動し、cdコマンドでWebアプリのあるディレクトリに移動し、第4章04節の「Webアプリを起動する」で説明した通りSLACK_BOT_TOKENとSLACK_SIGNING_SECRETを指定したWebアプリの起動コマンドを実行します。

ターミナル

```
% cd lunch-sample
% SLACK_BOT_TOKEN=xoxb-xxxxxxxxxxxx-xxxxxxxxxxxxx-xxxxxxxxxxxxxxx⏎
xxxxxxxxxx SLACK_SIGNING_SECRET=xxxxxxxxxxxxxxxxxxxxxxxxxxxxxxxx ⏎
node random.js
Bolt app is running!
```

動作を確認する

Slackで改めてスラッシュコマンド（/lunch）を実行します。ランダムな数字が投稿されるようになりました（図5.8）。動作を確認したらターミナルに戻り、[Ctrl] + [C] キーでWebアプリを終了してください。以降、動作確認後は同じようにしてください。

▲図5.8：ランダムな数字が投稿される

サンプルコードを修正する

先程作成したWebアプリを、固定のお店情報の中からランダムに1つを返すように修正します（リスト5.5）。名前をrandom_reply.jsに変更します。

▼リスト5.5：lunch-sample/random_reply.js

```
const { App } = require('@slack/bolt');

const app = new App({
  token: process.env.SLACK_BOT_TOKEN,
  signingSecret: process.env.SLACK_SIGNING_SECRET
});

(async () => {
  await app.start(process.env.PORT || 3000);
  console.log('Bolt app is running!');
})();

const getRandomNum = (max) => {
  return Math.floor(Math.random() * Math.floor(max));
};

const restaurants = [
  { name: '春秋ユラリ 恵比寿',
    url: 'https://loco.yahoo.co.jp/place/g-F3DV5FRYjH6/'
  },
  {
    name: '山遊木',
    url: 'https://loco.yahoo.co.jp/place/g-g7yiAII1ZxQ/'
  },
  {
    name: 'ざっしょ町 竜一',
    url: 'https://loco.yahoo.co.jp/place/g-vJ_S87vg7wI/'
  },
  {
    name: '阿波水産狭山店',
    url: 'https://loco.yahoo.co.jp/place/g-skQYHE1XTHk/'
  },
  {
    name: '春秋ツギハギ日比谷',
    url: 'https://loco.yahoo.co.jp/place/g-KQ4wbjlk4f6/'
  }
```

```
];

app.command('/lunch', async ({ ack, respond }) => {
  await ack();
  const restaurant = restaurants[getRandomNum(restaurants.length)];
  await respond({
    response_type: 'in_channel',
    blocks: [
      {
        type: 'section',
        text: {
          type: 'mrkdwn',
          text: `:shallow_pan_of_food: <${restaurant.url}|${restaurant.⏎
name}> はいかがですか?`
        }
      }
    ]
  });
});
```

random_reply.jsを作成したら、図5.7と同じ「lunch-sample」ディレクトリに保存します。

Webアプリを起動する

新規でターミナルを起動し、cdコマンドでWebアプリのあるディレクトリに移動し、第4章04節の「Webアプリを起動する」で説明した通りSLACK_BOT_TOKENとSLACK_SIGNING_SECRETを指定したWebアプリの起動コマンドを実行します。

ターミナル

```
% SLACK_BOT_TOKEN=xoxb-xxxxxxxxxxxx-xxxxxxxxxxxxx-xxxxxxxxxxxxxxx⏎
xxxxxxxxxx SLACK_SIGNING_SECRET=xxxxxxxxxxxxxxxxxxxxxxxxxxxxxxxx ⏎
node random_reply.js
Bolt app is running!
```

動作を確認する

Slackでスラッシュコマンド（/lunch）を何度か実行し、ランダムにおすすめのお店が表示されることを確認します（図5.9）。

lunch アプリ 16:16
山遊木 はいかがですか？
春秋ユラリ　恵比寿 はいかがですか？

▲図5.9：ランダムにおすすめのお店が表示される

サンプルコードについて

ここではsayの代わりにrespondを利用しました。これは次で扱う発言にボタンを付けるための準備です。

また、response_typeでは投稿のタイプを選択することができます。ここでは発言がチャンネルの全員に見える「in_channel」を選択しました。詳しくは第8章でも触れるのでそちらも参考にしてください。

S03 「他のお店をみる」ボタンを付ける

メッセージに「他のお店をみる」ボタンを付けてみます。

前節の状態では、気が乗らないお店が提案された場合、別のお店を見るにはもう一度スラッシュコマンドを実行する必要があります。そのような場合、発言そのものに「他のお店をみる」ボタンが付いていたほうがユーザとしては便利です。

そこでSlackのInteractive Components機能を利用して「他のお店をみる」ボタン付きのメッセージを投稿します。

Slackアプリを設定する

まずSlackアプリ管理画面の左メニューから「Interactivity & Shortcuts」をクリックして（図5.10❶）、「Interactivity」を「On」にします❷。

Request URLにngrokで生成されたURLを含めた「https://xxxxxxxxxxxx.ngrok.io/slack/events」を入力します❸。「Save Changes」をクリックします❹。

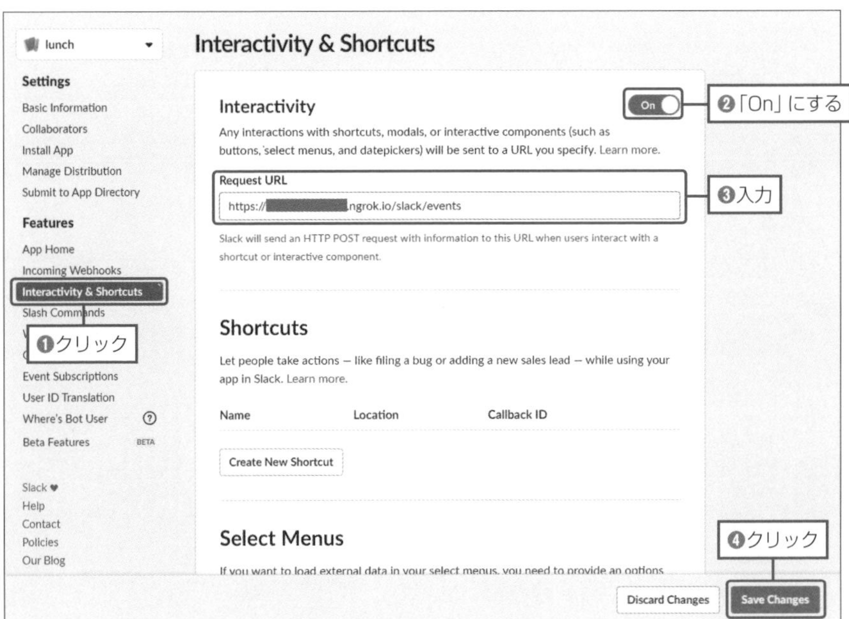

▲図5.10：「Interactivity」をオンにする

サンプルコードを設置する

Interactive Componentsを使うと、メッセージにボタンを付けることができます。この機能を使い、「他のお店をみる」ボタンを追加します（リスト5.6）。

▼リスト5.6：lunch-sample/random_reply_button.js

```
const { App } = require('@slack/bolt');

const app = new App({
  token: process.env.SLACK_BOT_TOKEN,
  signingSecret: process.env.SLACK_SIGNING_SECRET
});

(async () => {
  await app.start(process.env.PORT || 3000);
  console.log('Bolt app is running!');
})();
```

```
const getRandomNum = (max) => {
  return Math.floor(Math.random() * Math.floor(max));
};

const restaurants = [
  { name: '春秋ユラリ　恵比寿',
    url: 'https://loco.yahoo.co.jp/place/g-F3DV5FRYjH6/'
  },
  {
    name: '山遊木',
    url: 'https://loco.yahoo.co.jp/place/g-g7yiAII1ZxQ/'
  },
  {
    name: 'ざっしょ町 竜一',
    url: 'https://loco.yahoo.co.jp/place/g-vJ_S87vg7wI/'
  },
  {
    name: '阿波水産狭山店',
    url: 'https://loco.yahoo.co.jp/place/g-skQYHE1XTHk/'
  },
  {
    name: '春秋ツギハギ日比谷',
    url: 'https://loco.yahoo.co.jp/place/g-KQ4wbjlk4f6/'
  }
];

const createBlocks = () => {
  const restaurant = restaurants[getRandomNum(restaurants.length)];
  const blocks = [
    {
      type: 'section',
      text: {
        type: 'mrkdwn',
        text: `:shallow_pan_of_food: <${restaurant.url}|${restaurant.⏎
name}> はいかがですか？`
      },
      accessory: {
        type: 'button',
        action_id: 'find_another', // このキー名で app.action と連動する
        text: {
          type: 'plain_text',
          text: '他のお店をみる'
        }
```

```
        // value: 'next'
      }
    },
    {
      type: 'actions',
      elements: [
        {
          type: 'button',
          text: {
            type: 'plain_text',
            text: '他のお店をみる'
          },
          action_id: 'find_another'
          // value: 'send_123'
        }
      ]
    }
  ]
  return blocks
}

// スラッシュコマンド /lunch が実行された時
app.command('/lunch', async ({ ack, respond }) => {
  await ack();
  const blocks = createBlocks()
  await respond({
    response_type: 'in_channel',
    blocks: blocks
  })
});

//「他のお店」ボタンがクリックされた時
app.action('find_another', async ({ ack, respond }) => {
  await ack();
  const blocks = createBlocks()
  await respond({
    response_type: 'in_channel',
    replace_original: true, // メッセージを置き換える
    blocks: blocks
  })
});
```

random_reply_button.jsを作成したら、図5.7と同じ「lunch-sample」ディレクトリに保存します。

Webアプリを起動する

新規でターミナルを起動し、cdコマンドでWebアプリのあるディレクトリに移動し、第4章04節の「Webアプリを起動する」で説明した通りSLACK_BOT_TOKENとSLACK_SIGNING_SECRETを指定したWebアプリの起動コマンドを実行します。

ターミナル

```
% SLACK_BOT_TOKEN=xoxb-xxxxxxxxxxxx-xxxxxxxxxxxx-xxxxxxxxxxxxxx⏎
xxxxxxxxxx SLACK_SIGNING_SECRET=xxxxxxxxxxxxxxxxxxxxxxxxxxxxxxxx ⏎
node random_reply_button.js
Bolt app is running!
```

動作を確認する

Slackでスラッシュコマンド（/lunch）を実行すると、「他のお店をみる」ボタンが付いたおすすめのお店が表示されます（図5.11）。「他のお店をみる」ボタンをクリックすると❶、おすすめのお店の内容がインタラクティブに変化します❷。

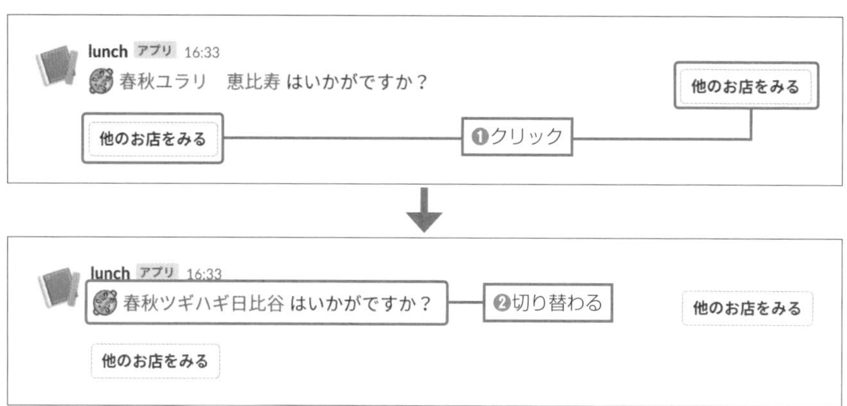

▲図5.11：「他のお店をみる」ボタンをクリックするとおすすめのお店の内容がインタラクティブに変化する

サンプルコードについて

app.command内部にあった処理をcreateBlocksに抜き出しました。また、メッセージにaccessoryプロパティを追加しています。

action_id

accessoryのaction_idはWebアプリ内でアクションを識別するためのIDです。自分で自由に設定できます。このサンプルではfind_anotherとしています。このIDはボタンをクリックした時に発生するイベント名のようなものです。このサンプルでは「他のお店をみる」ボタンがクリックされた時にfind_anotherイベントが発火すると思ってください。

次にこのイベントを処理するapp.actionを追加します。

app.action

リスト5.6では、app.actionはInteractive Componentsを処理するためのUtilityです。内部的には「Interactivity & Shortcuts」に設定したRequest URLにSlackから飛んでくるイベントを振り分けてくれる関数です（サンプルコードを動かすためにはどちらにも同じRequest URLが設定されている必要があるので注意が必要）。

app.actionの第1引数に、先程指定したIDを指定し、内部の処理はapp.commandとほぼ同様です。

replace_originalというプロパティをtrueにすると、元のメッセージを書き換えます。

こうすることで「他のお店をみる」ボタンをクリックするたびに、スラッシュコマンドの内容（ランダムにお店を表示する＋ボタン）で既存の投稿を更新することができるようになります。

04 毎日 11:50に実行するように設定する

ボットを定期的に実行する方法について解説します。

最後に、お昼前にお店をおすすめしてくれるようボット化します。

定期実行の処理を考える際、Linux上で動かすのであれば、ぱっと思いつくのはcronでしょう。最近ではPaaS環境やCaaS環境に定期実行できるようにする機能が付いていることもあります。

Node.jsだけで実装したい場合はnode-cronやnode-scheduleなどのモジュールを利用するのがよいでしょう。

ここではnode-scheduleとaxios（HTTPクライアント）、qs（クエリストリングのパーサ）の各モジュールを利用します。

必要なモジュールをインストールする

新規でターミナルを開き、作業中の「lunch-sample」ディレクトリ上に移動し、以下のnpmコマンドで各モジュールをインストールします。

ターミナル

```
% npm install node-schedule
% npm install axios
% npm install qs
```

サンプルコードを設置する

リスト5.7はnode-scheduleを利用した例です。リスト5.6で関数化したBlock Kitのオブジェクトをchat.postMessageで送ります。

▼リスト5.7：lunch-sample/random_reply_button_teiki.js

```
const schedule = require('node-schedule');
const axios = require('axios')
const qs = require('qs')
(…略：リスト5.6の内容…)

schedule.scheduleJob({ hour: 11, minute: 50 }, () => {
                        時間を指定    分を指定
  const body = {
    token: process.env.SLACK_BOT_TOKEN,
    channel: 'general',
                   チャンネルを指定
    text: '今日のおすすめ', // text は Required なので、blocksがある時は表示⏎
されないが入れておく
    blocks: JSON.stringify(createBlocks())
  }

  axios.post('https://slack.com/api/chat.postMessage', qs.stringify⏎
(body))
})
```

random_reply_button_teiki.jsを作成したら、図5.7と同じ「lunch-sample」ディレクトリに保存します。

Webアプリを起動する

新規でターミナルを起動し、cdコマンドでWebアプリのあるディレクトリに移動し、第4章04節の「Webアプリを起動する」で説明した通りSLACK_BOT_TOKENとSLACK_SIGNING_SECRETを指定したWebアプリの起動コマンドを実行します。

ターミナル

```
% SLACK_BOT_TOKEN=xoxb-xxxxxxxxxxxx-xxxxxxxxxxxxx-xxxxxxxxxxxxxxx⏎
xxxxxxxxxx SLACK_SIGNING_SECRET=xxxxxxxxxxxxxxxxxxxxxxxxxxxxxxxx ⏎
node random_reply_button_teiki.js
Bolt app is running!
```

動作を確認する

事前にSlackアプリをチャンネルに追加しておきます。すると指定した時間に、指定したチャンネルに投稿されます（図5.12）。

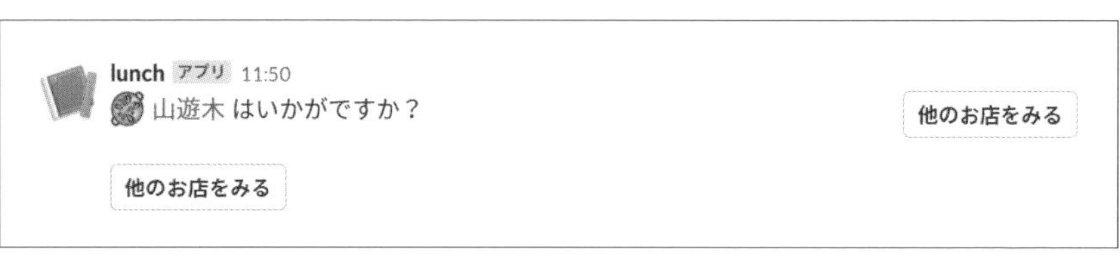

▲図5.12：定期実行される

サンプルコードについて

定期実行するコードもcreateBlocks()によって同じfind_anotherというaction_idを持つボタンが投稿されます。なので定期実行するコードのボタンを押した場合にもapp.action('find_another', …)内のロジックが動作することになります。

S05 まとめ

本章で学んだことをまとめます。

- スラッシュコマンド（本章01節）
- Interactive Components（本章01節）
- chat.postMessage（本章01節）
- respond（本章02節）
- app.action（本章03節）

Chapter6

便利な申請フォームを作ろう

本章ではフォームを使ったSlackアプリの作成方法を説明します。フォームを利用する方法は、ダイアログとモーダルの2通りがあります。これらは用途に合わせて利用できますが、下記の理由からモーダルの利用をおすすめします。

- Block KitのUIコンポーネントの利用が可能
- ダイアログよりも機能が豊富

S01 申請フォームに使う機能

申請フォームに使う機能について紹介します。

ダイアログとは

Slackで操作できる簡易的な入力フォームを**ダイアログ**といいます。ユーザがダイアログを利用すると、定型入力した値をまとめてサーバに送信できます。

本節で作成するサンプルの動作は、下記の通りです。

1. ユーザがダイアログを起動して値を入力する
2. ユーザが「送信」ボタン（「依頼する」ボタン）をクリックする
3. サーバ側でユーザが登録した値を確認する

なおダイアログは今後のアップデートが予定されていないため、概要を掴んだ後は、より高機能なモーダル（P.140以降を参照）を利用してください。

基本的な考え方は、ダイアログもモーダルも同様ですので、まずはダイアログで基本を学びましょう。

ngrokを起動する

Slackアプリを作成する前に新規でターミナルを開き、ngrokを起動し、生成されたURL（https://xxxxxxxxxxxx.ngrok.io）をメモしておきます。

ターミナル

```
% ./ngrok http 3000
```

Slackアプリを作成する

新しいSlackアプリを作成して、Slackアプリ管理画面で表6.1の設定を行います。

- Slackアプリ名の例：dialog-sample

▼表6.1：Slackアプリの設定

Features	設定項目	内容	設定例
Interactivity & Shortcuts	Interactivity	ダイアログの利用にあたり有効化する	On
	Request URL	ダイアログのリクエスト先となるURLを入力する	https://{ngrokのURL}/slack/events
Slash Commands	Command	スラッシュコマンドの名称を入力する	/dialog
	Request URL	スラッシュコマンドのリクエスト先となるURLを入力する	https://{ngrokのURL}/slack/events
	Short Description	スラッシュコマンドの説明を入力する	ダイアログのテスト

インタラクティブコンポーネント、スラッシュコマンドのRequest URLは、ngrokで生成されたURLをそれぞれ入力します（Boltの利用を前提とするので「https://xxxxxxxxxxxx.ngrok.io/slack/events」となります）。入力後、「Save」をクリックします。

上記の設定が完了したら、「OAuth & Permissions」をクリックして（図6.1❶）、commandsスコープが設定されていることを確認します❷。「Install App to Workspace」をクリックして❸、アクセス権限のリクエスト画面で「許可する」をクリックし❹、ワークスペースにSlackアプリをインストールします。

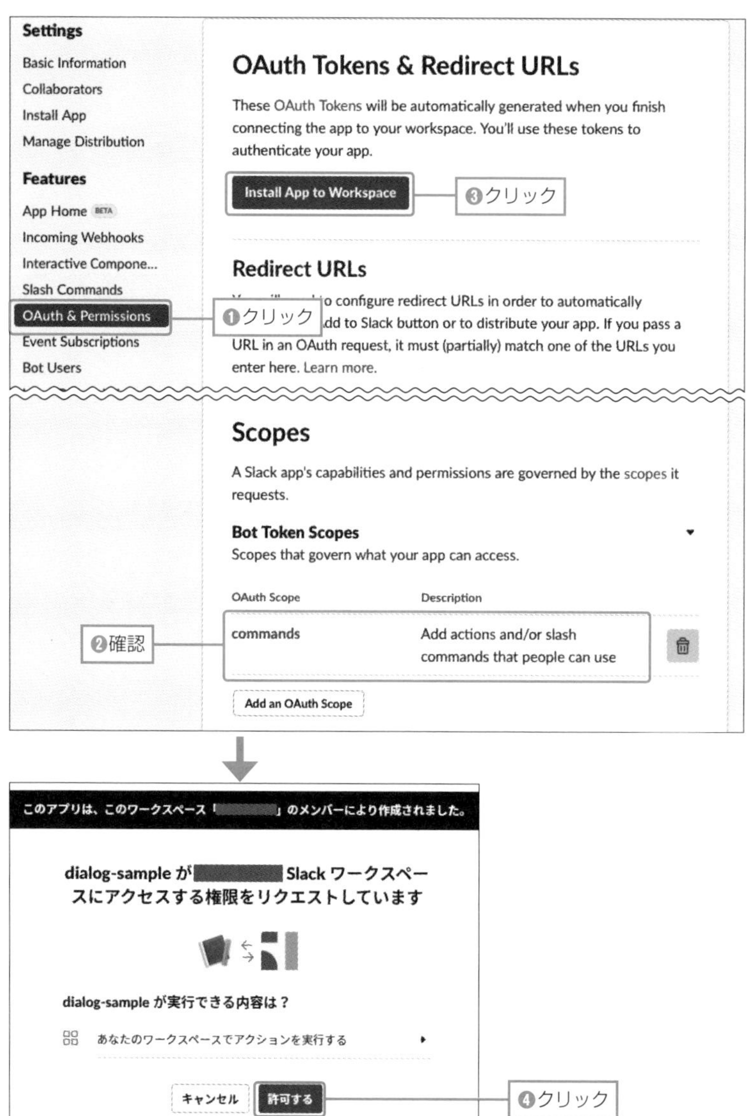

▲図6.1：commandsスコープが設定されていることを確認

サンプルコードを設置する

Slackアプリを設定後、プロジェクトルートのディレクトリを適当な場所に作成してカレントディレクトリにします。

その後、npmコマンドでBoltをインストールします。

コマンド
```
% mkdir dialog-sample && cd dialog-sample
% npm init -y
% npm i @slack/bolt
```

インストールが完了したら、サンプルコード「app.js」を作成します（リスト6.1）。

▼リスト6.1：dialog-sample/app.js
```
const { App } = require('@slack/bolt');

const app = new App({
  token: process.env.SLACK_BOT_TOKEN,
  signingSecret: process.env.SLACK_SIGNING_SECRET
});

app.command('/dialog', async ({ ack, client, body, logger }) => {
  try {
    const result = await client.dialog.open({
      trigger_id: body.trigger_id,
      dialog: {
        title: '案内所',
        callback_id: 'dialog_sample',
        submit_label: '依頼する',
        elements: [
          {
            type: 'text',
            subtype: 'number',
            label: '予算',
            name: 'budget',
            optional: true,
            value: 3000,
            placeholder: '予算を入力してください'
          },
          {
            type: 'select',
            label: 'エリア',
            name: 'area',
```

```
          options: [
            {
              label: '区役所通り',
              value: 'ward_office'
            },
            {
              label: 'セントラルロード',
              value: 'central_road'
            }
          ]
        }
      ]
    }
  });
  if (!result.ok) {
    logger.info(`Failed to open a dialog - ${result}`);
  }
  ack();
} catch (error) {
  logger.debug(error);
  ack(`:x: ダイアログの起動でエラーが発生しました (コード: ${error.code})`);
}
});

app.action(
  { callback_id: 'dialog_sample' },
  async ({ ack, logger, action }) => {
    logger.info('Submit data is:\n', action);

    await ack();
  }
);

(async () => {
  await app.start(process.env.PORT || 3000);
  console.log('Bolt app is running!');
})();
```

app.jsを作成したら、「dialog-sample」ディレクトリに保存します。

ディレクトリ構成は図6.2のようになります。

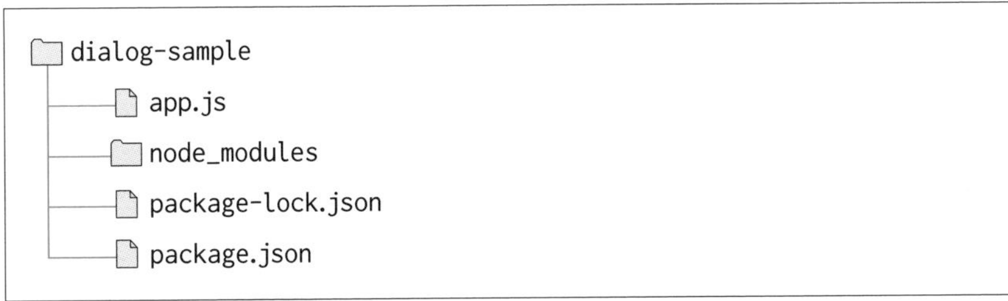

▲図6.2：ディレクトリ構成

Webアプリを起動する

新規でターミナルを起動し、cdコマンドでWebアプリのあるディレクトリに移動します。

その後、SLACK_BOT_TOKEN、SLACK_SIGNING_SECRETの値を指定して（第4章04節の「Webアプリを起動する」を参照）、Webアプリの起動コマンドを実行します。

ターミナル

```
% SLACK_BOT_TOKEN=xoxb-xxxxxxxxxxxx-xxxxxxxxxxxxx-xxxxxxxxxxxxxxx ⏎
xxxxxxxxxx SLACK_SIGNING_SECRET=xxxxxxxxxxxxxxxxxxxxxxxxxxxxxxxx ⏎
node app.js
Bolt app is running!
```

動作を確認する

サンプルコードの動作を確認します。Slackで/dialogコマンドを実行します（図6.3）。

スラッシュコマンド
/dialog
ダイアログのテスト
dialog-sample
/dialog

▲図6.3：/dialogコマンドを実行

サンプルコードのダイアログが表示されます。テキストボックスは初期値が入力されており、セレクトボックスには2つの選択肢があります（図6.4）。

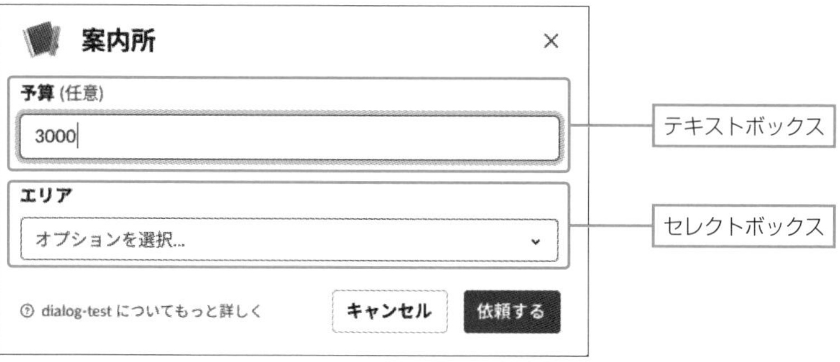

▲図6.4：サンプルコードのダイアログ

テキストボックスは任意の入力で（図6.5❶）、セレクトボックスは必須の入力としています❷。「依頼する」ボタンをクリックします❸。

▲図6.5：テキストボックスとセレクトボックスの各入力

ユーザが「依頼する」ボタンをクリックすると、フォームの内容がサーバに送信されます。サーバ側ではログが出力されます（図6.6）。

```
[INFO]  bolt-app Submit data is:
 {
  type: 'dialog_submission',
  token: '████████████████',
  action_ts: '███████████',
  team: { id: '███████', domain: '████████' },
  user: { id: '███████', name: '████████' },
  channel: { id: '███████', name: '█████████' },
  submission: { budget: '3000', area: 'ward_office' },
  callback_id: '█████████',
  response_url: 'https://hooks.slack.com/app/███████/████████/██████
██████████',
  state: ''
}
```

▲図6.6：ログの出力

サンプルコードについて

次からはコードの中身について説明します。

ダイアログの起動

サンプルのメインとなるコードは、app.jsです。app.command('/dialog', ...)にてスラッシュコマンドをリッスンして、dialog.openを実行します（リスト6.2）。

▼リスト6.2：dialog-sample/app.js

```
app.command('/dialog', async ({ ack, client, body, logger }) => {
  try {
    const result = await client.dialog.open({
      trigger_id: body.trigger_id,
      dialog: {
    (…略…)
      }
    });
  (…略…)
});
```

dialog.openの実行には、下記のパラメータが必要です。

- trigger_id

リクエストボディのbodyから取得します。ユーザがSlack上でボタンのクリック、アクション、スラッシュコマンド等を実行した際に送信されます。サンプルではスラッシュコマンドのbodyから取得しています。Slackアプリに送信されてから3秒後に有効期限が切れます。

- dialogプロパティ

APIドキュメント（URL https://api.slack.com/dialogs）を参考にして、JSONデータで定義します。サンプルで利用しているdialogプロパティの値の要約は、表6.2の通りです。

▼表6.2：dialogプロパティの値の要約

属性	型	説明	備考
title	文字列	ダイアログのタイトルを指定する	必須、24文字以内
callback_id	文字列	ダイアログの識別子。イベントリスナーで利用する	必須、255文字以内
submit_label	文字列	送信ボタンのテキストを指定する	1~48文字以内
elements	配列	ダイアログを構成する各要素（UIコンポーネント）を指定する	必須、10要素/ダイアログ以内

elementsには表6.3のプロパティを配列で指定します。

▼表6.3：elementsへのプロパティの配列の指定

属性	型	説明	備考
type	文字列	ユーザが操作するUIコンポーネントの種類	text、textarea、selectのいずれかを指定
label	文字列	UIコンポーネントに表示されるラベル名	48文字以内
name	文字列	UIコンポーネントをコード内で指定するラベル名	• 300文字以内 • バリデーションで使用
optional	真偽値	trueの場合は各要素の入力が任意になる	既定値：false
value	文字列	各要素の規定値	150文字以内

1個のダイアログに10個までUIコンポーネントを配置することができます。サンプルではtype: 'text'（テキストボックス）、type: 'select'（セレクトボックス）の2個を配置しています。

elementsでテキストボックスまたはテキストエリアを選択した場合は、表6.4の属性を追加で指定できます。

▼表6.4：elementsでテキストボックスまたはテキストエリアを選択した場合に指定できる属性

属性	型	説明	備考
subtype	文字列	スマートフォン等での入力に適した仮想キーボードが選択される	email、number、tel、urlのいずれかを指定する
placeholder	文字列	ユーザが文字を入力する前にサンプルなどの情報を表示する	最大150文字

セレクトボックス専用のプロパティもあり、サンプルでは表6.5を設定しています。

▼表6.5：サンプルで利用しているセレクトボックス専用のプロパティ

属性	型	説明	備考
options	配列	Select要素内部の選択肢（オプション要素）を設定する	• 必須、最大100個まで • 各optionのlabel、valueともに75文字以内

ダイアログの起動後はackを実行してSlack側に応答します。この応答はリクエストから3秒以内に行う必要があります。サンプルのような単純な処理の場合は、エラー処理を交えてダイアログ起動後3秒以内にackで応答します（リスト6.3）。

▼リスト6.3：dialog-sample/app.js

```
(…略…)
  try {
    const result = await client.dialog.open({
   (…略…)
   } catch (error) {
     logger.debug(error);
     ack(`:x: ダイアログの起動でエラーが発生しました (コード: ${error.code})`);
   }
(…略…)
```

ネットワーク、ディスク等のI/O処理が別途発生する場合は、最低限のチェックを行い3秒以内にackで応答するようにします。

ダイアログからの送信

ユーザがダイアログに必要な値をすべて入力してデータの送信を行うと、必須入力のバリデーションが発生します。

dialog.elementsの各要素のoptionalプロパティで必須入力バリデーションの有無を設定できます。サンプルではテキストボックスは任意入力、セレクトボックスは必須入力（既定値）としています。必須入力以外のバリデーションは、すべて自分で実装する必要があります。

また、dialog.elementsの各要素のsubtypeプロパティに値を指定しても、関連するバリデーションは実施されないことに注意してください。例として、サンプルではsubtype: 'number'を設定していますが、入力値が数値であるかどうかのバリデーションが実施されるわけではありません。

バリデーションの実施後は、サーバにdialog_submissionリクエストが送信されます。

リスト6.4のように、app.actionにより、dialog_submissionリクエストに対するリスナーを登録することができます。引数にはダイアログ作成時にネーミングしたcallback_idを指定します。

▼リスト6.4：dialog-sample/app.js

```
app.action(
  { callback_id: 'dialog_sample' },
  async ({ ack, logger, action }) => {
    logger.info('Submit data is:\n', action);
    await ack();
  }
);
```

リスト6.4のサンプルではdialog_submissionリクエストの内容を単純に出力しています。

動的な選択肢の表示

Select要素の中のOption要素を動的に変更したいケースがあります。

ダイアログで実現するには、Slackアプリ管理画面の「Interactivity & Shortcuts」→「Select Menus」→「Options Load URL」に、ロード先のURLを設定します（図6.7）。

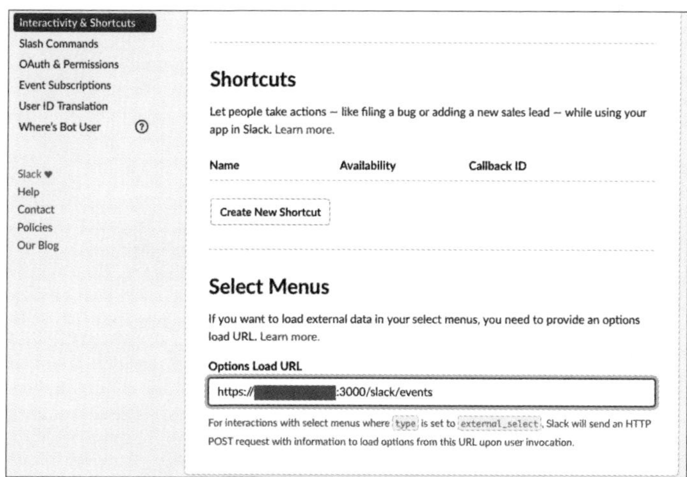

▲図6.7：dialog_suggestionのリクエスト先を設定

コード側はdialog.elementsの各要素でtype=select、data_source=externalに設定します。

選択肢の生成は、app.optionsハンドラでリスト操作を検出して、リスト6.5のように行います。

▼リスト6.5：選択肢の生成の例（サンプルなし）

```
app.options({ callback_id: "${コールバックID}" }, async ({ ack }) => {
  await ack({
    option_groups: [
      {
        label: "案内可",
        options: [
          {
            label: "セントラルロード",
            value: "central_road",
          },
          {
            label: "一番街通り",
```

```
            value: "ichibangai",
          },
        ]
      },
      {
        label: "案内不可",
        options: [
          {
            label: "靖国通り",
            value: "yasukuni",
          }
        ]
      },
    ],
  });
});
```

上記の例ではoption_groupsでoptionsをグループ化しています。実際にはこれらはデータベースと連携して生成することが多いです。

モーダルとは

本項ではモーダルについて説明します。モーダルは、ダイアログの高機能版です。前項までに説明したダイアログは、利用できるUIコンポーネントが少なく画面もトップ画面の1つのみでした。モーダルはダイアログよりも利用できるUIコンポーネントが多く、Block Kitによりこれらを簡単に利用できます。通常のWebアプリのような画面遷移も可能です。

作成するサンプルの動作は、下記の通りです。

1. ユーザがモーダルを起動して値を入力する
2. ユーザが「送信」ボタン（「お願い」ボタン）をクリックした後に、バリデーションが発生する
3. 完了画面が表示され、ユーザが「Close」ボタン（「よろしく」ボタン）をクリックしてモーダルを終了する

これまでと同様に、Slackアプリの設定を行ってからサンプルコードを設置します。

Slackアプリを作成する

前項で作成したダイアログと同様に、Slackアプリの作成を行います。これから作成するサンプルでは、Slackアプリの名称をmodal-sample、スラッシュコマンドの名称を/modalとします。

- Slackアプリ名の例：modal-sample

▼表6.6：Slackアプリの設定

Features	設定項目	内容	設定例
Interactivity & Shortcuts	Interactivity	ダイアログの利用にあたり有効化する	On
	Request URL	ダイアログのリクエスト先となるURLを入力する	https://{ngrokのURL}/slack/events
Slash Commands	Command	スラッシュコマンドの名称を入力する	/modal
	Request URL	スラッシュコマンドのリクエスト先となるURLを入力する	https://{ngrokのURL}/slack/events
	Short Description	スラッシュコマンドの説明を入力する	モーダルのテスト

表6.6の設定が完了したら、「OAuth & Permissions」をクリックして、commandsスコープが設定されていることを確認します。「install App to Workspace」をクリックして、アクセス権限のリクエスト画面で「許可する」をクリックし、ワークスペースにSlackアプリをインストールします。

サンプルコードを設置する

Slackアプリを設定後、プロジェクトルートのディレクトリを適当な場所に作成してカレントディレクトリにします。

その後、npmコマンドでBoltをインストールします。

コマンド
```
% mkdir modal-sample && cd modal-sample
% npm init -y
% npm i @slack/bolt
```

インストールが完了したら作成したスラッシュコマンドの/modalリクエストに対応するコードとしてapp.jsを作成します（リスト6.6）。

▼リスト6.6：modal-sample/app.js

```
const { App } = require('@slack/bolt');
const top = require('./top');
const completion = require('./completion');
const MAX_PLACE_SELECTED_LENGTH = 2;

const app = new App({
  token: process.env.SLACK_BOT_TOKEN,
  signingSecret: process.env.SLACK_SIGNING_SECRET
});

app.command('/modal', async ({ client, body, ack, logger }) => {
  try {
    const result = await client.views.open({
      trigger_id: body.trigger_id,
      view: top( MAX_PLACE_SELECTED_LENGTH )
    });
    if (!result.ok) {
      logger.info(`Failed to open a modal - ${result}`);
    }
    await ack();
  } catch (error) {
    logger.debug(error); await ack(
      `:x: モーダルの起動でエラーが発生しました (コード: ${error.code})`);
  }
});

app.view('view_top', async ({ ack, view }) => {
  const selected_options = view.state.values.place.place_selected⏎
.selected_options;
  const place_selected = selected_options.map((element) => {
    return {
      value: element.value,
      text: element.text.text
    };
  });
  if ( place_selected.length > MAX_PLACE_SELECTED_LENGTH ) {
    await ack({
      response_action: 'errors', errors: {
```

```
        place: `選べるのは ${MAX_PLACE_SELECTED_LENGTH} つまでです`
      }
    });
    return;
  }
  await ack({
    response_action: 'update',
    view: completion( place_selected )
  });
});

app.view(
  { callback_id: 'view_top', type: 'view_closed' }, async ({ ack, logger ⏎
}) => {
    logger.info('view_top closed.');
    await ack();
  }
);

app.view(
  { callback_id: 'view_completion', type: 'view_closed' }, async ({ ack, ⏎
logger }) => {
    logger.info('view_completion closed.');
    await ack();
  }
);

(async () => {
  await app.start(process.env.PORT || 3000); console.log('Bolt app is ⏎
running!');
})();
```

さらに、トップ画面のtop.js（リスト6.7）、完了画面のcompletion.js（リスト6.8）をapp.jsと同じ階層に作成します。

▼リスト6.7：modal-sample/top.js

```
module.exports = ( MAX_PLACE_SELECTED_LENGTH ) => {
  return {
    type: 'modal',
    callback_id: 'view_top',
    title: {
      type: 'plain_text',
      text: '案内所'
    },
    submit: {
      type: 'plain_text',
      text: 'お願い'
    },
    close: {
      type: 'plain_text',
      text: 'また今度'
    },
    notify_on_close: true,
    blocks: [
      {
        type: 'input',
        block_id: 'place',
        element: {
          type: 'multi_static_select',
          action_id: 'place_selected',
          placeholder: {
            type: 'plain_text',
            text: `${MAX_PLACE_SELECTED_LENGTH}箇所まで`
          },
          options: [
            {
              text: {
                type: 'plain_text',
                text: '一番街通り'
              },
              value: 'ichibangai'
            },
            {
              text: {
                type: 'plain_text',
                text: 'セントラルロード'
              },
              value: 'central_road'
```

```
          },
          {
            text: {
              type: 'plain_text',
              text: '花園通り'
            },
            value: 'hanazono'
          }
        ]
      },
      label: {
        type: 'plain_text',
        text: 'どの辺ですか？'
      }
    }
  ]
 };
};
```

▼リスト6.8：modal-sample/completion.js

```
module.exports = (form_data) => {
  const place_selected = form_data
    .map((element) => {
      return '*• ' + element.text + '*';
    })
    .join('\n');
  const private_metadata = JSON.stringify(form_data);
  return {
    type: 'modal',
    callback_id: 'view_completion',
    private_metadata: private_metadata,
    title: {
      type: 'plain_text',
      text: 'ご案内します'
    },
    close: {
      type: 'plain_text',
      text: 'よろしく'
    },
```

```
  notify_on_close: true,
  blocks: [
    {
      type: 'section',
      text: {
        type: 'mrkdwn',
        text: place_selected
      },
      accessory: {
        type: 'image',
        image_url: 'https://www.photock.jp/photo/middle/⏎
photo0000-3142.jpg',
        alt_text: 'alt text for image'
      }
    }
  ]
 };
};
```

{$image_url}には、任意の画像のURLを設定しておきます。
最終的なディレクトリ構造は図6.8のようになります。

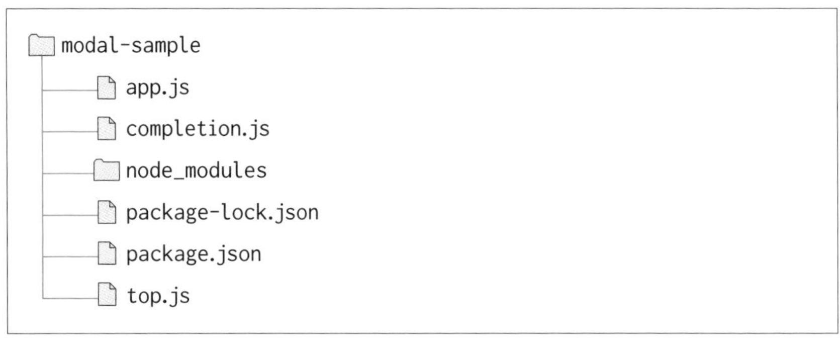

▲図6.8：ディレクトリ構造

以上でSampleファイルの作成は完了です。

Webアプリを起動する

新規でターミナルを起動し、cdコマンドでWebアプリのあるディレクトリに移動します。その後、SLACK_BOT_TOKEN、SLACK_SIGNING_SECRETの値を指定した（第4章04節の「Webアプリを起動する」を参照）Webアプリの起動コマンドを実行します。

ターミナル

```
% SLACK_BOT_TOKEN=xoxb-xxxxxxxxxxxx-xxxxxxxxxxxxx-xxxxxxxxxxxxxxx⏎
xxxxxxxxxx SLACK_SIGNING_SECRET=xxxxxxxxxxxxxxxxxxxxxxxxxxxxxxxx ⏎
node app.js
Bolt app is running!
```


動作を確認する

サンプルコードの動作を確認します。Slackで/modalコマンドを実行します（図6.9）。

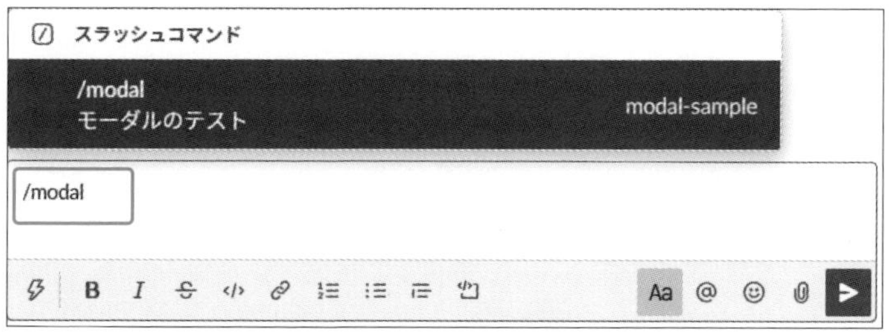

▲図6.9：/modalコマンドを実行

モーダルのTOP画面が表示されます（図6.10）。サンプルではモーダルで利用可能なUIコンポーネントであるマルチセレクトを利用しており、複数の値の選択が可能です。

▲図6.10：モーダルのTOP画面

簡単なバリデーションも実装されており、3つ以上の項目を選択して登録しようとした場合は、バリデーションエラーが表示されます（図6.11）。必須入力のバリデーションはマルチセレクトの既定の設定です。

▲図6.11：バリデーションエラー

1つまたは2つの値が選択されている場合は、バリデーションを通過して登録が可能です（図6.12❶❷）。

▲図6.12：2つの値を選択

登録後、選択した値が表示されていれば完了です（図6.13）。completion.jsのmage_urlには任意の画像のURLを設定して構いません。

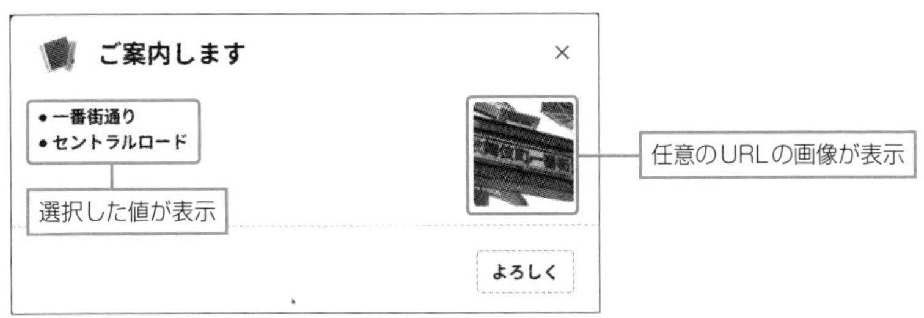

▲図6.13：選択した値が表示

サンプルコードについて

次からはコードの中身について説明します。

モーダルの起動

モーダルのサンプルのメインとなるコードは、前項のダイアログと同様にapp.jsです。app.command('/modal', ...)にてスラッシュコマンドをリッスンして、client.views.openによりモーダルを起動します。viewはモーダルを表現するためのデータ構造です。

ダイアログのサンプルでは、dialog.openの引数に画面のJSONデータを直接記載しました。モーダルでは、複数の画面を扱えることから、それぞれのJSONデータを別ファイルに分けて整理しています（top.jsおよびcompletion.js）。top.jsおよびcompletion.js内部のJSONデータは、Block Kit Builder（URL https://api.slack.com/tools/block-kit-builder）でグラフィカルに作成しています。ここでは「Modal Preview」専用のUIコンポーネントである「multi users select」を利用します（図6.14❶❷）。

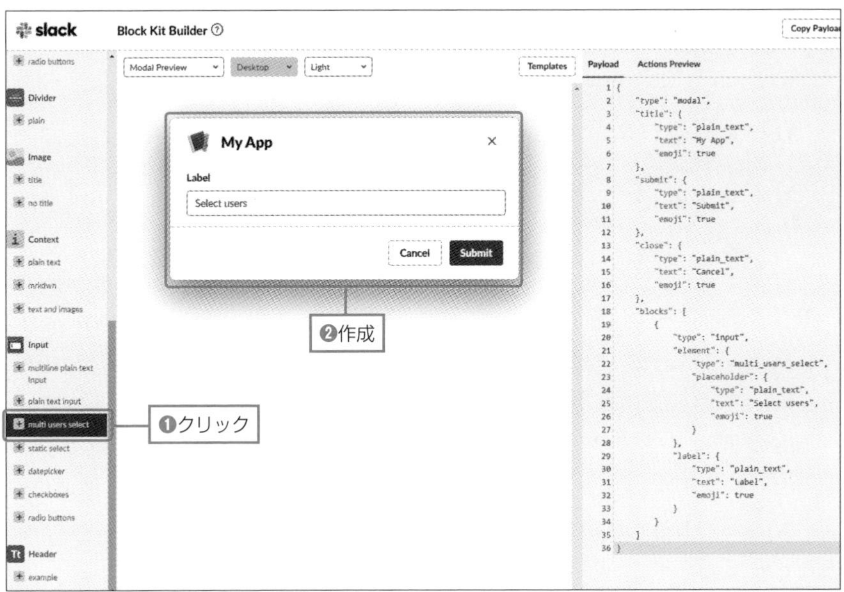

▲図6.14：Block Kit Builder

このようにモーダルを開発する場合は、Block Kit Builderを利用することで開発がより簡単、確実となります。また、Block Kit Builderで画面を作成した直後のJSONデータには、callback_id、block_id、private_metadata、notify_on_close等のプロパティが設定されませんが、サンプルでは以降で必要となるため追加で設定しています。

モーダルからのデータ送信

app.viewにより、「お願い」ボタンがクリックされた場合のイベントリスナーを登録することができます。引数はviewのJSONデータで指定したcallback_idです。

モーダルからのデータ送信のハンドリングはviews.* APIを呼び出すのではなく、Slackからきたリクエストへの応答としてackを利用します。

サンプルでは、ユーザが「お願い」ボタンをクリックした後に、入力値のバリデーションを行っています。バリデーションルールにマッチした場合は、ackにリスト6.9のJSONデータを渡すことで、ユーザにエラーメッセージを表示することができます。

▼リスト6.9：JSON

```
{
 "response_action": "errors",
 "errors": {
    $block_id : $error_message
  }
}
```

$block_idにはviewのJSONデータでネーミングしたblock_idを、$error_messagesには任意の文字列をそれぞれ設定します。

通常のWebアプリであれば、バリデーション通過後にデータベースへの登録等を行いますが、本サンプルでは割愛しています。バリデーション通過後のアクションとして、ackにリスト6.10のJSONデータを渡すことで、完了画面を表示しています。

▼リスト6.10：JSON

```
{
  "response_action": "update",
  "view": $view
}
```

$viewにはBlock Kit Builderで作成したviewのJSONデータを設定します。サンプルでは関数（completion.js）により、ユーザの入力値を完了画面に渡して表示しています。

モーダルを閉じる

モーダルが閉じられた場合のイベントリスナーは、app.viewの引数に、{'callback_id': $callback_id, 'type': 'view_closed'}を指定することで登録することができます。ただし、viewのJSONデータのプロパティに、"notify_on_close: true"を指定して、ユーザがモーダルをcloseした場合にイベントが発火する（イベントが実行される）設定にしておく必要があります。

モーダルの更新と追加

このサンプルでは利用していませんが、モーダルを更新・追加する方法を簡単に紹介します。

モーダルの更新

モーダルを更新する方法には、APIを経由する方法と、response_actionプロパティを指定して応答する方法があります。

Boltを利用する場合、app.actionの内部では、client.views.updateによりAPI経由でモーダルを更新します（リスト6.11）。

▼リスト6.11：モーダルの更新の例（サンプルなし）

```
client.views.update({
  view_id: body.view.id,
  view: { ... },
  hash: body.view.hash
});
```

hashプロパティの設定は任意ですが、設定しておくと更新時の競合状態を防ぐことができます。

ある操作Aによるモーダルの更新中に、ネットワーク等の理由で遅延が発生したとします。この間に別の操作Bでモーダルを更新すると、Aの遅延が解消後に操作Bによる更新を上書きしてしまうケースがあります。こういったケースを防ぐために、操作時に生成されるhash値を更新時に渡しておきます。hash値にはunixタイムスタンプが含まれており、古いhashで更新しようとするとエラーとなります。この仕組みで競合状態を防ぐことができます。

app.viewの内部では、ackにリスト6.12のJSONデータを渡す形で応答してモーダルを更新します。

▼リスト6.12：JSON

```
{
 "response_action": "update",
 "view": { … }
}
```

viewプロパティにはこれまでと同様に、Block Kit Builderで作成したviewのJSONデータを設定します。更新の前後でデータを引き継ぐ際には、private_metadataにフォームの値を設定しておきます。サンプルでは特に利用していませんが、private_metadataにユーザの入力値を保存しています。

モーダルの追加

モーダルの更新とほぼ同様です。起動中のモーダルに、追加で画面を2つまで積層することができます。

Boltを利用する場合、app.actionの内部ではclient.views.pushによりAPI経由でモーダルを追加します（リスト6.13）。

▼リスト6.13：モーダルの追加の例（サンプルなし）

```
client.views.push({
 trigger_id: body.trigger_id,
 view: { … }
});
```

app.viewの内部では、ackにリスト6.14のJSONデータを渡す形で応答してモーダルを追加します。

▼リスト6.14：JSON

```
{
  "response_action": "push",
  "view": { … }
}
```

S 02

ヘルプデスクへの問い合わせを行うSlackアプリを作ろう

本節ではこれまでに紹介した内容のまとめとして、ヘルプデスクへの問い合わせを行うSlackアプリを作成します。

作成するSlackアプリの要約は、下記の通りです。

1. ユーザ（=投稿者）が/helpdeskコマンドを実行してモーダルが起動する
2. ユーザがモーダルに値を入力して「送信」ボタン（「質問を投稿する」ボタン）をクリックする
3. ユーザ、ヘルプデスク担当者にDMが送信される

Slackアプリはダイアログ、モーダルどちらでも作成できますが、サンプルではモーダルで作成しています。

Slackアプリを作成する

新しいSlackアプリを作成して、Slackアプリ管理画面で表6.7の設定を行います。

ボットからDMを送信するのでchat:write スコープが必要です。「OAuth & Permissions」で追加しておきます。

- Slackアプリ名の例：helpdesk-sample

▼表6.7：Slackアプリの設定

Features	設定項目	内容	設定例
Interactivity & Shortcuts	Interactivity	モーダルの利用にあたり有効化する	On
	Request URL	モーダルのリクエスト先となるURLを入力する	https://{ngrokのURL}/slack/events
Slash Commands	Command	スラッシュコマンドの名称を入力する	/helpdesk
	Request URL	スラッシュコマンドのリクエスト先となるURLを入力する	https://{ngrokのURL}/slack/events
	Short Description	スラッシュコマンドの説明を入力する	ヘルプデスクアプリの作成
OAuth & Permissions	Bot Token Scopes	Slackの機能やAPIを利用するにあたり必要なスコープを入力する	• commands（スラッシュコマンド設定時に自動的に追加される） • chat:write

上記の設定が完了したら、commandsスコープ、chat:writeスコープが設定されていることを確認します。「install App to Workspace」をクリックして、アクセス権限のリクエスト画面で「許可する」をクリックし、ワークスペースにSlackアプリをインストールします。インストール後、得られたBot Token、Signing Secretを控えておきます。

サンプルコードを設置する

Slackアプリを設定後、プロジェクトルートのディレクトリを適当な場所に作成してカレントディレクトリにします。

その後、npmコマンドでBoltをインストールします。

コマンド
```
% mkdir modal-helpdesk-sample && cd modal-helpdesk-sample
% npm init -y
% npm i @slack/bolt
```

インストールが完了したら、サンプルコードとしてapp.js（リスト6.15）、top.js（リスト6.16）を準備します。

▼リスト6.15：modal-helpdesk-sample/app.js

```
const { App } = require('@slack/bolt');
const top = require('./top');

const app = new App({
  token: process.env.SLACK_BOT_TOKEN,
  signingSecret: process.env.SLACK_SIGNING_SECRET
});

app.command('/helpdesk', async ({ client, body, ack, logger }) => {
  const private_metadata = JSON.stringify({ channel_id: body⏎
.channel_id });
  try {
    const result = await client.views.open({
      trigger_id: body.trigger_id,
      view: top(private_metadata)
    });
    if (!result.ok) {
      logger.info(`Failed to open a modal - ${result}`);
    }
    ack();
  } catch (error) {
    logger.debug(error);
    ack(
      `:x: モーダルの起動でエラーが発生しました (コード: ${error.code})`
    );
  }
});

app.view('helpdesk_sample', async ({ client, body, ack, view, logger }) ⏎
=> {
  const form_data = {
    q_os: view.state.values.q_os.selected.selected_option.value,
    q_version: view.state.values.q_version.inputted.value,
    q_detail: view.state.values.q_detail.inputted.value
  };
  const error_message = {};
  const is_version = /^\d{1,2}.\d{1,2}.\d{1,2}$/;
  if (!is_version.test(form_data.q_version)) {
```

```
    error_message.q_version = 'バージョン表記が正しくありません';
  }
  if (Object.entries(error_message).length > 0) {
    await ack({
      response_action: 'errors',
      errors: error_message
    });
    return;
  }
  const question = `
  <@${body.user.name}> さんの質問が投稿されました。 OS: ${form_data.q_os}
  バージョン: ${form_data.q_version}
  質問内容: ${form_data.q_detail}
  `;
  const channel_id = JSON.parse(view.private_metadata).channel_id;
  try {
    let result;
    result = await client.chat.postEphemeral({
      channel: channel_id,
      user: body.user.id,
      text: question + 'ヘルプデスクからの回答をお待ちください。 '
    });
    if (!result.ok) {
      logger.info(`Failed to post a ephemeral message - ${result}`);
    }
    result = await client.chat.postMessage({
      channel: body.user.id,
      text: question + '対応をお願いします。 '
    });
    await ack();
  } catch (error) {
    logger.debug(error);
    await ack(
      `:x: モーダルの起動でエラーが発生しました (コード: ${error.code})`
    );
  }
});

(async () => {
  await app.start(process.env.PORT || 3000);
  console.log('Bolt app is running!');
})();
```

▼リスト6.16：modal-helpdesk-sample/top.js

```
module.exports = (private_metadata) => {
  return {
    type: 'modal',
    callback_id: 'helpdesk_sample',
    private_metadata: private_metadata,
    title: {
      type: 'plain_text',
      text: 'Slack 問い合わせ'
    },
    submit: {
      type: 'plain_text',
      text: '質問を投稿する'
    },
    close: {
      type: 'plain_text',
      text: 'キャンセル'
    },
    blocks: [
      {
        type: 'input',
        block_id: 'q_os',
        element: {
          type: 'static_select',
          action_id: 'selected',
          placeholder: {
            type: 'plain_text',
            text: '利用しているアプリの環境を選択してください'
          },
          option_groups: [
            {
              label: {
                type: 'plain_text',
                text: 'パソコン'
              },
              options: [
                {
                  text: {
                    type: 'plain_text',
                    text: 'Windows'
                  },
                  value: 'Windows'
                },
```

```
            {
              text: {
                type: 'plain_text',
                text: 'macOS'
              },
              value: 'macOS'
            }
          ]
        },
        {
          label: {
            type: 'plain_text',
            text: 'スマートフォン'
          },
          options: [
            {
              text: {
                type: 'plain_text',
                text: 'iOS'
              },
              value: 'iOS'
            },
            {
              text: {
                type: 'plain_text',
                text: 'Android'
              },
              value: 'Android'
            }
          ]
        }
      ]
    },
    label: {
      type: 'plain_text',
      text: 'OS'
    }
  },
  {
    type: 'input',
    block_id: 'q_version',
    element: {
      type: 'plain_text_input',
```

```
        action_id: 'inputted',
        placeholder: {
          type: 'plain_text',
          text: 'バージョンを入力してください 例: 10.14.6'
        }
      },
      label: {
        type: 'plain_text',
        text: 'バージョン'
      }
    },
    {
      type: 'input',
      block_id: 'q_detail',
      element: {
        type: 'plain_text_input',
        action_id: 'inputted',
        placeholder: {
          type: 'plain_text',
          text: '質問内容を入力してください ex. Slack にログインができない'
        },
        multiline: true
      },
      label: {
        type: 'plain_text',
        text: '質問内容'
      }
    }
  ]
 };
};
```

ディレクトリ構成は図6.15のようになります。

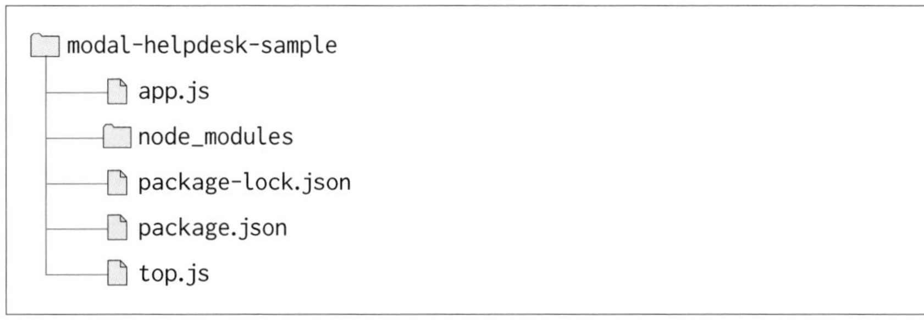

▲図6.15：ディレクトリ構成

Webアプリを起動する

新規でターミナルを起動し、cdコマンドでWebアプリのあるディレクトリに移動します。

その後、SLACK_BOT_TOKEN、SLACK_SIGNING_SECRETの値を指定した（第4章04節の「Webアプリを起動する」を参照）Webアプリの起動コマンドを実行します。

ターミナル

```
% SLACK_BOT_TOKEN=xoxb-xxxxxxxxxxxx-xxxxxxxxxxxxx-xxxxxxxxxxxxxxx↵
xxxxxxxxxx SLACK_SIGNING_SECRET=xxxxxxxxxxxxxxxxxxxxxxxxxxxxxxxxx ↵
node app.js
Bolt app is running!
```

動作を確認する

サンプルコードの動作を確認します。チャンネルにSlackアプリのボットを招待後（Slackアプリのボットをチャンネルに招待する方法は、第2章06節の「追加したスコープの確認」を参照）、Slackで/helpdeskコマンドを実行します（図6.16）。

▲図6.16：/helpdeskコマンドを実行

「Slack 問い合わせ」モーダルが表示されます。セレクトボックス、テキストボックス、テキストエリアの3つのUIコンポーネントが配置されています（図6.17）。

▲図6.17：「Slack 問い合わせ」モーダル

テキストボックスへの入力には、独自のバリデーションを作成しています（図6.18）。

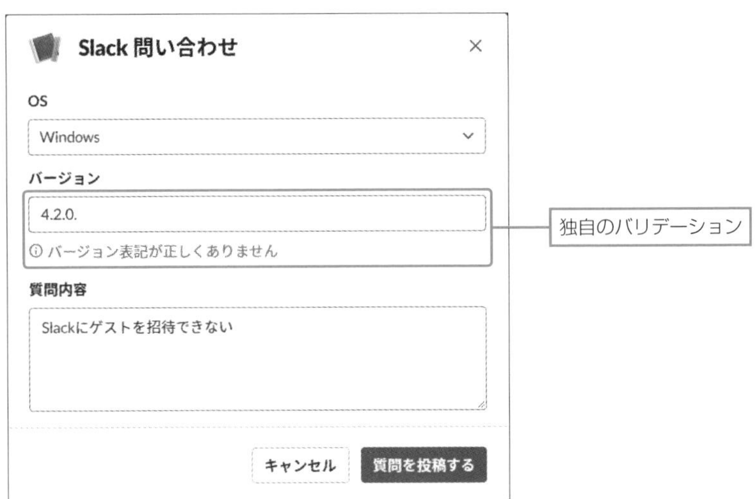

▲図6.18：テキストボックスへの入力

バージョン表記を正しく入力して「質問を投稿する」ボタンをクリックすると、フォームの内容がサーバに送信され、ユーザにはDMが送信されます（図6.19）。ユーザへのメッセージは、チャンネル内の他のメンバーには表示されません（エフェメラルメッセージ）。

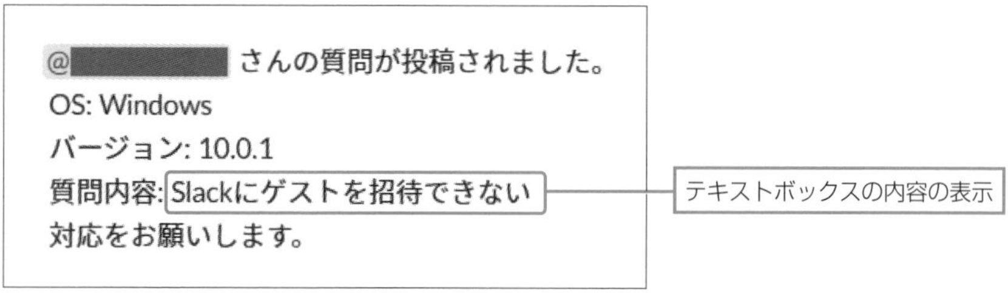

@■■■■■ さんの質問が投稿されました。
OS: Windows
バージョン: 10.0.1
質問内容: Slackにゲストを招待できない
対応をお願いします。

テキストボックスの内容の表示

▲図6.19：テキストボックスの内容の表示

最後にヘルプデスク担当者にDMが送信されます（図6.20）。

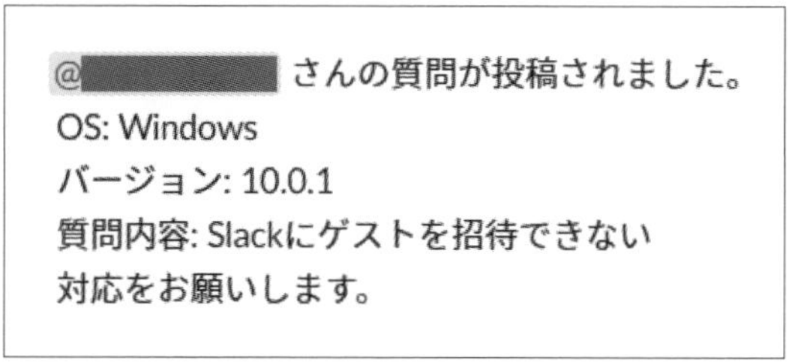

@■■■■■ さんの質問が投稿されました。
OS: Windows
バージョン: 10.0.1
質問内容: Slackにゲストを招待できない
対応をお願いします。

▲図6.20：DMの送信

サンプルでは便宜上、ユーザとヘルプデスク担当者を同一にしています（自分で質問して自分で回答）。

サンプルコードについて

次からはコードの中身について説明します。

/helpdeskコマンドの実行

/helpdeskコマンドに対するイベントリスナーはリスト6.17の通りです。

▼リスト6.17：modal-helpdesk-sample/app.js

```
(…略…)
app.command('/helpdesk', async ({ client, body, ack, logger }) => {
  const private_metadata = JSON.stringify({ channel_id: ⏎
body.channel_id });
  try {
    const result = await client.views.open({
      trigger_id: body.trigger_id,
      view: top(private_metadata)
    });
    if (!result.ok) {
      logger.info(`Failed to open a modal - ${result}`);
    }
    ack();
  } catch (error) {
    logger.debug(error);
    ack(
      `:x: モーダルの起動でエラーが発生しました (コード: ${error.code})`
    );
  }
});
(…略…)
```

リスト6.6のmodal-sample/app.jsのサンプルと同様にclient.views.openを実行します。viewのJSONデータには、別ファイルに分割したtop.jsを指定します。

サンプルではフォームの入力後、特定のチャンネルにDMを送信しますが、モーダルのリクエストボディにはDM送信に必要なチャンネル情報（channel_id）が含まれません。よってviewのJSONデータのprivate_metadataプロパティにchannel_idを渡します。

モーダルの起動

/helpdeskコマンド実行後に表示される画面には、セレクトボックス、テキストボックス、テキストエリアの3つのUIコンポーネントがあります。これらに相当するコードはリスト6.18のtop.jsです。

▼リスト6.18：modal-helpdesk-sample/top.js

```
module.exports = (private_metadata) => {
  return {
    type: 'modal',
    callback_id: 'helpdesk_sample',
    private_metadata: private_metadata,
    title: {
      type: 'plain_text',
      text: 'Slack 問い合わせ'
    },
    submit: {
      type: 'plain_text',
      text: '質問を投稿する'
    },
    close: {
      type: 'plain_text',
      text: 'キャンセル'
    },
    blocks: [
      {
        type: 'input',
        block_id: 'q_os',
        element: {
          type: 'static_select',
          action_id: 'selected',
         (…略…)
        }
      },
      {
        type: 'input',
        block_id: 'q_version',
        element: {
          type: 'plain_text_input',
          action_id: 'inputted',
         (…略…)
        }
      },
      {
        type: 'input',
        block_id: 'q_detail',
        element: {
          type: 'plain_text_input',
          action_id: 'inputted',
```

```
          (…略…)
           multiline: true
         },
          (…略…)      }
       }
     ]
   };
};
```

Block Kit BuilderでUI（雛形）を作成する

top.jsのJSONデータの雛形は、Block Kit Builderで作成します。

開発中のワークスペースにログイン中であることを確認して、URL https://api.slack.com/tools/block-kit-builderにアクセスします。念のため、ワークスペース名を確認します（図6.21❶）。

画面右上の「Clear Blocks」をクリックして❷、サンプルを削除します。

画面左上のボックスから「Modal Preview」を選択します❸。

Modal Previewを選択後は、画面左側のInputセクションにある「+」ボタンを下記の順にクリックして❹❺❻、ブロックを配置します。

1.「static select」
2.「plain text input」
3.「multiline plain text input」

最終的に❼のようにサンプルに近い雛形を作成することができます。

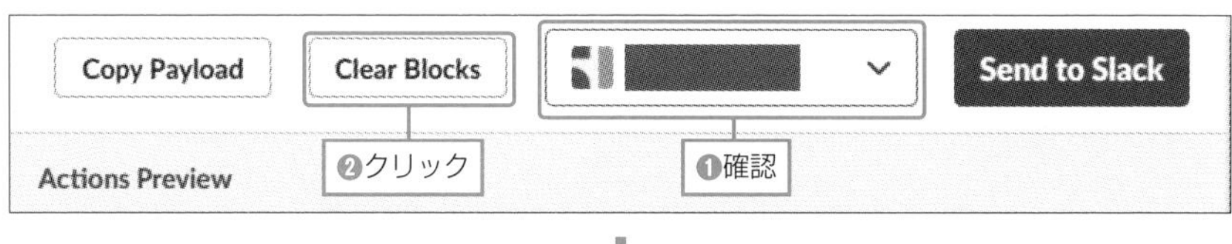

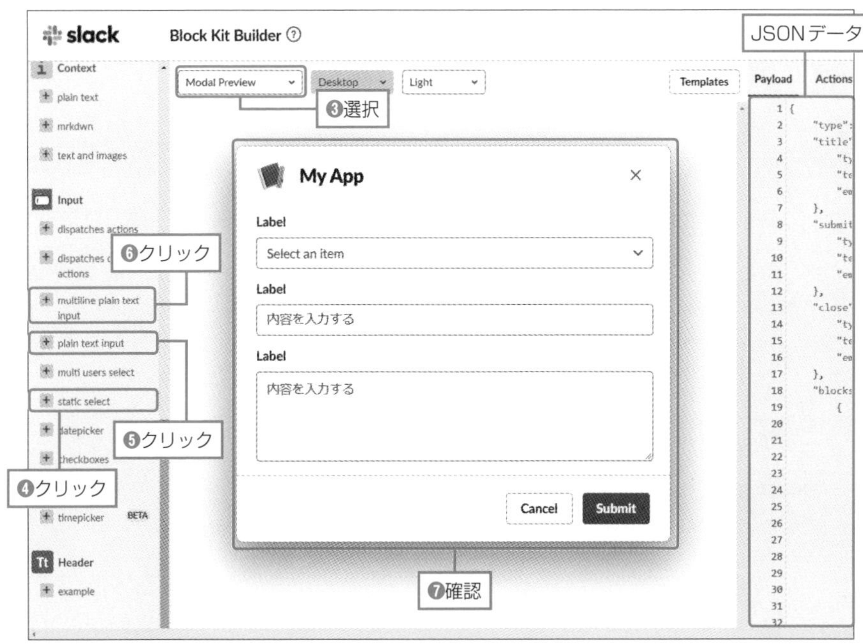

▲図6.21：viewの雛形を生成

雛形の生成後は、図6.22右のJSONデータを加工してviewのJSONデータとして完成させます。ラベルやプレースホルダー等の装飾の他には、下記のネーミングを行います。

- callback_id：フォーム送信後のイベントリスナーで利用
- block_id：フォーム送信後のリクエストボディ、エラーハンドリングで利用
- action_id：フォーム送信後のリクエストボディで利用

これらが未指定の場合は、ランダムな文字列（既定）が割り当てられます。action_idに関しては、各ブロック内部で一意の値をとります。

セレクトボックスにはlabel、valueで同じ値が指定されていますが、valueがsubmission後にサーバ側で取得される値となります。一般的には別で管理しているマスタのid等が設定されますが、このサンプルでは便宜上labelと同じ値に設定しています。

フォーム送信

フォーム送信に対するイベントリスナーはリスト6.19の通りです。

▼リスト6.19：modal-helpdesk-sample/app.js

```
(…略…)
app.view('helpdesk_sample', async ({ client, body, ack, view, logger }) ⏎
=> {          callback_id

  (…略：バリデーション…)

  (…略：投稿内容の表示…)

  (…略：ヘルプデスクに送信…)

  await ack();
(…略…)
});;
```

app.viewの引数にviewのJSONデータでネーミングしたcallback_idを指定します。

バリデーションエラーの表示

ユーザが「質問を投稿する」ボタンをクリックすると、バリデーションが発生します。必須入力のバリデーションはデフォルトで設定されています。

オリジナルのバリデーションを行う基本的な流れは、下記の通りです。

1. バリデーションルールとなる正規表現オブジェクトを作成する
2. 作成した正規表現オブジェクトと、フォームの入力値がマッチするかどうかを判定する
3. • Falseの場合：エラー内容を引数としてackを実行して終了する
   • Trueの場合：処理を継続する

サンプル（リスト6.20）ではオリジナルのバリデーションとして、Slackアプリのバージョン表記に関するバリデーションを行っています。

▼リスト6.20：modal-helpdesk-sample/app.js

```
(…略…)
const form_data = {
  q_os: view.state.values.q_os.selected.selected_option.value,
  q_version: view.state.values.q_version.inputted.value,
  q_detail: view.state.values.q_detail.inputted.value
};

const error_message = {};
const is_version = /^\d{1,2}.\d{1,2}.\d{1,2}$/;

if (!is_version.test(form_data.q_version)) {
  error_message.q_version = 'バージョン表記が正しくありません';
}

if (Object.entries(error_message).length > 0) {
  await ack({
    response_action: 'errors',
    errors: error_message
  });
  return;
}
(…略…)
```

バリデーションルールにマッチした場合は、エラーの評価を行い該当した内容を引数にしてackを実行します。

引数のJSONデータには、response_actionプロパティにerrorsを、errorsプロパティにはエラー発生元のblock_idとエラーメッセージからなるオブジェクトをそれぞれ設定します。

受信完了時の処理

Slackアプリ管理画面でchat:writeスコープを設定することで、受信完了時にDMを送信することができます。

サンプル（リスト6.21）では、ユーザとヘルプデスク担当者にDMを送信しています。また、フォームでの投稿内容を、送信時の共通文言としています。

▼リスト6.21：modal-helpdesk-sample/app.js

```
(…略…)
const question = `
<@${body.user.name}> さんの質問が投稿されました。
OS: ${form_data.q_os}
バージョン: ${form_data.q_version}
質問内容: ${form_data.q_detail}
`;
(…略…)
```


Thank youメッセージをエフェメラルで表示

ユーザへのDMは、chat.postEphemeralを利用しています（リスト6.22）。モーダルのリクエストには既定でchannel_idが含まれないので、モーダル起動時にprivate_metadataに設定したchannel_idを利用しています。

▼リスト6.22：modal-helpdesk-sample/app.js

```
(…略…)
result = await client.chat.postEphemeral({
  channel: channel_id,
  user: body.user.id,
  text: question + 'ヘルプデスクからの回答をお待ちください。'
});
(…略…)
```

チャンネル内の他のメンバーには、chat.postEphemeralで投稿されたメッセージは表示されません。

ヘルプデスク担当者にDMを送る

ヘルプデスクへのDMは、chat.postMessageを利用しています（リスト6.23）。

▼リスト6.23：modal-helpdesk-sample/app.js

```
(…略…)
result = await client.chat.postMessage({
  channel: body.user.id,
  text: question + '対応をお願いします。'
});
(…略…)
```

channelにはユーザのIDを渡しており、この場合はDMの送信先になります。サンプルでは便宜上、ユーザとヘルプデスクを同一にしていますが一般的には異なるので、ヘルプデスクのユーザIDまたは、チャンネルを設定します。また、Slackの有料プランでは、送信先としてユーザグループを設定することができます。事前にヘルプデスクのユーザグループを作成しておくことで、大きな規模の運用にも耐えることができます。

参考：Advanced formatting with special parsing：Mentioning-groups
URL https://api.slack.com/reference/surfaces/formatting#mentioning-groups

コラム

ダイアログの場合

ダイアログでもモーダルと同様のSlackアプリが作成できます。詳細は本書のサンプルで確認してください。

ワークフロービルダーで同じSlackアプリを作成
ここから紹介するのはSlack有料プラン限定の内容です。ワークフロービルダーを利用すると、下記の特徴を活かしてサンプルとほぼ同様のSlackアプリを作成できます。

- ローコード開発
- ユーザの入力値をCSVで一括エクスポート可能
- ワークフロー定義の再利用

ただし本書執筆時点では、ワークフロービルダーはモーダルよりも機能が弱く、例えば下記が相当します。

- UIコンポーネント
- ビジネスロジック（バリデーション、データベースとの連携等）
- Incoming Webhook以外のシステム連携

例としてこの節のサンプルをワークフロービルダーで作成すると、図6.22のような表示になります。

Slack 問い合わせ
OS
Windows
バージョン
1.1.1
質問内容
Slackにログインができない
キャンセル
送信

▲図6.22：ワークフロービルダーで作成したDM送信アプリ

セレクトボックスのグループ化や、テキストボックスに独自のバリデーションが設定できないなどの制限はありますが、GUIによる作成が可能なので、コードを書かずにサンプルのようなSlackアプリを迅速に作成することが可能です（図6.23）。

▲図6.23：ワークフロービルダーによるSlackアプリの作成

最後にダイアログ、モーダル、ワークフロービルダーを比較します。
まずダイアログとモーダルを比較すると、モーダルはダイアログの進化版なので、モーダルの利用をおすすめします。モーダルとワークフロービルダーの比較は、ユースケース次第です。ワークフロービルダーは開発・運用工数がほぼないというメリットがある一方で、進化の途中であるため機能面での制約があります。
以上を要約すると、表6.8のようになります。

▼表6.8：ダイアログ、モーダル、ワークフロービルダーの比較

比較項目	ダイアログ	モーダル	ワークフロービルダー	備考
開発・運用工数	×	△	○	ダイアログ、モーダルはサーバを準備、運用する必要あり。モーダルはBlock Kit Builderにより開発を一部省力化可能。ワークフロービルダーは、サーバ不要でローコード開発が可能
ビジネスロジック	△	○	×	ワークフロービルダー以外は、独自バリデーションやデータベース連携の開発が可能
UIコンポーネント	×	○	△	ダイアログはアップデートの可能性なし。モーダルはマルチセレクト、日付選択等が利用可能。ワークフロービルダーはアップデートの可能性あり
csvエクスポート	△	△	○	ワークフロービルダーは標準で利用可能。その他は開発が必要

Slackで完結できるような簡単な業務フローの場合には、ワークフロービルダーを利用すると効率的なので、積極的に検討してみてください。

S03 まとめ

本章で学んだことをまとめます。

- ダイアログ（本章01節）
- モーダルの起動（本章01節）
- モーダルからのデータ送信（本章01節）
- Block Kit Builder（本章02節）
- バリデーションエラーの表示（本章02節）

Chapter7

住所を投稿したら地図を表示する地図アプリを作ろう

本章では、ユーザが任意の住所をSlackに投稿した際に、該当する場所の地図を表示する地図アプリを作成します。

▶注 意　この章で作成するWebアプリについて

この章で作成するWebアプリは「app.js」という名前で統一しています。各ステップごとのサンプルはリスト番号に応じたフォルダにあります。

01 地図アプリで使う機能

地図アプリを作るために利用するSlackの機能を確認します。

Events API

Slackにメッセージを送信するには、Incoming Webhooksやchat.postMessageを使った方法があります。ただしこれらは片方向のやりとりなので、ボットと双方向のコミュニケーションをとりたい場合には、Slack上で発生したイベントを検出する必要があります。

- 例：reactionがクリックされた、メンションされた、等

このようなイベントを検出する仕組みを、**Events API**といいます。Events APIを利用することで、ボットと双方向のコミュニケーションをとったり、イベント発生をトリガーとして外部のサーバと連携したりすることができます。

Events APIの他に、サーバを準備せずにWebSocketベースでクライアントと通信を行う**RTM API**という仕組みもありますが、こちらは書籍執筆時点で非推奨です。

本章ではEvents APIについて説明します。Events APIを利用すると、Slack上でイベントが発生した際、指定したURL（サーバ）にPOSTリクエストが送信されます。POSTリクエストはリスト7.1のようなJSONになります。

▼リスト7.1：JSON

```
{
  "token": "XXYYZZ",
  "team_id": "TXXXXXXXX",
  "api_app_id": "AXXXXXXXXX",
  "event": {
```

```
        "type": "name_of_event",
        "event_ts": "1234567890.123456",
        "user": "UXXXXXXX1",
        (…略…)
    },
    "type": "event_callback",
    "authed_users": [
        "UXXXXXXX1",
        "UXXXXXXX2"
    ],
    "event_id": "Ev08MFMKH6",
    "event_time": 1234567890
}
```


Events APIの各プロパティの説明は表7.1の通りです。

▼表7.1：Events APIの各プロパティ

属性	型	説明	備考
token	文字列	Verification tokenの値	Slackアプリ作成時に割り当てられた値と一致しない場合、イベントを処理せずに破棄する
team_id	文字列	イベントが発生したワークスペースのID	—
api_app_id	文字列	SlackアプリのID	Request URLで複数のSlackアプリを管理している場合は、この値を用いて検証後にルーティングする
event	文字列（イベントタイプ）	発生したイベントを表す	—
type	文字列	イベント発生によるコールバック（既定）またはRequest URLの検証を表す	• イベント発生時（既定値）：event_callback • Request URL検証時の値：verification_url
authed_users	配列	Slackアプリをインストールしたユーザ	—
event_id	文字列	イベントの識別子。すべてのワークスペースで一意	—
event_time	整数	イベント発生時のタイムスタンプ	—

token、team_id、api_app_idは、Slackアプリ管理画面の「Basic Information」→「App Credentials」の値となります。

eventプロパティについてはさらに表7.2の値をとります。

▼表7.2：eventプロパティ

属性	型	値	備考
type	文字列	イベントの種類	例： • reaction_added：メンバーがアイテムにリアク字（専用の絵文字リアクション）を追加 • message.channels：メンバーがチャンネルにメッセージを投稿 • team_join：新メンバーがワークスペースに参加
event_ts	文字列	イベントの発生日時のタイムスタンプ	例：1469470591.7597
user	文字列	ユーザのID	例：U061F7AUR
ts	文字列	イベントそのもの（=区別なし）の発生日時のタイムスタンプ	event_tsよりも前の日時になる場合がある
item	文字列	参照されるオブジェクトによって与えられる属性 (通常は省略される)	例：reaction_addedの場合、type、channel、tsが表示

eventプロパティの各値は、購読するイベントの種類（type）によって異なります。次項ではサンプルアプリで利用するapp_mentionについて確認します。

app_mention

本項ではEvents APIの1つ、app_mentionについて解説します。このイベントを購読するには、app_mentions:readのスコープが必要なので、購読の際にはSlackアプリに設定しておきます。

app_mentionイベントが発生するのはSlackアプリに対してメンション（@）をした場合です。対象のチャンネルにSlackアプリ、メンションしたメンバーのそれぞれが参加している場合、Slackアプリに対して次のようなリクエストが送信されます（リスト7.2）。

▼リスト7.2：リクエスト（JSON）

```
{
    "token": "XXYYZZ",
    "team_id": "TXXXXXXXX",
    "api_app_id": "AXXXXXXXXX",
    "event": {
        "client_msg_id": "76f35241-48e2-47e0-8e62-b7f2feb08ede",
        "type": "app_mention",
        "text": "What ever happened to <@U0LAN0Z89>?",
        "user": "U061F7AUR",
        "ts": "1515449438.000011",
        "team: "TXXXXXXXX",
        "blocks": [ { type: 'rich_text',
          block_id: 'gRcJ',
          elements:
           [ { type: 'rich_text_section',
               elements: [ { type: 'user', user_id: 'UV1Q3D0P2' } ] } ] } ],
        "channel": "CXXXXXXXX",
        "event_ts": "1234567890.123456
    },
    "type": "event_callback",
    "event_id": "Ev0MDYGDKJ",
    "event_time": 1515449438000011,
    "authed_users": [
        "U0LAN0Z89"
    ]
}
```

前項ではEvents APIのリクエストの基本形を説明しましたが、上記のようにapp_mentionイベントの場合は、表7.3のプロパティが付加されます。

▼表7.3：app_mentionイベントで付加されるプロパティ

属性	型	値	備考
client_msg_id	文字列	メンションしたメッセージのID	―
team	文字列	メンションが発生したワークスペースのID	―
blocks	文字列	メンションしたメッセージの構成情報	Block Kitで生成されるJSONデータと同様
channel	文字列	メンションが発生したチャンネルのID	―

このように購読するイベントの種類によって送信されるプロパティが異なり、作成するSlackアプリに合わせて利用します。

その他のイベントの詳細は、下記の公式ドキュメントを参照してください。

- API Event Types
  URL https://api.slack.com/events

files.upload

Slackでコミュニケーションを行う際に、画像などのファイルをアップロードすることがあります。これをAPI経由で行う場合、Web APIのfiles.uploadを利用します。files.uploadを利用すると、ローカルPCやサーバ上のファイルをSlackにアップロードできます。

files.uploadのAPIのリクエストパラメータは表7.4の通りです。

▼表7.4：files.uploadのAPIのリクエストパラメータ

引数	説明	備考
token	Slackアプリで設定されているトークンの値を入力する	必須入力
channels	アップロード先のチャンネル名または、チャンネルIDを入力する	複数のチャンネルにアップロードする場合は、チャンネルをカンマ（,）で区切る
content	アップロードするテキストファイルの中身を入力する	• この引数で設定した値が中身となるテキストファイルをアップロードする • この引数を省略した場合は、fileが必須パラメータとなる
file	アップロードする任意のファイルのパスを入力する	• ブラウザでのアップロードと同等(enctype="multipart/form-data") • この引数を省略した際は、contentが必須パラメータ 入力例：./sample.png
filename	アップロードするファイルの名前を指定する	ダウンロードする際にはこの名前が割当られる
filetype	アップロードするファイルの拡張子を指定する	特に指定しなくても自動的に判定される
initial_comment	アップロードするファイルの直前に投稿する文字列	–
threads_ts	スレッドにアップロードする際に、スレッドの親のts値を指定する	–
title	アップロードしたファイルのタイトル	–

S02 Google Maps Platform (Maps Static API)の機能とAPIキーの取得

Slack上で地図を表示するためにGoogle Maps Platformの機能を利用します。

Maps Static APIとは

次節で作成する、サンプルアプリに地図を表示する機能を提供するにあたり、Google Maps PlatformのAPIの1つであるMaps Static APIについて解説します。Maps Static APIを利用することで、緯度経度の情報なしに住所を入力して該当位置の地図を表示することができるようになります。

Googleの各APIサービスを利用するにはGoogleアカウントが必要です。すでにGoogleアカウントを保有している場合はログイン、保有していない場合は新しくアカウントを作成してログインしておきます。ログインが完了したら、Google Maps Platform公式のスタート用ドキュメント（URL https://developers.google.com/maps/gmp-get-started）を参考に、以下の手順を実施します。

請求先アカウントの作成する

新規で利用する場合、Googleアカウントを作成して、Google Cloud Platform（URL https://cloud.google.com ）にアクセスしてGoogle Cloud Platformに登録し、請求先アカウントを作成してください（手順は割愛します）。

注意 クレジットカード情報

Google Cloud Platformを利用するには、クレジットカード情報の登録が必要です。登録時には以下の情報が表示されます。「ご登録いただきありがとうございます。無料トライアルには、

90日間有効の$300分のクレジットが含まれています。クレジットを使い切ってもご心配はいりません。自動請求を有効にするまで課金されることはありません。」。API等を必要以上に利用して、想定外の請求が発生しないように注意してください。

プロジェクトを作成する

Google Maps Platform（URL https://cloud.google.com/maps-platform/）にアクセスして、「開始」をクリックします（図7.1❶）。「My First Project」をクリックして❷、「プロジェクトの選択」画面を表示し、「新しいプロジェクト」をクリックします❸。

「新しいプロジェクト」画面で、「プロジェクト名」を入力して❹、「場所」はそのままの設定で❺、「作成」をクリックします❻。

「My First Project」をクリックして❼、作成したプロジェクト名をクリックします❽。

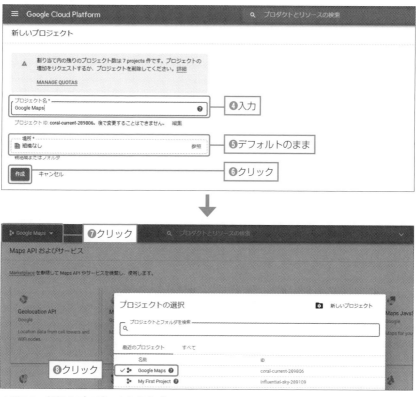

▲図7.1：新規のプロジェクトの作成

Maps Static APIを有効化する

ナビゲーションメニューをクリックして（図7.2❶）、「APIとサービス」❷→「ダッシュボード」を選択します❸。「+APIとサービスの有効化」をクリックします❹。

検索ボックスに「Maps Static API」と入力して❺、検索結果から「Maps Static API」をクリックし❻、「有効にする」をクリックします❼。

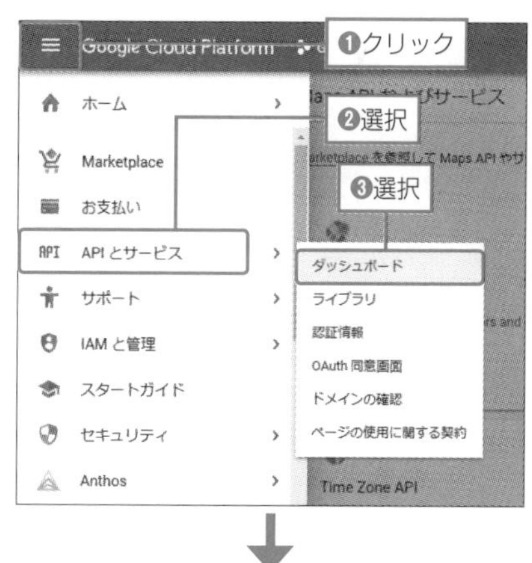

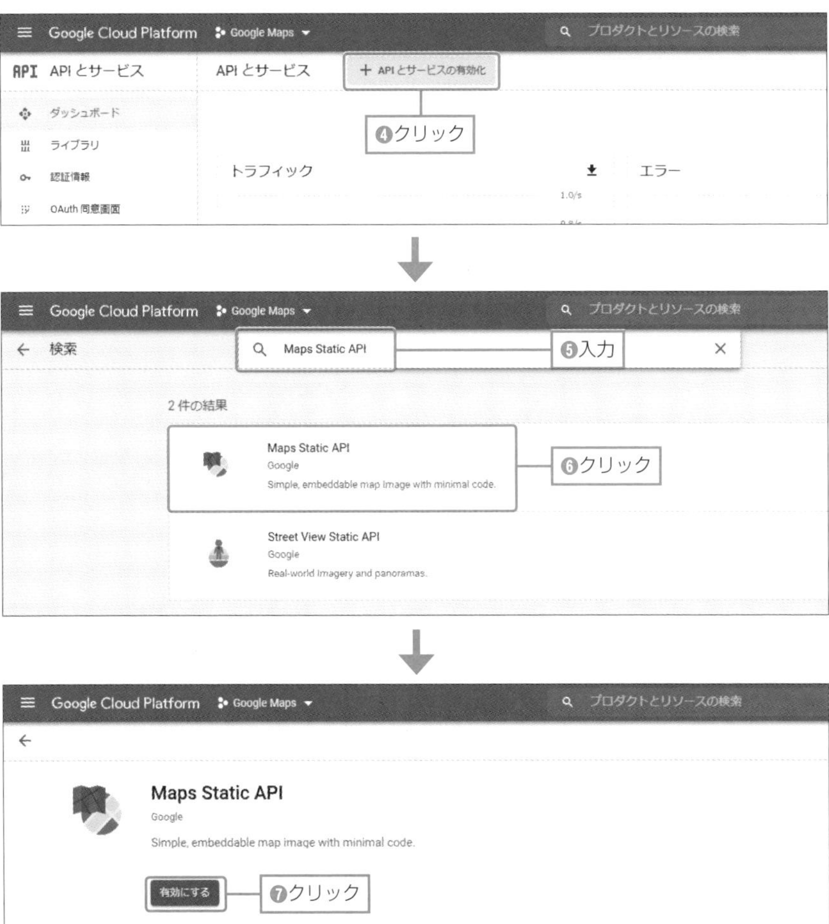

▲図7.2：Maps Static APIの有効化

APIキーを取得してキーを制限する

左メニューから「認証情報」をクリックして（図7.3❶）※1、「+認証情報を作成」をクリックし❷、「APIキー」を選択します❸。「APIキーを作成しました」画面になり、「自分のAPIキー」が発行されるので、メモをしておきます❹。

※1 「必ず、アプリケーションに関する情報を使用してOAuth同意画面を構成してください。」という警告が表示されますが、そのまま進めてください。

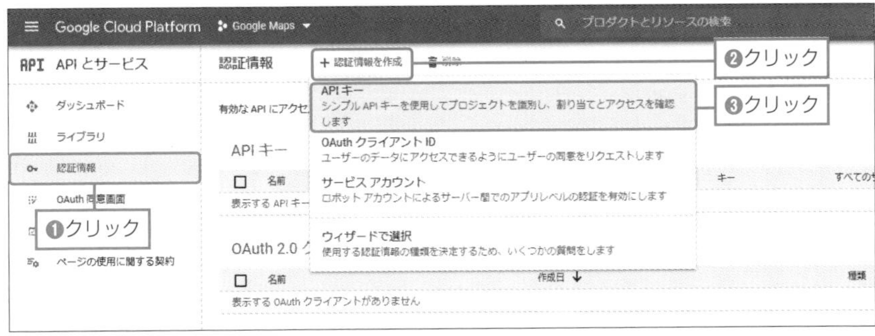

「キーを制限」をクリックします❺。開いた画面でキーの制限を設定します。「名前」を入力（デフォルトでは「APIキー1」）して❻、「HTTPリファラー（ウェブサイト）」もしくは「IPアドレス（ウェブサーバー、cronジョブなど）」選択（ここでは「HTTPリファラー（ウェブサイト）」を選択）して❼、「項目を追加」をクリックします❽。

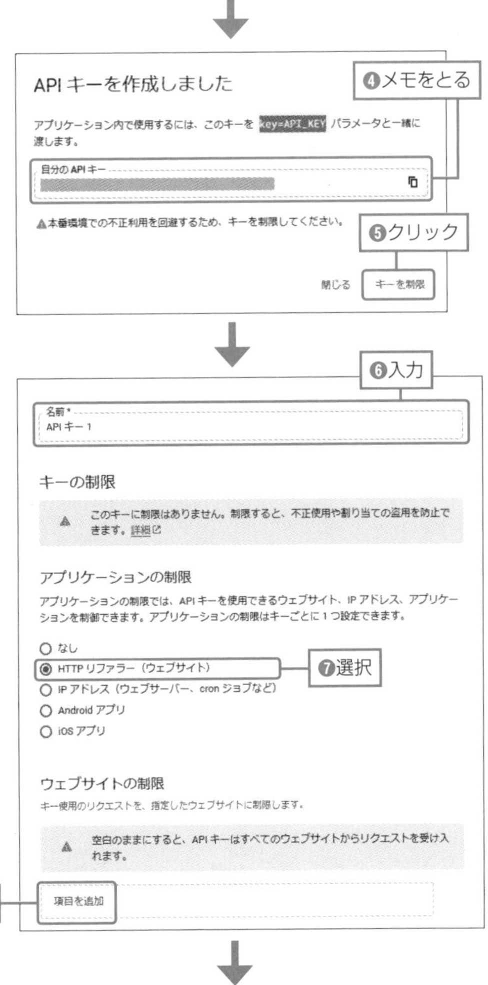

「新しいアイテム」にngrokのURLを入力して❾、「完了」をクリックします❿。下にスクロールして、「APIの制限」で「キーを制限」を選択します⓫。「Select APIs」をクリックして⓬、「Maps Static API」にチェックを入れます⓭。

設定が終わったら「保存」をクリックします⓮。

作成したAPIが「APIキー」の一覧に表示されます⓯。

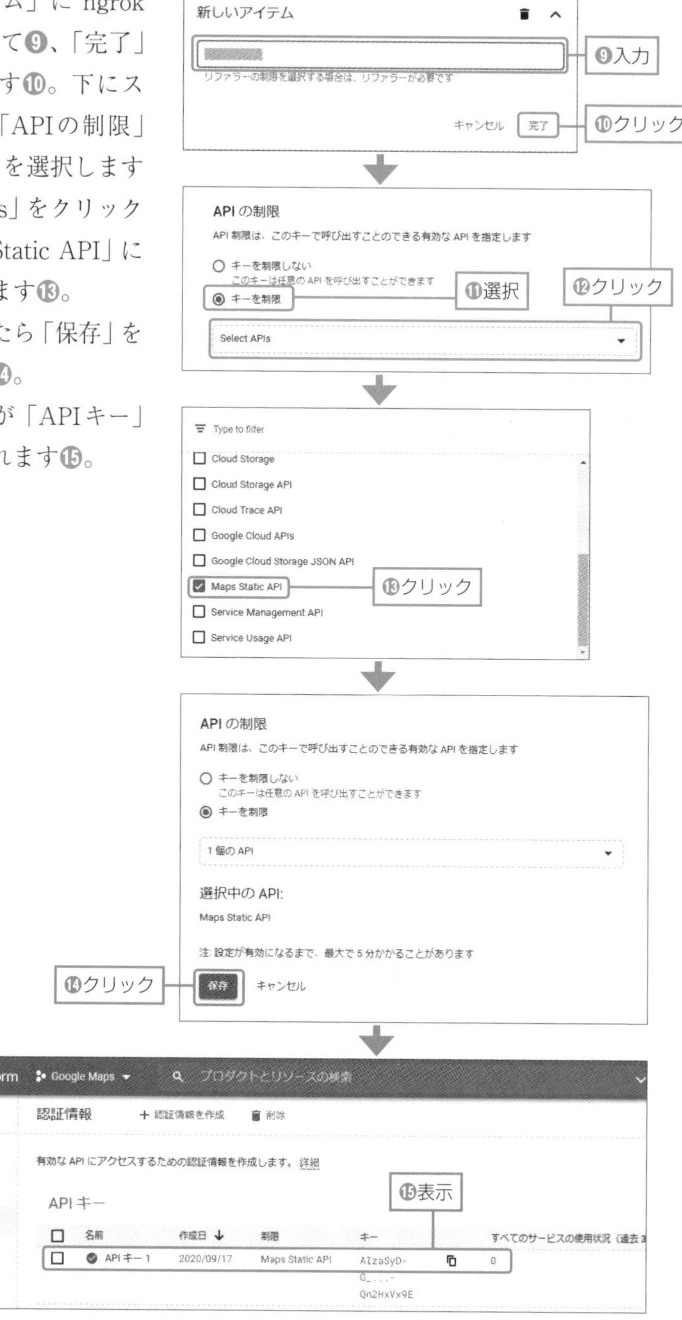

▲図7.3：APIキーの取得

APIキーの取得に関しては、セキュリティのためIPアドレス制限（図7.3の手順❺から⓯）や利用可能なAPIの範囲、想定外の課金を防ぐためコール数の制限（図7.4❶〜❻）を、それぞれ設定しておくとよいです。

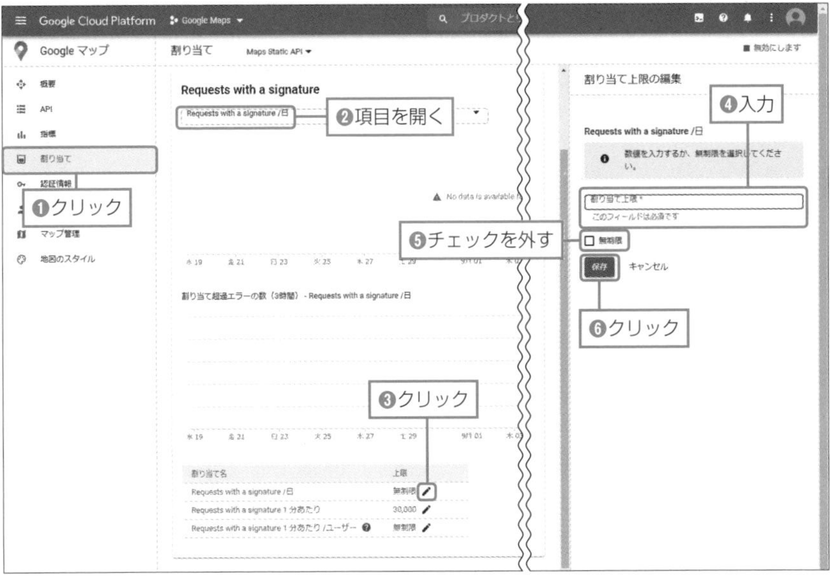

▲図7.4：コール数の制限

完了後、Maps Static APIの公式ドキュメント（URL https://developers.google.com/maps/documentation/maps-static/intro）を参考にAPIコールのテストをしておきます。ブラウザで下記を入力して地図（図7.5）が表示されれば成功です。

▼[URL]

```
https://maps.googleapis.com/maps/api/staticmap?center=東京都新宿区歌⏎
舞伎町&zoom=18&size=400x400&key={Maps Static APIで取得したAPI キー}
```

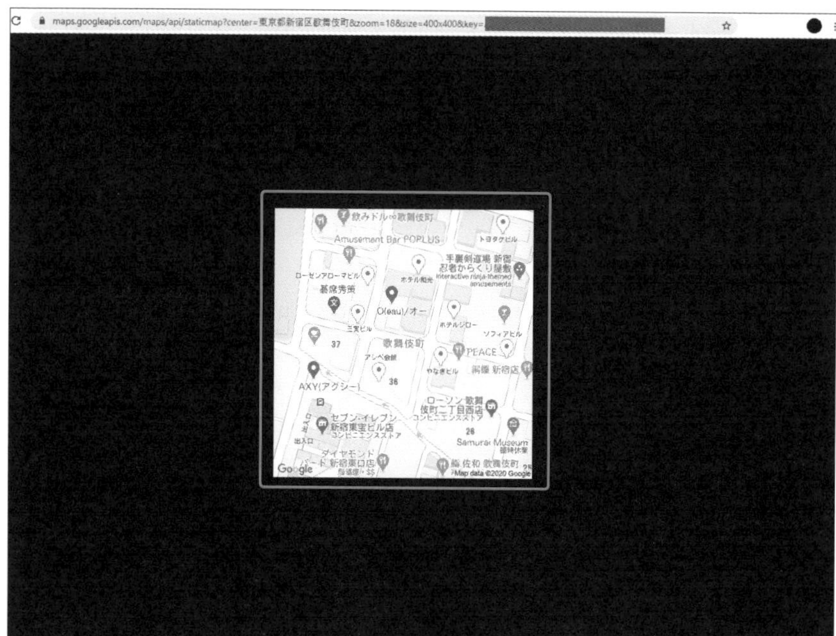

▲図7.5：地図の表示

▶注 意　Googleの利用規約

Googleの利用規約上、curlコマンド等でサーバに保存しないようにしてください。

03 投稿した住所の地図を表示する地図アプリを作ろう

住所を投稿したら地図が表示される地図アプリを作成します。

作成するSlackアプリについて

前節までに説明したEvents API（app_mention）、files:read、files:write、Google Maps Platform（Maps Static API）を利用して、簡単なSlackアプリを作成します。作成するSlackアプリの動作は、下記の通りです。

1. ユーザがボットに対してメンションして、住所を投稿する
2. SlackアプリからMaps Static APIにアクセスして該当住所の画像を取得する
3. Slackアプリが取得した画像がSlackに投稿される

Slackアプリを作成する

新しいSlackアプリを作成して、Slackアプリ管理画面で表7.5の設定を行います。

- Slackアプリ名の例：event-sample

▼表7.5：Slackアプリの設定

Features	設定項目	内容	設定例
OAuth & Permissions	Bot Token Scopes	Slackの機能やAPIを利用するにあたり必要なスコープを入力する	• app_mention:read（app_mentionイベント購読設定時に自動的に追加される） • files:read • files:write

Bot Token Scopesには、下記のスコープを入力します（なお表7.5にあるapp_mention:readはapp_mentionイベント購読設定時に自動的に追加されます）。

- files:read
- files:write

先に上記のスコープを設定してSlackアプリをインストールします。その後、「Slackアプリの設定を変更する」で触れますが、Boltで作成したWebアプリを立ち上げ、「Event Subscriptions」の設定を行います。

上記の設定が完了したら、ワークスペースにSlackアプリをインストールします。

サンプルコードを設置する

以下のmkdirコマンドでプロジェクトルートのディレクトリ（「map_display_sample」）を適当な場所に作成後、cdコマンドで移動し、npmコマンドでBoltとaxiosをインストールします。

ターミナル

```
% mkdir map_display_sample && cd map_display_sample
% npm init -y
% npm i @slack/bolt axios
```

インストールが完了したら、リスト7.3のapp.jsを作成します。

▼リスト7.3：map_display_sample/app.js

```
const { App } = require('@slack/bolt');
const axios = require('axios');

const app = new App({
  token: process.env.SLACK_BOT_TOKEN,
  signingSecret: process.env.SLACK_SIGNING_SECRET
});

app.event('app_mention', async ({ client, context, event, logger }) => {
  try {
    const place = event.text.replace(`<@${context.botUserId}>`, '').trim();
    const encoded_place = encodeURI(place);
    const KEY = process.env.GOOGLE_STATIC_MAP_KEY;
    const ZOOM = 18;
    const SIZE = '400x400';
```

```
    const url = `https://maps.googleapis.com/maps/api/staticmap?⏎
center=${encoded_place}&zoom=${ZOOM}&size=${SIZE}&key=${KEY}`;

    const res = await axios.get(url, { responseType: 'arraybuffer' });

    await client.files.upload({
      channels: 'general',  // チャンネルの指定

      file: res.data,
      initial_comment: `${place}の地図画像を表示します`,
      title: place
    });
  } catch (error) {
    logger.error(error);
  }
});

(async () => {
  await app.start(process.env.PORT || 3000);
  console.log('Bolt app is running!');
})();
```

ディレクトリ構成は図7.6のようになります。

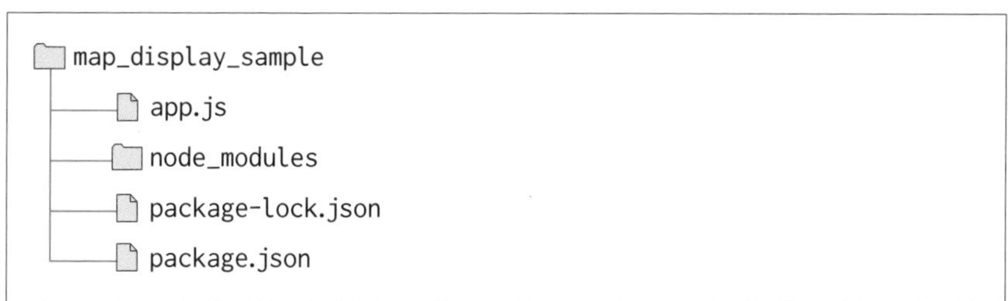

▲図7.6：ディレクトリ構成

環境変数を設定する

exportコマンドで、環境変数に下記の設定を行います。

- SLACK_BOT_TOKEN
- SLACK_SIGNING_SECRET
- GOOGLE_STATIC_MAP_KEY

SLACK_BOT_TOKENにはBot User OAuth Access Tokenを登録します※2。

SLACK_SIGNING_SECRETにはSigning Secretを登録します※2。

GOOGLE_STATIC_MAP_KEYには、Maps Static APIで取得したAPIキーを登録します。

ターミナル

```
% export SLACK_BOT_TOKEN="{Bot User OAuth Access Token}"
% export SLACK_SIGNING_SECRET="{Signing Secret}"
% export GOOGLE_STATIC_MAP_KEY="{Maps Static APIで取得したAPI キー}"
```


Webアプリを起動する

以下のコマンドでWebアプリを起動します。

ターミナル

```
% node app.js
```

別のターミナルを開き、以下のコマンドを実行して、ngrokでサーバを公開します。

ターミナル

```
% ./ngrok http 3000
```

Slackアプリの設定を変更する

ここでEvents APIを利用できるようにSlackアプリの設定変更を行います。

Slackアプリ管理画面の左メニューから「Event Subscriptions」をクリックして（図7.7❶）、「Enable Events」を「On」にします❷。「Request URL」にngrokのURLを入力します（Boltの利用を前提とするので、{ngrokのURL}/slack/eventsとなります）❸。入力後、「Verified」が表示されたら成功です。

※2 第4章04節の「Webアプリを起動する」で説明した通りSLACK_BOT_TOKENとSLACK_SIGNING_SECRETを指定したWebアプリの起動コマンドを利用する方法もありますが、ここでは、環境パスで設定する方法で説明しています。

「Subscribe to bot events」には「app_mention」を登録します❹。「Save Changes」をクリックします❺。警告画面が出るので「reinstall your app」をクリックして❻、「許可する」をクリックします❼。

▼表7.6：Slackアプリの設定②

Features	設定項目	内容	設定例
Event Subscriptions	Enable Events	イベントの購読にあたり有効化する	On
	Request URL	イベント購読時にリクエストを送信するURLを入力する	https://{あなたが管理するドメイン}/slack/events
	Subscribe to bot events	購読するイベントの種類を入力する	app_mention

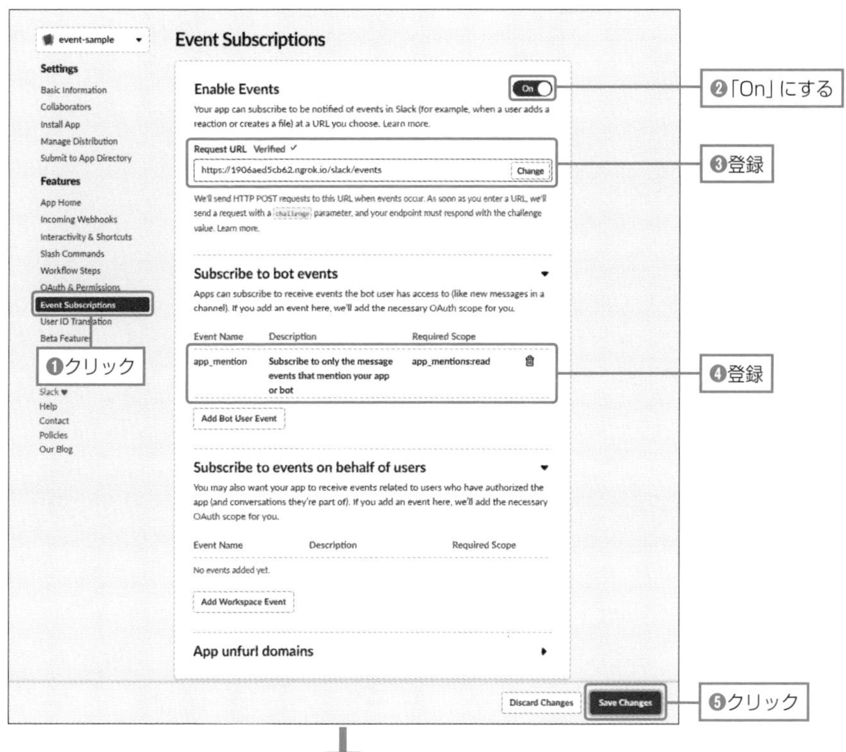

▲図7.7：「Event Subscriptions」の設定

動作を確認する

Slackに戻りサンプルコードの動作を確認します。

サンプルアプリはgeneralチャンネルへの地図の書き込みを前提にしているので、generalチャンネルを閲覧しておきます。

generalチャンネルに@event-testと投稿してボットを招待した後、以下の内容で住所を投稿します。

▼[投稿内容]

```
@event-sample 歌舞伎町
```

該当場所の地図がアップロードされれば完了です（図7.8）※3。

※3　generalチャンネル前提のコードとなります。チャンネルを変更する場合は、リスト7.3でチャンネルを適宜変更してください。

▲図7.8：該当場所の地図がアップロード

サンプルコードについて

Boltを利用すると、app.eventを利用することで任意のEvents APIイベントを購読できます。引数には購読するイベント名と、処理内容のコールバック関数を設定します。

サンプルではapp.eventにより、app_mentionイベントを購読しています（リスト7.4）。

▼リスト7.4：map_display_sample/app.js

```
(…略…)
app.event('app_mention', async ({ client, context, event, logger }) => {
  try {
    const place = event.text.replace(`<@${context.botUserId}>`, '').trim();
    const encoded_place = encodeURI(place);
    const KEY = process.env.GOOGLE_STATIC_MAP_KEY;
    const ZOOM = 18;
```

```
    const SIZE = '400x400';
    const url = `https://maps.googleapis.com/maps/api/staticmap?⏎
center=${encoded_place}&zoom=${ZOOM}&size=${SIZE}&key=${KEY}`;

    const res = await axios.get(url, { responseType: 'arraybuffer' });

    await client.files.upload({
      channels: 'general',
      file: res.data,
      initial_comment: `${place}の地図画像を表示します`,
      title: place
    });
  (…略…)
});
```


app.eventの第2引数には、メインの処理となるコールバック関数を渡します。eventオブジェクトをこのコールバック関数の引数にすることで、購読したイベントのeventプロパティを利用できます。サンプルではevent.textを利用することで、ユーザがボットにメンションした際の投稿内容を取得しています。ただしそのままではボットのユーザIDも取得してしまうので、replace、trimによりメッセージの部分だけをplaceに格納しています。

また、try {...}内部ではaxiosで必要なパラメータを指定してMaps Static APIをコールして地図を取得後、files.uploadにてSlackにアップロードしています。

S04 まとめ

本章で学んだことをまとめます。

- 地図アプリの作成（本章01節）
- Events API（本章01節）
- Google Maps Platformの機能（本章02節）
- Maps Static APIキーの取得（本章02節）
- app_mention:read（本章03節）
- files:read（本章03節）
- files:write（本章03節）
- app.event（本章03節）

Chapter8

Giphyアプリを作ろう

Giphyというアプリをご存知でしょうか。海外でよく使われているGif共有プラットフォームです。
様々なプラットフォームと連携して、ポストにGifアニメーションでリアクションをすることができます。日本でいえばLINEのスタンプのようなコミュニケーションツールです。
もちろんSlackとも連携でき、Slack上でGiphyから様々なGifを使ってリアクションを送ることができます。
この章ではそれに似たアプリを作りながら、スラッシュコマンドやエフェメラルメッセージを学んでいきましょう。

注意 この章で作成するWebアプリについて

この章で作成するWebアプリは「app.js」という名前で統一しています。各ステップごとのサンプルはリスト番号に応じたフォルダにあります。

S01 Giphyアプリで使う機能

Giphyアプリを作るために利用するSlackの機能を確認します。

ngrokを起動する

Giphyアプリを作成する前に新規でターミナルを開き、第4章を参考にしてngrokを起動し、生成されたURL（https://xxxxxxxxxxxx.ngrok.io）をメモしておきます。

ターミナル

```
% ./ngrok http 3000
```

Slackアプリを作成する

新しいSlackアプリを作成して、Slackアプリ管理画面で表8.1の設定を行います。Request URLにはBoltの利用を前提とするので、「https://xxxxxxxxxxxx.ngrok.io/slack/events」と入力します。設定が終わったらSlackアプリをワークスペースにインストールします。

- Slackアプリ名の例：stamp-sample

▼表8.1：Slackアプリの設定

Features	設定項目	内容	設定例
Interactivity & Shortcuts	Interactivity	ダイアログの利用にあたり有効化する	On
	Request URL	ダイアログのリクエスト先となるURLを入力する	https://{ngrokのURL}/slack/events

（続き）

Features	設定項目	内容	設定例
Slash Commands	Command	スラッシュコマンドの名称を入力する	/stamp
	Request URL	スラッシュコマンドのリクエスト先となるURLを入力する	https://{ngrokのURL}/slack/events
	Short Description	スラッシュコマンドの説明を入力する	スタンプのテスト
OAuth & Permissions	Bot Token Scopes	Slackの機能やAPIを利用するにあたり必要なスコープを入力する	chat:write

サンプルコードを設置する

mkdirコマンドでプロジェクトルートのディレクトリ（「stamp-sample」）を任意の場所に作成後、cdコマンドで移動し、npmコマンドでBoltをインストールします。

ターミナル

```
% mkdir stamp-sample && cd stamp-sample
% npm init -y
% npm i @slack/bolt
```

インストールが完了したらサンプルコード「app.js」を作成します（リスト8.1）。

▼リスト8.1：stamp-sample/app.js

```
const { App } = require('@slack/bolt')

const app = new App({
  token: process.env.SLACK_BOT_TOKEN,
  signingSecret: process.env.SLACK_SIGNING_SECRET
})

app.command('/stamp', async ({ ack, say }) => {
  await ack()
  await say('stamp!')
})
```

```
const main = async () => {
  // Start your app
  await app.start(process.env.PORT || 3000)

  console.log('Bolt app is running!')
}

main().catch((e) => {
  console.error(e)
})
```


ディレクトリ構成は図8.1のようになります。

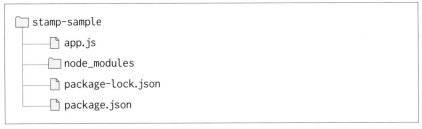

```
stamp-sample
├── app.js
├── node_modules
├── package-lock.json
└── package.json
```

▲図8.1：ディレクトリ構成

Webアプリを起動する

新規でターミナルを起動し、cdコマンドでWebアプリのあるディレクトリに移動し、第4章04節の「Webアプリを起動する」で説明した通りSLACK_BOT_TOKENとSLACK_SIGNING_SECRETを指定したWebアプリの起動コマンドを実行します。

ターミナル

```
% SLACK_BOT_TOKEN=xoxb-xxxxxxxxxxxx-xxxxxxxxxxxxx-xxxxxxxxxxxxxxx⏎
xxxxxxxxxx SLACK_SIGNING_SECRET=xxxxxxxxxxxxxxxxxxxxxxxxxxxxxxxxx ⏎
node app.js
Bolt app is running!
```

動作を確認する

任意のチャンネルに@stamp-sampleと投稿してボットを招待した後、スラッシュコマンド（/stamp）を実行すると「stamp!」というメッセージが返ってきます（図8.2）。

▲図8.2：スラッシュコマンド（/stamp）を実行して投稿されるメッセージ

しかしこのままだと、スラッシュコマンドでスタンプを探していることがチャンネルの全員に通知されてしまいます。ここで作成するSlackアプリの性質上、候補を探している間は自分だけに見えて、リアクションを送る時にはじめてチャンネルに通知されてほしいところです。そういったシーンで活躍するのがエフェメラルメッセージです。

エフェメラルメッセージを利用する

第3章でも解説しましたが、エフェメラルメッセージとは指定したユーザにしか見えないメッセージです。例えばチャンネルに入った時の紹介メッセージなどで登場しています。

第3章ではAPIを叩いて単純なメッセージを送る方法を説明しましたが、ここではBolt経由でSlackアプリの中にどうエフェメラルメッセージを組み込むかを解説します。

サンプルコードを修正する

先程、sayで送っていたメッセージ（リスト8.1）を今度はrespondというメソッドで送って見るように修正します（リスト8.2）。

▼リスト8.2：stamp-sample/app.js

```
(…略…)

app.command('/stamp', async ({ ack, respond }) => {
```

```
  await ack()
  await respond({
    response_type: 'ephemeral',
    text: 'stamp!'
  })
})

const main = async () => {
  // Start your app
  await app.start(process.env.PORT || 3000)

  console.log('Bolt app is running!')
}

main().catch((e) => {
  console.error(e)
})
```


起動中のWebアプリを終了し、再度Webアプリを起動する

ターミナルでapp.jsを［Ctrl］＋［C］キーで終了して、以下のコマンドを実行して再度Webアプリを起動します。

ターミナル

```
% SLACK_BOT_TOKEN=xoxb-xxxxxxxxxxxx-xxxxxxxxxxxxx-xxxxxxxxxxxxxxx⏎
xxxxxxxxxx SLACK_SIGNING_SECRET=xxxxxxxxxxxxxxxxxxxxxxxxxxxxxxxxx ⏎
node app.js
Bolt app is running!
```

動作を確認する

改めてスラッシュコマンド（/stamp）を実行すると、エフェメラルメッセージ（「あなただけに表示されています」）として投稿されるのがわかると思います（図8.3）。

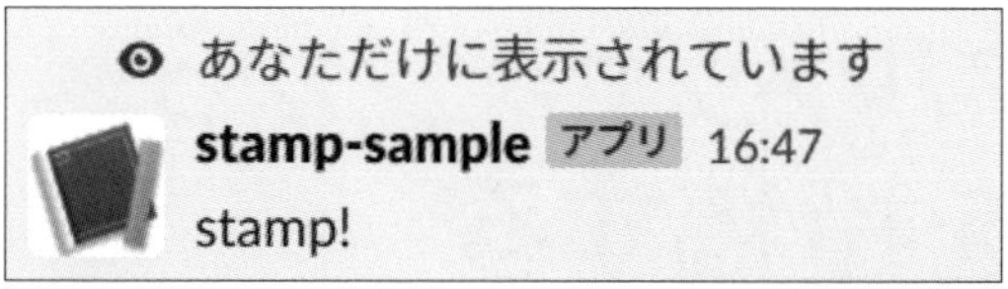

あなただけに表示されています
stamp-sample アプリ 16:47
stamp!

▲図8.3：スラッシュコマンド（/stamp）を実行して投稿されるメッセージ

サンプルコードについて

respondはInteractive Messagesを扱う時に出てくるresponse_urlが呼ばれた時の挙動を扱うユーティリティメソッドです。Interactive Messagesとはスラッシュコマンドやボタンのクリックなど、ユーザの動作によって何かをするための機能です。

Interactive Messagesを送る時にresponse_urlを指定するとメッセージに付いたボタンやアクションを行った時に、Slackがresponse_url宛にリクエストを送ってくれます（スラッシュコマンドの場合はSlackアプリ作成時に設定したrequest_urlに送られます）。

- Making messages interactive
  URL https://api.slack.com/interactive-messages

- A field guide to interactive messages
  URL https://api.slack.com/docs/interactive-message-field-guide

response_typeにはin_channelとephemeralを指定できます。in_channelを指定するとチャンネルにいる全員向けのメッセージになり、ephemeralを指定するとアクションを行った人にだけ見えるメッセージが投稿できます。

ひとまずここまででスラッシュコマンドから、スタンプを選ぶ、メッセージを投稿する土台ができました。次のステップでスタンプを選ぶUIを作っていきます。

S02 エフェメラルメッセージからスタンプを投稿する

本章01節の続きです。スタンプを選ぶUIをエフェメラルメッセージで実装します。

Block Kit BuilderでUIを作成する

まずはBlock Kit Builderを使ってUIを作ります。リスト8.2のrespondの中身をJSONデータで指定していきます（リスト8.3）。慣れない方は第6章で紹介したBlock Kit Builder（URL https://api.slack.com/tools/block-kit-builder）でグラフィカルに作成してください。最初は画像ではなくSlackの絵文字で代用します。

▼リスト8.3：stamp-sample/app.js

```
(…略…)

app.command('/stamp', async ({ ack, respond }) => {
  await ack()
  await respond({
    response_type: 'ephemeral',
    blocks: [
      {
        type: 'section',
        text: {
          type: 'mrkdwn',
          text: ':smile:'
        }
      },
      {
        type: 'actions',
        elements: [
```

```
        {
          type: 'button',
          text: {
            type: 'plain_text',
            text: '送信する'
          },
          style: 'primary',
          action_id: 'send',
          value: 'send_123'
        },
        {
          type: 'button',
          text: {
            type: 'plain_text',
            text: 'キャンセル'
          },
          style: 'danger',
          action_id: 'cancel',
          value: 'cancel_123'
        },
        {
          type: 'button',
          text: {
            type: 'plain_text',
            text: '次へ'
          },
          action_id: 'shuffle',
          value: 'shuffle_123'
        }
      ]
    }
  ]
 })
})

(…略…)
```

起動中のWebアプリを終了し、再度Webアプリを起動する

ターミナルでapp.jsを［Ctrl］＋［C］キーで終了して、以下のコマンドを実行して再度Webアプリを起動します。

ターミナル

```
% SLACK_BOT_TOKEN=xoxb-xxxxxxxxxxxx-xxxxxxxxxxxxx-xxxxxxxxxxxxxxxx⏎
xxxxxxxxxx SLACK_SIGNING_SECRET=xxxxxxxxxxxxxxxxxxxxxxxxxxxxxxxx ⏎
node app.js
Bolt app is running!
```

動作を確認する

Slackでスラッシュコマンド（/stamp）を実行すると図8.4のようなメッセージが投稿されるのが確認できたでしょうか。次はメッセージ内のボタンをクリックした時の動きを付けていきます。

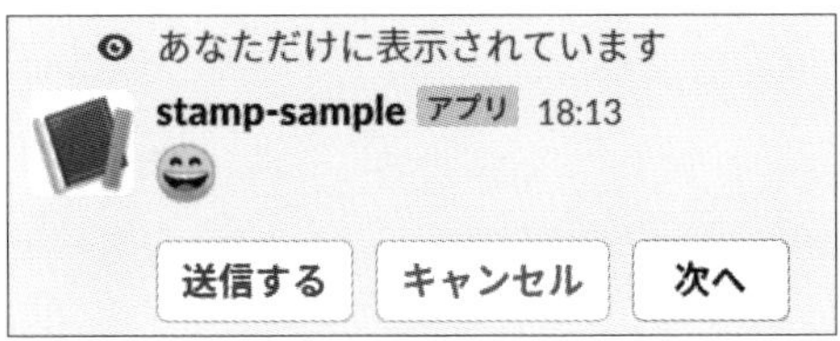

▲図8.4：スラッシュコマンド（/stamp）を実行して投稿されるメッセージ

メッセージを書き換える①

ボタンをクリックした時に表示が変わる機能を追加するにはInteractive Componentsの機能を有効にしなければなりません。その時、「Interactivity & Shortcuts」の「Interactivity」を「On」にして、スラッシュコマンドのRequest URLと同じURLを設定することを忘れないでください（表8.1参照）。

ボタンがクリックされた時のイベントをハンドリングするためにはapp.actionを使います。

リスト8.4は「次へ」ボタンをクリックした時にランダムに選んだスタンプを表示するサンプルコードです。

▼リスト8.4：stamp-sample/app.js

```
(…略…)
const stamps = [':smile:', ':cry:', ':wink:', ':yum:', ':sleepy:']

(…略…)

app.action('shuffle', async ({ ack, respond }) => {
  await ack()

  const stamp = stamps[Math.floor(Math.random() * stamps.length)]

  await respond({
    response_type: 'ephemeral',
    replace_original: true, ―― 元のメッセージを書き換える
    blocks: [
      {
        type: 'section',
        text: {
          type: 'mrkdwn',
          text: stamp ―― 選ばれたスタンプの文字列
        }
      },
      {
        type: 'actions',
        elements: [
          {
            type: 'button',
            text: {
              type: 'plain_text',
              text: '送信する'
            },
            style: 'primary',
            action_id: 'send',
            value: 'send_123'
          },
          {
            type: 'button',
            text: {
              type: 'plain_text',
              text: 'キャンセル'
            },
            style: 'danger',
            action_id: 'cancel',
```

```
          value: 'cancel_123'
        },
        {
          type: 'button',
          text: {
            type: 'plain_text',
            text: '次へ'
          },
          action_id: 'shuffle',
          value: 'shuffle_123'
        }
      ]
    }
  ]
 })
})
```

(…略…)

起動中のWebアプリを終了し、再度Webアプリを起動する

ターミナルでapp.jsを［Ctrl］＋［C］キーで終了して、以下のコマンドを実行して再度Webアプリを起動します。

ターミナル

```
% SLACK_BOT_TOKEN=xoxb-xxxxxxxxxxxx-xxxxxxxxxxxxx-xxxxxxxxxxxxxxx
xxxxxxxxxx SLACK_SIGNING_SECRET=xxxxxxxxxxxxxxxxxxxxxxxxxxxxxxxx
node app.js
Bolt app is running!
```

動作を確認する

Slackでスラッシュコマンド（/stamp）を実行すると図8.5❶のようなメッセージが投稿されます。「次へ」ボタンをクリックすると❷、アイコンが変わります❸。

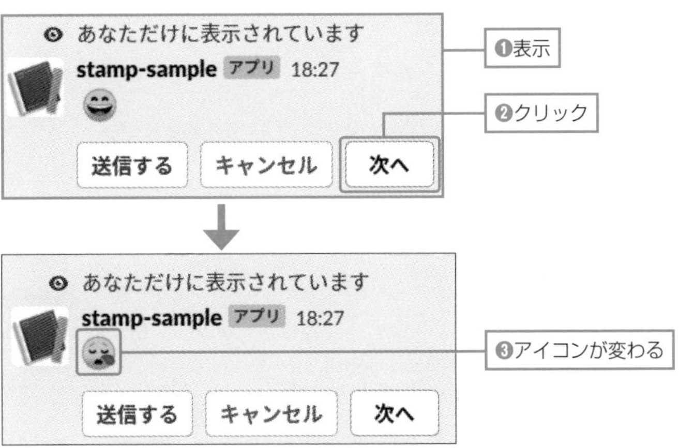

▲図8.5：スラッシュコマンド（/stamp）を実行して投稿されるメッセージ

respondの中でスラッシュコマンドの時と違うのは、固定で:smile:を入れていたところに選ばれたスタンプの文字列が入っていることと、replace_originalというパラメータが入っている部分です。replace_originalをtrueにすると、元のメッセージを書き換えることができます。

app.action('shuffle', ...)のshuffleはどこからきたのかというと、ボタンのパラメータにあるaction_idで自分で定めた文字列です。ここで定めた文字列をapp.actionで受け取ることができます。

メッセージを書き換える②

Slackアプリを作る際にはシャッフルではなく順番にアクセスしたい場合もあると思います。その場合は今その発言で表示されているindexが何番目なのかを発言ごとにサーバ側で保持する実装が考えられます。

その場合にはapp.actionのコールバックでbodyを読み込んでみてください（リスト8.5）。

▼リスト8.5：stamp-sample/app.js

```
(…略…)
app.action('shuffle', async ({ ack, body, respond }) => {
  console.log(body)
  await ack()
(…略…)
```


起動中のWebアプリを終了し、再度Webアプリを起動する

ターミナルでapp.jsを［Ctrl］+［C］キーで終了して、以下のコマンドを実行して再度Webアプリを起動します。

ターミナル

```
% SLACK_BOT_TOKEN=xoxb-xxxxxxxxxxxx-xxxxxxxxxxxxx-xxxxxxxxxxxxxxx⏎
xxxxxxxxxx SLACK_SIGNING_SECRET=xxxxxxxxxxxxxxxxxxxxxxxxxxxxxxxx ⏎
node app.js
Bolt app is running!
```

動作を確認する

Slackでスラッシュコマンド（/stamp）を実行するとサーバ側にリスト8.6のJSONのレスポンスのログが表示されます。

bodyの中にはアクションの内容や、メッセージの投稿時間、ワークスペース、ユーザ情報などが含まれています。これらの情報を利用すると一意なキーを生成することができます（リスト8.6）。

▼リスト8.6：JSONのレスポンス

```
(…略…)
{
  type: 'block_actions',
  team: { id: 'Txxxxxx', domain: 'yourdomain' },
  user: {
    id: 'Uxxxxx',
    username: 'username',
```

```
    name: 'name',
    team_id: 'Txxxxx'
  },
  api_app_id: 'Axxxxxx',
  token: 'xxxxx',
  container: {
    type: 'message',
    message_ts: '1583396425.000500',
    channel_id: 'Cxxxxx',
    is_ephemeral: true
  },
  trigger_id: 'trigger.idxxxxx.xxxxxx',
  channel: { id: 'Cxxxxx', name: 'channel_name' },
  response_url: 'https://hooks.slack.com/actions/xxxxxxx',
  actions: [
    {
      action_id: 'shuffle',
      block_id: 'CXh',
      text: { type: 'plain_text', text: '次へ', emoji: true },
      value: 'shuffle_123',
      type: 'button',
      action_ts: '1583396433.319778'
    }
  ]
}
(…略…)
```


文字列を使ったシンプルな状態の保存方法に修正する

他にも文字列を使ったシンプルな状態の保存方法もあるので、「送信する」ボタンをクリックしてチャンネルにスタンプを投稿してみる機能を作って試してみます。

まずはapp.command('/stamp', ...)とapp.action('shuffle', ...)で共通するロジックを関数化します（リスト8.7）。

▼リスト8.7：stamp-sample/app.js

```
(…略…)
const createBlocks = (stamp) => {
  return [
    {
      type: 'section',
      text: {
        type: 'mrkdwn',
        text: stamp
      }
    },
    {
      type: 'actions',
      elements: [
        {
          type: 'button',
          text: {
            type: 'plain_text',
            text: '送信する'
          },
          style: 'primary',
          action_id: 'send',
          value: 'send_123'
        },
        {
          type: 'button',
          text: {
            type: 'plain_text',
            text: 'キャンセル'
          },
          style: 'danger',
          action_id: 'cancel',
          value: 'cancel_123'
        },
        {
          type: 'button',
          text: {
            type: 'plain_text',
            text: '次へ'
          },
          action_id: 'shuffle',
          value: 'shuffle_123'
```

```
      }
    ]
  }
 ]
}

app.command('/stamp', async ({ ack, respond }) => {
  await ack()
  await respond({
    response_type: 'ephemeral',
    blocks: createBlocks(stamps[0])
  })
})

app.action('shuffle', async ({ ack, respond }) => {
  await ack()
  await respond({
    response_type: 'ephemeral',
    replace_original: true,
    blocks: createBlocks(stamps[Math.floor(Math.random() * stamps.
length)])
  })
})
(…略…)
```

起動中のWebアプリを終了し、再度Webアプリを起動する

ターミナルでapp.jsを［Ctrl］＋［C］キーで終了して、以下のコマンドを実行して再度Webアプリを起動します。

ターミナル

```
% SLACK_BOT_TOKEN=xoxb-xxxxxxxxxxxx-xxxxxxxxxxxxx-xxxxxxxxxxxxxxx⏎
xxxxxxxxxx SLACK_SIGNING_SECRET=xxxxxxxxxxxxxxxxxxxxxxxxxxxxxxxx ⏎
node app.js
Bolt app is running!
```

動作を確認する

Slackでスラッシュコマンド（/stamp）を実行すると:smile:の絵文字が投稿され（図8.6❶）、「次へ」ボタンをクリックするたびに❷、ランダムにスタンプの候補が切り替わる挙動になります❸。

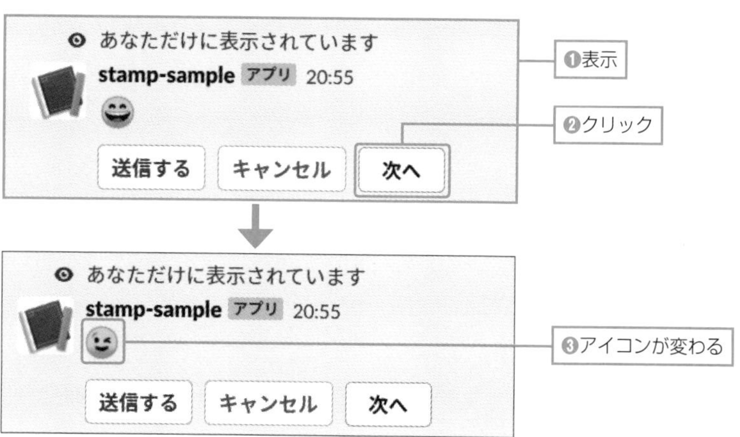

▲図8.6：スラッシュコマンド（/stamp）を実行して投稿されるメッセージ

createBlocksのロジックを修正する

次は「送信する」ボタンの挙動を作成したいのですが、このままではボタンをクリックした時に何が表示されているのかを知る術がありません。愚直に実装するならば、送信するたびに表示されている値をDBに持つこともできます。ですがここではボタンのvalue要素を利用する方法を試してみます。

createBlocksの中のロジックを少し修正します（リスト8.8）。

▼リスト8.8：stamp-sample/app.js

```
(…略…)
const createBlocks = (stamp) => {
  return [
    {
      type: 'section',
      text: {
```

```
        type: 'mrkdwn',
        text: stamp
      }
    },
    {
      type: 'actions',
      elements: [
        {
          type: 'button',
          text: {
            type: 'plain_text',
            text: '送信する'
          },
          style: 'primary',
          action_id: 'send',
          value: `send_${stamp}`
        },
       (…略…)
        }
      ]
    }
  ]
}
(…略…)
```

「送信する」ボタンのvalueをsend_123という固定値から表示されているスタンプの文字列を加えた文字列に変更しました。

「送信する」ボタンを実装する

それでは次に「送信する」ボタンの実装です。「送信する」ボタンのaction_idはsendなのでapp.actionでハンドラを追加します（リスト8.9）。

▼リスト8.9：stamp-sample/app.js

```
(…略…)
app.action('send', async ({ body, ack, respond }) => {
  // 今表示されているスタンプを抽出する
  const stamp = body.actions
    .find((e) => e.action_id === 'send')
```

```
      .value.match(/send_(.*)/)[1]
    await ack()
    await respond({
      response_type: 'in_channel',
      delete_original: true,
      blocks: [
        {
          type: 'section',
          text: {
            type: 'mrkdwn',
            text: stamp
          }
        }
      ]
    })
  })
(…略…)
```

ここでは先程出てきたbodyを引数として受け取ります。リスト8.6でbodyのサンプルを記載しましたが、ここで注目するのはactionsです。actionsにはその時に起こったアクションのオブジェクトが入っています。この場合は「「送信する」ボタンをクリックした」というイベントです（リスト8.10）。

▼リスト8.10：JSONのレスポンス

```
(…略…)
actions: [
  {
    action_id: 'send',
    block_id: 'Tnnn',
    text: { type: 'plain_text', text: '送信する', emoji: true },
    value: 'send_:smile:',
    style: 'primary',
    type: 'button',
    action_ts: '1583480853.265994'
  }
]
(…略…)
```

ここでvalueに注目してみるとsend_:smile:となっています。先程の修正で「送信する」ボタンのvalueに投稿したスタンプの情報を埋め込んだので、ここで受け取ることができるようになりました。

ここから正規表現を使ってスタンプの文字列情報を取り出します（リスト8.11）。

▼リスト8.11：stamp-sample/app.js（リスト8.9の抜粋）

```
(…略…)
const stamp = body.actions
  .find((e) => e.action_id === 'send')
  .value.match(/send_(.*)/)[1]
(…略…)
```

そして最後にチャンネルに投稿です（リスト8.12)。今までのメッセージと違い投稿は全員に見えてほしいのでresponse_typeをin_channelに設定します。また、delete_originalをtrueにすることで、ボタンをクリックしたメッセージを削除することができます。

▼リスト8.12：stamp-sample/app.js（リスト8.9の抜粋）

```
(…略…)
  await respond({
    response_type: 'in_channel',
    delete_original: true,
    blocks: [
      {
        type: 'section',
        text: {
          type: 'mrkdwn',
          text: stamp
        }
      }
    ]
  })
})
(…略…)
```

もしくはsayという関数を使うのもよいでしょう（リスト8.13）。respondで送信する時はSlackアプリからの発言ですが、sayは登録したボットユーザからの発言に見えます。

▼リスト8.13：sayを利用した例（サンプルなし）

```
(…略…)
await say({
  delete_original: true,
  blocks: [
    {
      type: 'section',
      text: {
        type: 'mrkdwn',
        text: stamp
      }
    }
  ]
})
(…略…)
```

ここまでくれば「キャンセル」ボタンの設置は簡単です。delete_originalを付けて発言を削除したら完了です（リスト8.14）。

▼リスト8.14：stamp-sample/app.js

```
(…略…)
app.action('cancel', async ({ ack, respond }) => {
  await ack()
  await respond({ delete_original: true })
})
(…略…)
```

画像を表示する処理を加える

それでは最後に画像を表示する処理を加えます。

Block Kitで画像を表示するためにはtype: 'image'を利用します（リスト8.15）。image_urlというパラメータにインターネット（Slack）から参照できる画像のURLを設定すると、Slack内に画像を表示することができます。

▼リスト8.15：stamp-sample/app.js

```
(…略…)
const stamps = [':smile:', ':cry:', ':wink:', ':yum:', ':sleepy:']
const images = {
  ':smile:': 'https://media.giphy.com/media/Jmgx0H8XlE9uhquL6t/giphy.gif',
  ':cry:': 'https://media.giphy.com/media/3oEjHĐ764dj1LVz2j6/giphy.gif',
  ':wink:': 'https://media.giphy.com/media/Yw4fxjPLKk7OE/giphy.gif',
  ':yum:': 'https://media.giphy.com/media/pk8ZZ2Yk33XogAwMgT/giphy.gif',
  ':sleepy:': 'https://media.giphy.com/media/6uMqzcbWRhoT6/giphy.gif'
}

const createBlocks = (stamp) => {
  return [
    {
      type: 'image',
      title: {
        type: 'plain_text',
        text: stamp,
        emoji: true
      },
      image_url: images[stamp],
      alt_text: stamp
    },
  (…略…)
  ]
}
(…略…)
```

起動中のWebアプリを終了し、再度Webアプリを起動する

ターミナルでapp.jsを［Ctrl］+［C］キーで終了して、以下のコマンドを実行して再度Webアプリを起動します。

ターミナル

```
% SLACK_BOT_TOKEN=xoxb-xxxxxxxxxxxx-xxxxxxxxxxxxx-xxxxxxxxxxxxxxx⏎
xxxxxxxxxx SLACK_SIGNING_SECRET=xxxxxxxxxxxxxxxxxxxxxxxxxxxxxxxxx ⏎
node app.js
Bolt app is running!
```

動作を確認する

Slackでスラッシュコマンド（/stamp）を実行すると図8.7❶のようなメッセージが投稿されます。「送信する」ボタンをクリックすると（❷-1）、全体に投稿されます❸。「キャンセル」ボタンをクリックすると（❷-2）投稿はキャンセルされます。

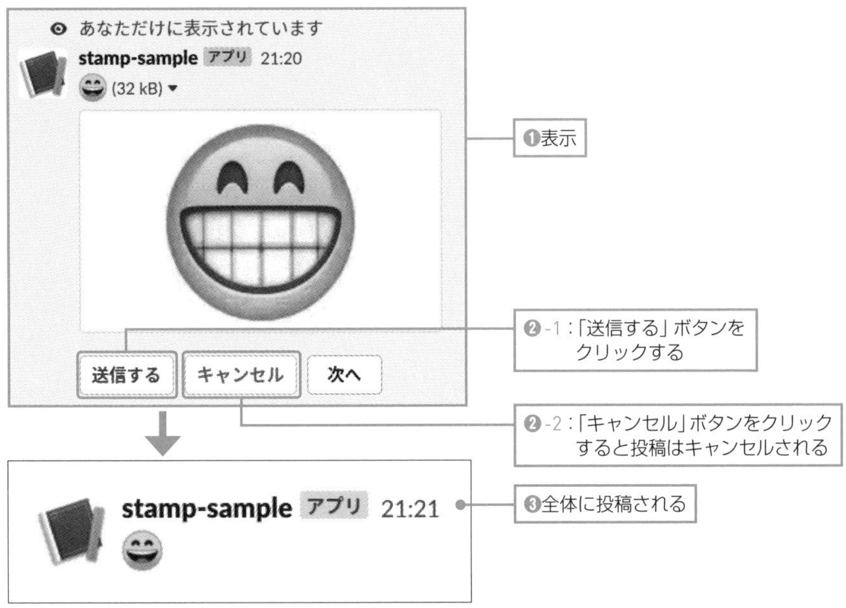

▲図8.7：スラッシュコマンド（/stamp）を実行して投稿されるメッセージ

S03 まとめ

本章で学んだことをまとめます。

- Giphyアプリの作成（本章01節）
- エフェメラルメッセージ（本章02節）
- スタンプを投稿する（本章02節）
- Interactive Messages（本章02節）
- Block Kit Builder（本章02節）
- 画像を表示する処理を加える（本章02節）

Chapter9

他の人にリマインドするリマインダーアプリを作ろう

Slackには/remindで自身にリマンドを設定する機能があります。ここでは投稿されたメッセージを他のアカウントに対してリマインドを設定するリマインダーアプリを作成していきます。

注意　この章で作成するWebアプリについて

この章で作成するWebアプリは「app.js」という名前で統一しています。各ステップごとのサンプルはリスト番号に応じたフォルダにあります。

01 リマインダーをAPIから設定する

APIからユーザへのリマインドを送ってみます。

リマインダーを投稿する（reminders.add）

chat.postMessage のAPIは呼び出しが成功後すぐにメッセージが投稿されます。リマインド機能を作るためには指定した時間までメッセージの投稿を遅延する必要があります。アプリのロジック側でメッセージを遅延させることもできますが、ここではSlackのAPIの1つ、reminders.addを利用します。

- reminders.add
  URL https://api.slack.com/methods/reminders.add

Slackアプリを作成する

新しいSlackアプリを作成して、Slackアプリ管理画面で表9.1の設定を行います。reminders.add APIを利用するためにはUser Token Scopesにreminders:write、remind:readのスコープが必要です。reminders.add APIはUser Tokenしか利用できないので注意が必要です。chat:writeのスコープも追加します。設定が終わったらSlackアプリをワークスペースにインストールします。

- Slackアプリ名の例：remind-sample

▼表9.1：Slackアプリの設定

Features	設定項目		内容	設定例
OAuth & Permissions	User Token Scopes		Slackの機能やAPIを利用するにあたり必要なスコープを入力する	reminders:write reminders:read chat:write
	OAuth Tokens & Redirect URLs	OAuth Access Token	xoxp-からはじまるトークン(User Token)	xoxp- {User Token}

curlコマンドを実行する

以下のcurlコマンドで、OAuth Access Tokenを指定して、リマインダーを起動します。

ターミナル

```
$ curl https://slack.com/api/reminders.add -X POST -H "Content-type: ↵
application/json; charset=UTF-8" -H "Authorization: Bearer xoxp-xxxx↵
xxxxxxxxx-xxxxxxxxxxxxx-xxxxxxxxxxxxx-xxxxxxxxxxxxxxxxxxxxxxxxxxx↵
xxxxxx" --data '{"text":"remind!", "time": "1602301440"}'
```

動作を確認する

APIの呼び出しに成功するとtimeのパラメータに指定したUnixタイムスタンプのタイミングでリマインダーが起動します（図9.1）。

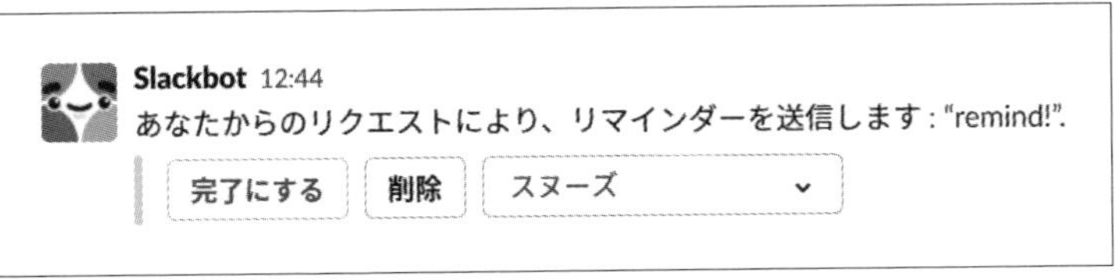

▲図9.1：指定した時間にリマインダーが起動

ショートカットを追加する（Message actions）

Slackを利用していると、メッセージにプルダウンメニューが表示されているのを見たことがあると思います（図9.2❶❷）。

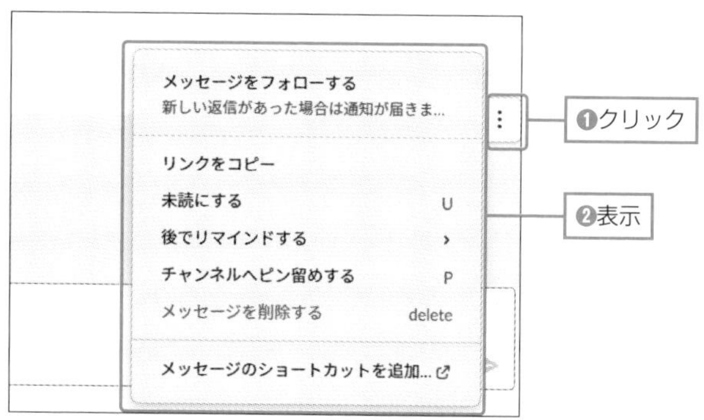

▲図9.2：メッセージのプルダウンメニュー

このプルダウンメニューに投稿されたメッセージをSlackアプリに送るショートカットを追加してみます。Slackアプリにメニューを追加するには「Interactivity & Shortcuts」の設定が必要になります。

サンプルコードを設置する

リスト9.1のサンプルコードを記述します。shortcutに指定しているremind_action_xxxは、開発者自身で定めた文字列です。ここで指定した文字列をSlackアプリの設定時にも利用します。

▼リスト9.1：app.js

```
const { App } = require('@slack/bolt');

const app = new App({
  token: process.env.SLACK_BOT_TOKEN,
  signingSecret: process.env.SLACK_SIGNING_SECRET
});

app.shortcut('remind_action_xxx', async ({ body, ack, say }) => {
  await ack()
  console.log(body)
```

開発者自身で定めた文字列

```
  await say('remind action!')
});

(async () => {
  await app.start(process.env.PORT || 3000);
  console.log('Bolt app is running!');
})();
```


ngrokを起動する

Slackアプリを作成する前に新規でターミナルを開き、第4章を参考にしてngrokを起動し、生成されたURL（https://xxxxxxxxxxxx.ngrok.io）をメモしておきます。

ターミナル

```
% ./ngrok http 3000
```

Slackアプリを設定する

表9.1で作成したSlackアプリ管理画面から「Interactivity & Shortcuts」（図9.3❶）を選び、「Interactivity」を「On」にします❷。Request URLにngrokで生成されたURLを入力します（Boltの利用を前提とするので、「https://xxxxxxxxxxxx.ngrok.io/slack/events」となります）❸。

次に「Shortcuts」に設定を追加していきます。「Create New Shortcut」をクリックすると❹、「Global」と「On messages」の2つの形式を選択するUIが出てきます。「Global」はメッセージに依存しないショートカット（例えばファイルのアップロードなど）を設定するのに利用でき、「On messages」はメッセージの内容を利用するショートカットに利用できます。

ここではメッセージの内容を取得するので「On messages」を選択して❺「Next」をクリックします❻。

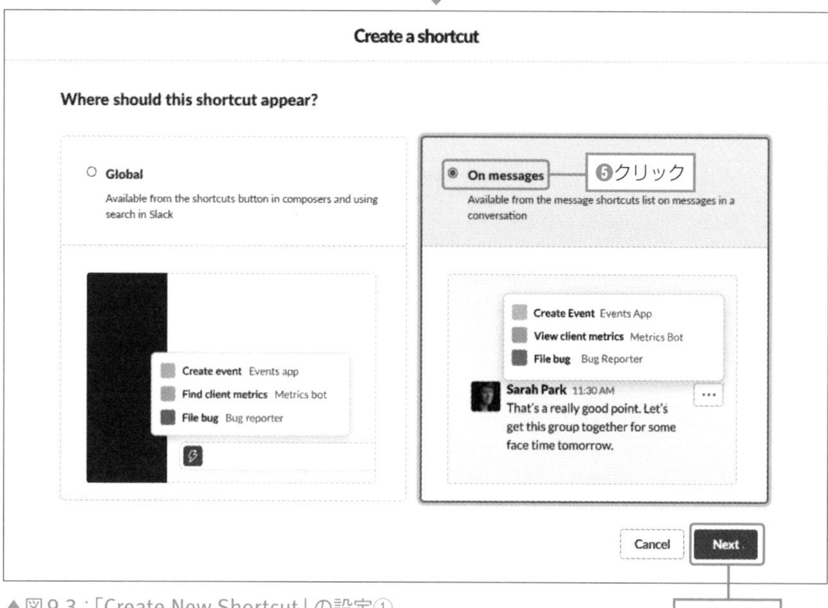

▲図9.3：「Create New Shortcut」の設定①

「Details」画面に遷移するので、必要項目を入力ます（図9.4❶❷）。「Callback ID」にはリスト9.1で指定した「remind_action_xxx」を入力して❸、「Create」

をクリックします❹。すると「Shortcuts」に設定されます❺。「Save Changes」をクリックします❻。

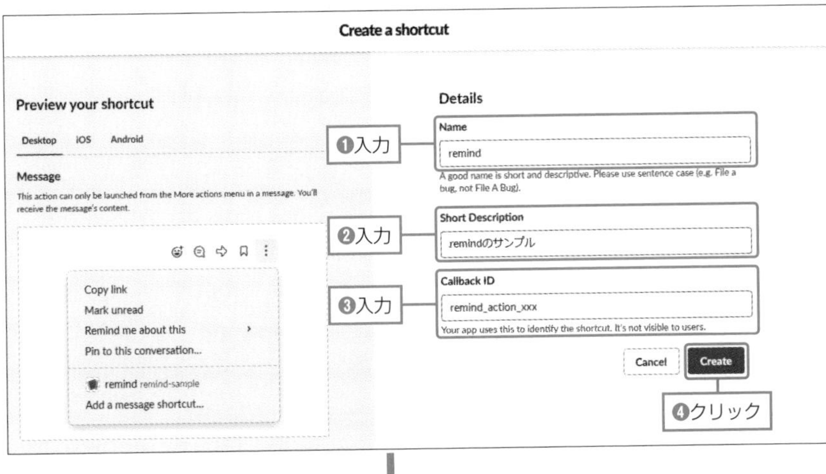

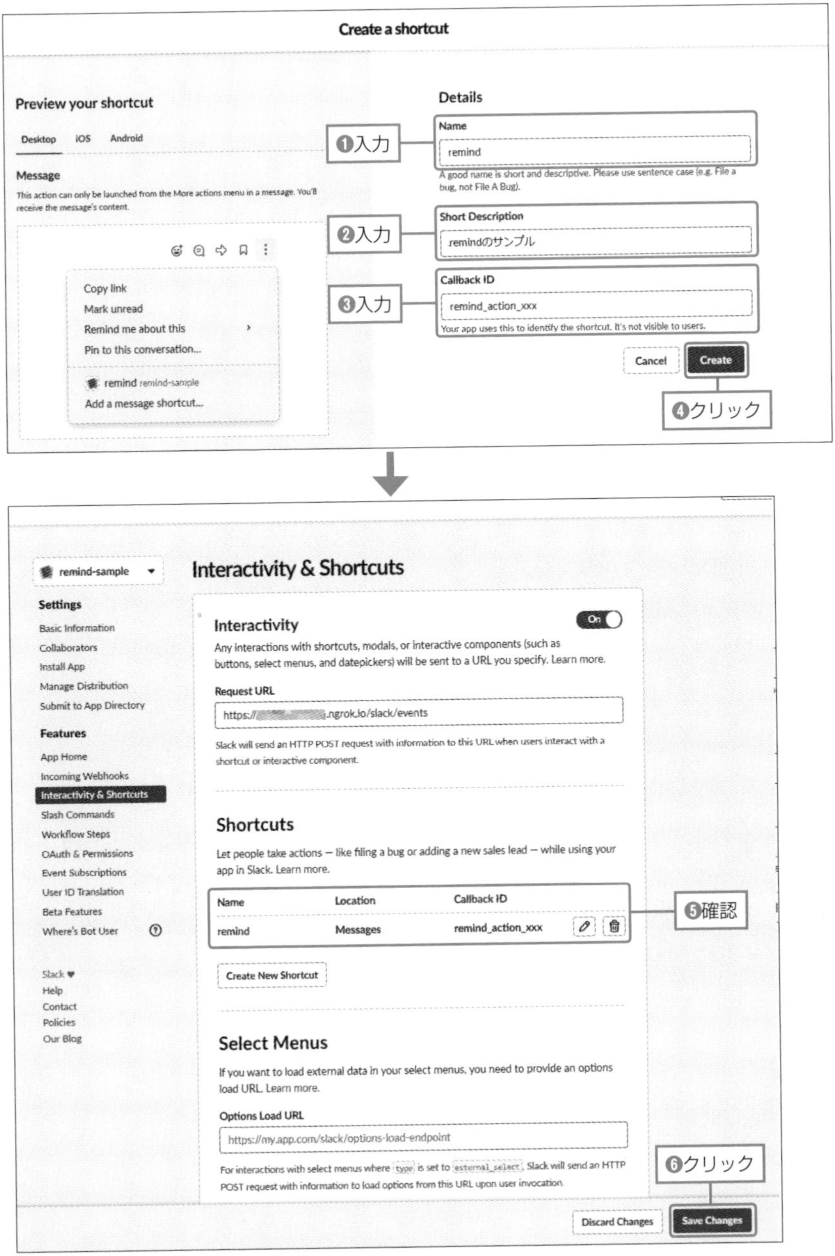

▲図9.4：「Create New Shortcut」の設定②

サンプルコードを設置する

mkdirコマンドでプロジェクトルートのディレクトリ（「remind-sample」）を適当な場所に作成後、cdコマンドで移動し、npmコマンドでBoltとaxiosをインストールします。

コマンド
```
% mkdir remind-sample && cd remind-sample
% npm init -y
% npm i @slack/bolt axios
```

インストールが完了したらリスト9.1のapp.jsを配置します。

ディレクトリ構成は図9.5のようになります。

```
remind-sample
├── app.js
├── node_modules
├── package-lock.json
└── package.json
```

▲図9.5：ディレクトリ構成

Webアプリを起動する

新規でターミナルを起動し、cdコマンドでWebアプリのあるディレクトリに移動し、第4章04節の「Webアプリを起動する」で説明した通りSLACK_BOT_TOKENとSLACK_SIGNING_SECRETを指定したWebアプリの起動コマンドを実行します。

ターミナル
```
% SLACK_BOT_TOKEN=xoxb-xxxxxxxxxxxx-xxxxxxxxxxxxx-xxxxxxxxxxxxxxx⏎
xxxxxxxxxx SLACK_SIGNING_SECRET=xxxxxxxxxxxxxxxxxxxxxxxxxxxxxxxx ⏎
node app.js
Bolt app is running!
```

動作を確認する

これで準備は完了です。Slackのメッセージから先程追加したショートカットを選択してみます（図9.6❶❷❸）。

▲図9.6：追加したショートカットを選択

するとリスト9.2のようなリクエストがターミナルに表示されていると思います。

▼リスト9.2：JSON

```
{
  type: 'message_action',
  token: 'xxxxxxxx',
  action_ts: '1590126011.275504',
  team: { id: 'Txxxx', domain: 'xxxx' },
  user: {
    id: 'Uxxxx',
    name: 'xxx',
    username: 'xxx',
```

```
    team_id: 'Txxx'
  },
  channel: { id: 'Cxxxxx', name: 'xxx' },
  callback_id: 'remind_action_xxx',  ――設定したcallback_id
  trigger_id: '1133033108966.4052280913.e8b143633e7300d0ffa172346d180⏎
c9e',
  message_ts: '1588842797.000300',
  message: {
    bot_id: 'Bxxxx',
    type: 'message',
    text: 'hello message',  ――実際に投稿されているメッセージの内容
    user: 'Uxxxx',
    ts: '1588842797.000300',
    team: 'Txxxx',
    bot_profile: {
      (…略…)
    }
  },
  response_url: 'https://hooks.slack.com/app/T（…略…）'
}
```

callback_idにリスト9.1と図9.4❸で設定したremind_action_xxxとmessageプロパティで実際に投稿されているメッセージの内容を取得できるようになりました。これでリマインドを設定するための準備が整いました。

次節ではリマインドを設定するためのUIを作成していきます。

S02 モーダルを利用する

モーダルを使ってリマインダーのUIを作っていきます。

モーダルの利用

第6章でも出てきましたがリマインダーのUIを作成するためにモーダルを利用します。まず前節で作成したapp.shortcutの中身を編集していきます（リスト9.3）。

▼リスト9.3：remind-sample/app.js

```
const { App } = require('@slack/bolt');

(…略…)

const time = [
  '00:00',
  '01:00',
  '02:00',
  '03:00',
  '04:00',
  '05:00',
  '06:00',
  '07:00',
  '08:00',
  '09:00',
  '10:00',
  '11:00',
  '12:00',
  '13:00',
  '14:00',
  '15:00',
  '16:00',
  '17:00',
```

```
    '18:00',
    '19:00',
    '20:00',
    '21:00',
    '22:00',
    '23:00'
];

app.shortcut('remind_action_xxx', async ({ body, ack, client }) => {
  await ack();

  const targets = time.map((t) => {
    return {
      text: {
        type: 'plain_text',
        text: t
      },
      value: t
    }
  });

  const view = {
    type: 'modal',
    callback_id: 'remind_action_callback_xxx',
    title: {
      type: 'plain_text',
      text: 'Remind!'
    },
    submit: {
      type: 'plain_text',
      text: '送信'
    },
    blocks: [
      {
        block_id: 'message_xxx',
        type: 'input',
        element: {
          action_id: 'message_action_id_xxx',
          type: 'plain_text_input',
          multiline: true,
          initial_value: body.message.text
        },
```

```
        label: {
          type: 'plain_text',
          text: 'リマインド内容'
        }
      },
      {
        block_id: 'target_xxx',
        type: 'input',
        element: {
          action_id: 'target_action_id_xxx',
          type: 'static_select',
          placeholder: {
            type: 'plain_text',
            text: 'リマインド時間を選択してください',
            emoji: true
          },
          options: targets
        },
        label: {
          type: 'plain_text',
          text: 'リマインド時間'
        }
      }
    ]
  }

  await client.views.open({
    trigger_id: body.trigger_id,
    view: view
  })
});

(…略…)
```

モーダルを表示するためにhttps://slack.com/api/views.open※1をコール（呼び出し）します。Boltは第3章03節で説明しているようにnode-slack-sdkを内蔵しているので、それを利用すると楽です。

もちろん独自のclientを利用することもできます。その場合にはAPIをコー

※1　直接アクセスしてもエラーになります。

ルするためのトークンをcontextから取得できます（リスト9.4）。このコードでは環境変数で与えられる値と同一ですが、複数のワークスペースに対応している場合、contextオブジェクトにはワークスペースに応じたトークンが入ります。

▼リスト9.4：remind-sample/app.js

```
(…略…)
const qs = require('querystring');
const axios = require('axios');
(…略…)
  await axios.post(
    'https://slack.com/api/views.open',
    qs.stringify({
      token: context.botToken,
      trigger_id: body.trigger_id,
      view: JSON.stringify(view)
    })
  )
});
(…略…)
```

ここでは投稿されたメッセージを初期値としたinput要素と時間を選択するセレクト要素を利用しました。

起動中のWebアプリを終了し、再度Webアプリを起動する

ターミナルでapp.jsを［Ctrl］＋［C］キーで終了して、以下のコマンドを実行して再度Webアプリを起動します。

ターミナル

```
% SLACK_BOT_TOKEN=xoxb-xxxxxxxxxxxx-xxxxxxxxxxxxx-xxxxxxxxxxxxxxxx⏎
xxxxxxxxxx SLACK_SIGNING_SECRET=xxxxxxxxxxxxxxxxxxxxxxxxxxxxxxxx ⏎
node app.js
Bolt app is running!
```

動作を確認する

Slackの画面からメニューを選択してみると、図9.7の画像のようにモーダルが表示されます。

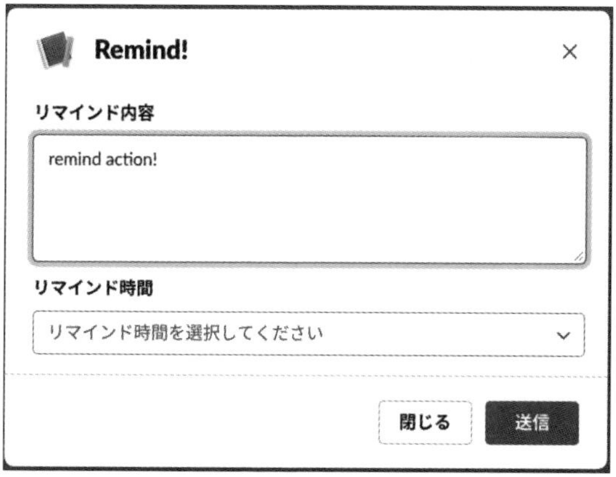

▲図9.7：モーダルの表示

ここまででメニューからメッセージの内容を取得してモーダルに表示するところまで作ることができました。

なおリスト9.4はリスト9.3のclient.views.openをネイティブのAPIを叩く実装に読み替えた場合のサンプルになります。実際の完成サンプルとしては、リスト9.3からリスト9.5以降のコードにリスト9.4に該当する部分を組み込んで、開発していきます（図9.8）。

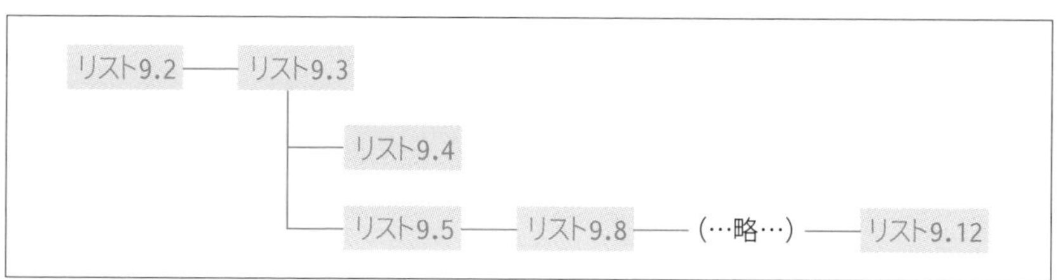

▲図9.8：開発の流れ

次項で「送信」ボタンをクリックした時にリマインドを登録する機能を作ります。

「送信」ボタンをクリックした時の処理を加える

モーダルの「送信」ボタンがクリックされた時の処理はapp.view()で受けることができます。モーダルのcallback_idに指定した値を第1引数にします（リスト9.5）。

▼リスト9.5：remind-sample/app.js

```
(…略…)
  await client.views.open({
    trigger_id: body.trigger_id,
    view: view
  })
});

app.view('remind_action_callback_xxx', async ({ ack, body, client }) => {
  await ack()
});
(…略…)
```

このハンドラの中でリクエストを作り、reminders.add APIを叩いてリマインドを登録していきます。なお、このリスト9.5は「送信」ボタンの処理の加えただけなので、動作確認はしません。リスト9.8以降で動作確認をします。

S03 リマインドを送る

モーダルの入力情報を使ってリマインドを送ってみます。

モーダルの入力情報からリマインドを送る

モーダルからのリクエストのbodyにはモーダルの情報を持つviewプロパティがあり、その中のstateプロパティに入力した内容が含まれています（リスト9.6）。

▼リスト9.6：JSON

```
{
  type: 'view_submission',
  (…略…)
  trigger_id: '1183887146067.4052280913.2d52cb109b59494e9773a3387459c6⏎
0d',
  view: {
    id: 'Vxxxx',
    team_id: 'Txxxx',
    type: 'modal',
    blocks: [
      {
        type: 'input',
        block_id: 'message_xxx',
        (…略…)
      },
      {
        type: 'input',
        block_id: 'target_xxx',
        (…略…)
      }
    ],
    private_metadata: '',
    callback_id: 'remind_action_callback_xxx',
```

```
    state: {
      values: {
        message_xxx: {
          message_action_id_xxx:: { type: 'plain_text_input', value: 'remin⏎
d action!' }
        },
        target_xxx: {
          target_action_id_xxx: {
            type: 'static_select',
            selected_option: {
              text: { type: 'plain_text', text: 'koh110', emoji: true },
              value: 'Uxxx'
            }
          }
        }
      }
    },
    (…略…)
  },
  response_urls: []
}
```

stateのvaluesプロパティには、モーダルを生成する時に指定したblock_idをkeyとしたオブジェクトが入っています。リスト9.7のようなイメージです。

▼リスト9.7：JSON

```
state: {
  values: {
    [block_id]: {
      [action_id]: { type: '...', }
    }
  }
}
```

入力のタイプに応じてオブジェクトの内容は変わります。例えばplain_text_input（リマインドテキストの入力をしている箇所）の内容を取得したい場合は、body.view.state.values.{{block_id}}.{{action_id}}.valueにアクセスします。

reminders.addはUser Tokenにしか対応していません。Boltに渡すトークンはBot Tokenなので、次に示すリスト9.8のサンプルではaxiosを利用してUser Tokenのリクエストを送っています。

- reminders.add
  URL https://api.slack.com/methods/reminders.add

▼リスト9.8：remind-sample/app.js

```
const { App } = require('@slack/bolt');
const qs = require('querystring');
const axios = require('axios');
(…略…)
app.view('remind_action_callback_xxx', async ({ ack, body, client }) => {
  await ack();

  const text = body.view.state.values.message_xxx.message_action_id_⏎
xxx.value;
  const time =
    body.view.state.values.target_xxx.target_action_id_xxx.selected_⏎
option.value;
  const user = body.user.id;

  const { data } = await axios.post(
    'https://slack.com/api/reminders.add',
    qs.stringify({
      token: process.env.SLACK_TOKEN,
      text: text,
      time: time,
      user: user
    })
  );

  if (!data.ok) {
    await client.chat.postMessage({
      channel: body.user.id,
      text: data.error
    });
    return
  }

  const set = new Date(data.reminder.time * 1000);
```

03 リマインドを送る

```
  const sendText = `${set}にremindをセットしました。\n"${data.reminder.⏎
text}"`;

  await client.chat.postMessage({
    channel: data.reminder.user,
    text: sendText
  })
});
(…略…)
```

これでDialogからモーダルをセットすることができるようになりました。

起動中のWebアプリを終了し、再度Webアプリを起動する

ターミナルでapp.jsを［Ctrl］+［C］キーで終了して、以下のコマンドを実行して再度Webアプリを起動します。ここから起動コマンドには、SLACK_TOKENが加わります。SLACK_TOKENにはOAuth Access Tokenを指定します。

ターミナル

```
% SLACK_BOT_TOKEN=xoxb-xxxxxxxxxxxx-xxxxxxxxxxxxx-xxxxxxxxxxxxxxx⏎
xxxxxxxxxx SLACK_SIGNING_SECRET=xxxxxxxxxxxxxxxxxxxxxxxxxxxxxxxx ⏎
SLACK_TOKEN=xoxp-xxxxxxxxxxxx-xxxxxxxxxxxxx-xxxxxxxxxxxxx-xxxxx⏎
xxxxxxxxxxxxxxxxxxxxxxxxxxx node app.js
Bolt app is running!
```

動作を確認する

リマインドが設定されると（図9.9❶❷❸）「……にremindをセットしました。」というメッセージがチャンネルに投稿されます❹。指定時間にSlackbotからリマンダーが送信されれば成功です❺。

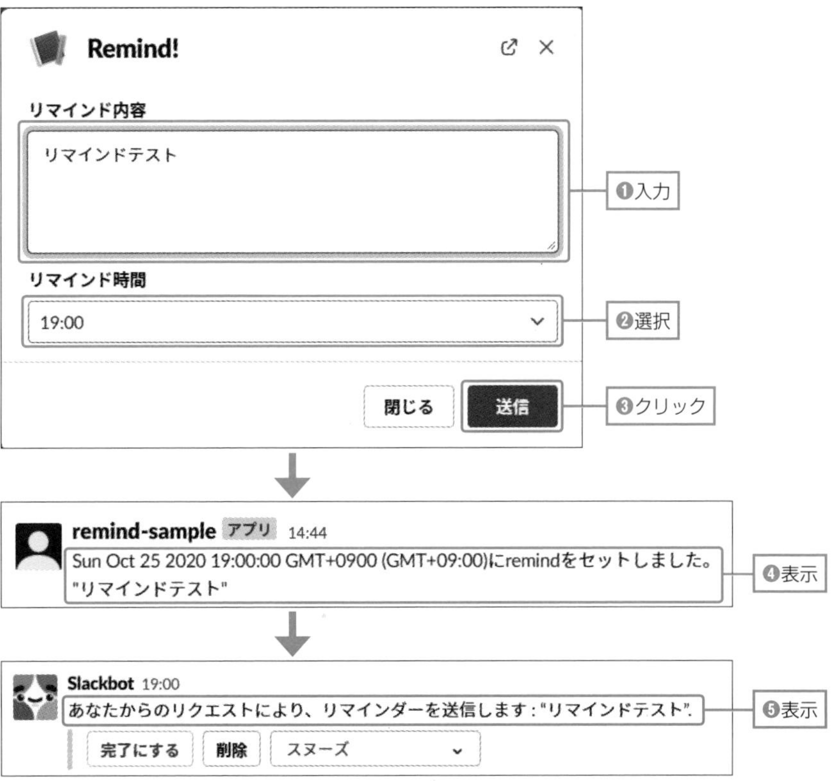
Remind!
リマインド内容
リマインドテスト
❶入力
リマインド時間
19:00
❷選択
閉じる
送信
❸クリック
remind-sample アプリ 14:44
Sun Oct 25 2020 19:00:00 GMT+0900 (GMT+09:00)にremindをセットしました。
"リマインドテスト"
❹表示
Slackbot 19:00
あなたからのリクエストにより、リマインダーを送信します："リマインドテスト".
完了にする
削除
スヌーズ
❺表示

▲図9.9：リマインドの例

S04 Datepickerを追加する

Datepickerで日付を選択しやすくしてみます。

Datepickerの要素を加える

モーダルにはいろいろな要素が追加できます。例えば本章で解説しているリマインダーアプリであればリマインドの日付を指定するためのDatepickerなどの要素も欲しくなると思います。リスト9.9では日付を指定するためのDatepickerの要素を加えています。

▼リスト9.9：remind-sample/app.js

```
(…略…)
  const view = {
  (…略…)
    blocks: [
      (…略…)
      {
        type: 'input',
        block_id: 'datepicker_xxx',
        element: {
          type: 'datepicker',
          action_id: 'datepicker_action_id_xxx',
          initial_date: '2020-04-28',
          placeholder: {
            type: 'plain_text',
            text: 'Select a date',
            emoji: true
          }
        },
        label: {
          type: 'plain_text',
          text: 'リマインド日',
          emoji: true
        }
      },
(…略…)
```

起動中のWebアプリを終了し、再度Webアプリを起動する

ターミナルでapp.jsを［Ctrl］+［C］キーで終了して、以下のコマンドを実行して再度Webアプリを起動します。

ターミナル

```
% SLACK_BOT_TOKEN=xoxb-xxxxxxxxxxxx-xxxxxxxxxxxxx-xxxxxxxxxxxxxxxx↵
xxxxxxxxxx SLACK_SIGNING_SECRET=xxxxxxxxxxxxxxxxxxxxxxxxxxxxxxxx ↵
SLACK_TOKEN=xoxp-xxxxxxxxxxxx-xxxxxxxxxxxxx-xxxxxxxxxxxxx-xxxxx↵
xxxxxxxxxxxxxxxxxxxxxxxxxxx node app.js
Bolt app is running!
```

動作を確認する

Slackの画面からメニューを選択してみると、図9.10のようにDatepickerが加わったことがわかります。

▲図9.10：リマインドの日付を指定するためのDatepicker

こちらも今までの要素と同様にblock_idで指定した値に応じてstateプロパティでユーザの入力を受け取ることができます。

'YYYY-MM-DD'の形式で値が格納されているので、サーバ側で文字列をパースして利用します（リスト9.10）。

▼リスト9.10：JSON

```
  (…略…)
  state: {
    values: {
      message_xxx: { … },
      datepicker_xxx: {
        datepicker_action_id_xxx: { type: 'datepicker', selected_date: ⏎
'2020-06-17' }
      },
      target_xxx: { … }
    }
  },
  (…略…)
```

Unixタイムスタンプ形式で送れるようにする

reminders.addはUnixタイムスタンプ形式を受け付けられるので、Dateオブジェクトのインスタンスから変換して送るように修正をします（リスト9.11）。

▼リスト9.11：remind-sample/app.js

```
(…略…)
app.view('remind_action_callback_xxx', async ({ ack, body, client }) => {
  await ack();
  const text = body.view.state.values.message_xxx.message_action_id_⏎
xxx.value;
  const { hour, minute } = /(?<hour>[0-9]{2})\:(?<minute>[0-9]{2})/⏎
.exec(
    body.view.state.values.target_xxx.target_action_id_xxx.selected_⏎
option.value
  ).groups
  const date = new Date(
```

```
    body.view.state.values.datepicker_xxx.datepicker_action_id_xxx.⏎
selected_date
  )
  date.setHours(hour)
  date.setMinutes(minute)
  const user = body.user.id;

  const { data } = await axios.post(
    'https://slack.com/api/reminders.add',
    qs.stringify({
      token: process.env.SLACK_TOKEN,
      text: text,
      time: Math.floor(date.getTime() / 1000),
      user: user
    })
  );
(…略…)
```

これで日付を自由に選択できるようになりました。

起動中のWebアプリを終了し、再度Webアプリを起動する

ターミナルでapp.jsを［Ctrl］＋［C］キーで終了して、以下のコマンドを実行して再度Webアプリを起動します。

ターミナル

```
% SLACK_BOT_TOKEN=xoxb-xxxxxxxxxxxx-xxxxxxxxxxxxx-xxxxxxxxxxxxxxx⏎
xxxxxxxxxx SLACK_SIGNING_SECRET=xxxxxxxxxxxxxxxxxxxxxxxxxxxxxxxx ⏎
SLACK_TOKEN=xoxp-xxxxxxxxxxxxx-xxxxxxxxxxxxx-xxxxxxxxxxxxx-xxxxx⏎
xxxxxxxxxxxxxxxxxxxxxxxxxxxx node app.js
Bolt app is running!
```

動作を確認する

時間だけでなく日付を選べるようになりました。日付も選択して該当の日付にリマインドが送信されるかを確認しましょう（図9.11❶〜❼)。

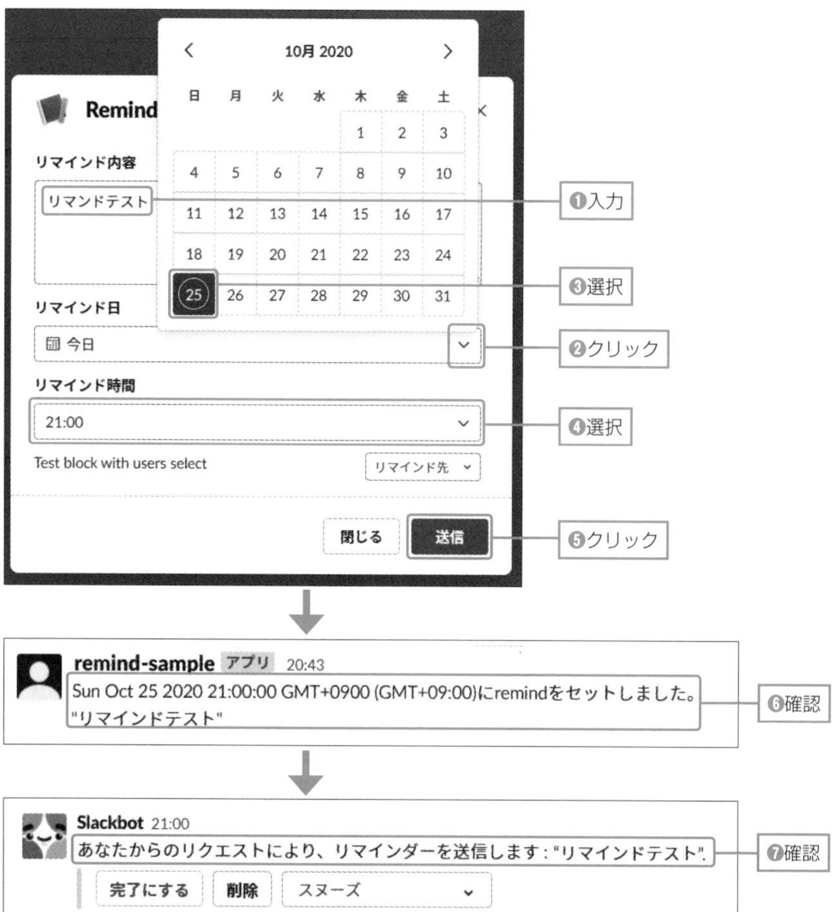

▲図9.11：リマインドの例

05 ユーザを選択して送れるようにする

モーダルにリマインドを送信するユーザを選択するUIを追加します。

リマインドを送るユーザを選択できるUIを追加する

最後にリマインドを送る相手を自分だけでなく、他のユーザを選べるようにします。

Slackのモーダルの要素にはusers_selectというユーザ選択用の要素が用意されています。次のサンプルのようにblocksの最後に追加してみます（リスト9.12）。

▼リスト9.12：remind-sample/app.js

```
const view = {
  (…略…)
  blocks: [
    (…略…)
    },
    {
      type: 'section',
      block_id: 'users_xxx',
      text: {
        type: 'mrkdwn',
        text: 'Test block with users select'
      },
      accessory: {
        action_id: 'users_action_id_xxx',
        type: 'users_select',
        placeholder: {
          type: 'plain_text',
```

```
          text: 'リマインド先',
          emoji: true
        }
      }
    }
  (…略…)
```


起動中のWebアプリを終了し、再度Webアプリを起動する

ターミナルでapp.jsを［Ctrl］+［C］キーで終了して、以下のコマンドを実行して再度Webアプリを起動します。

ターミナル

```
% SLACK_BOT_TOKEN=xoxb-xxxxxxxxxxxx-xxxxxxxxxxxxx-xxxxxxxxxxxxxxx⏎
xxxxxxxxxx SLACK_SIGNING_SECRET=xxxxxxxxxxxxxxxxxxxxxxxxxxxxxxxx ⏎
SLACK_TOKEN=xoxp-xxxxxxxxxxxxx-xxxxxxxxxxxxx-xxxxxxxxxxxxx-xxxxx⏎
xxxxxxxxxxxxxxxxxxxxxxxxxxx node app.js
Bolt app is running!
```

動作を確認する

Slackの画面からメニューを選択してみると、図9.12のようにモーダルの最後にユーザを選択する要素が表示されたことが確認できます。

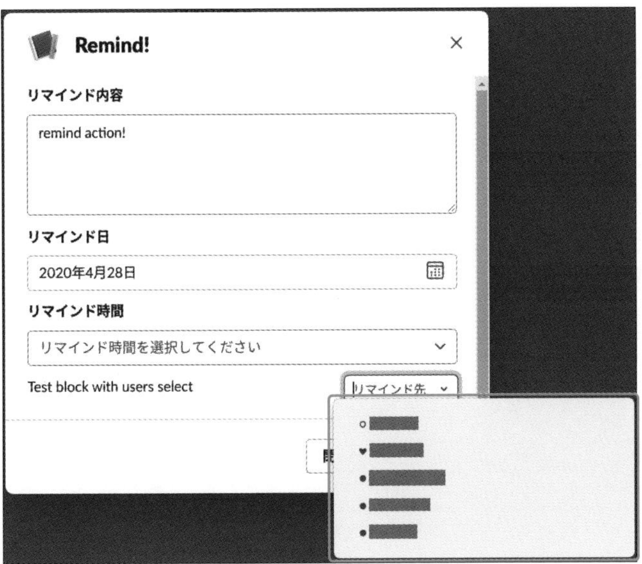

▲図9.12：ユーザを選択する要素が表示

ユーザを選択する要素の結果を受け取る処理を加える

この要素は他の要素とは少し違い、stateプロパティで結果を受け取ることができません。それではどのように入力データを受け取るかというと、ユーザ入力を行うたびに流れてくるイベントを拾うことで取得できます（リスト9.13）。

▼リスト9.13：remind-sample/app.js

```
(…略…)
const selectedUser = {};

app.action(
  { action_id: 'users_action_id_xxx', block_id: 'users_xxx' },
  async ({ body, ack }) => {
    selectedUser[body.view.hash] = body.actions[0]
    ack();
  }
);
(…略…)
```

app.actionで様々なアクションをハンドリングできます。先程設定したblock_idとaction_idを指定し一時的に変数に保存します。

この時body.view.hashの中に、ユーザがモーダルを開くたびに発行される一意なIDが入っています。ユーザがモーダルを閉じたり、別のユーザのデータが紛れ込まないように、この値をkeyにしてデータを保持するとよいです（リスト9.14）。

送信イベントのハンドラ内でこの変数からユーザを取り出すように変更することで、リマインドを送るユーザを選択することができるようになります。

▼リスト9.14：remind-sample/app.js

```
(…略…)
app.view('remind_action_callback_xxx', async ({ ack, body, client }) => {
  (…略…)
  const user = selectedUser[body.view.hash].selected_user;
  delete selectedUser[body.view.hash]
  (…略…)
    })
  );
(…略…)
});
(…略…)
```

起動中のWebアプリを終了し、再度Webアプリを起動する

ターミナルでapp.jsを［Ctrl］+［C］キーで終了して、以下のコマンドを実行して再度Webアプリを起動します。

ターミナル

```
% SLACK_BOT_TOKEN=xoxb-xxxxxxxxxxxx-xxxxxxxxxxxxx-xxxxxxxxxxxxxxx↵
xxxxxxxxxx SLACK_SIGNING_SECRET=xxxxxxxxxxxxxxxxxxxxxxxxxxxxxxxx ↵
SLACK_TOKEN=xoxp-xxxxxxxxxxxxx-xxxxxxxxxxxxx-xxxxxxxxxxxxxx-xxxxx↵
xxxxxxxxxxxxxxxxxxxxxxxxxxx node app.js
Bolt app is running!
```

動作を確認する

ユーザを選択できるようになりました（図9.13❶〜❽）。別のアカウントで試せる場合には自分以外のユーザにリマインドを送信できるか確認してみましょう。

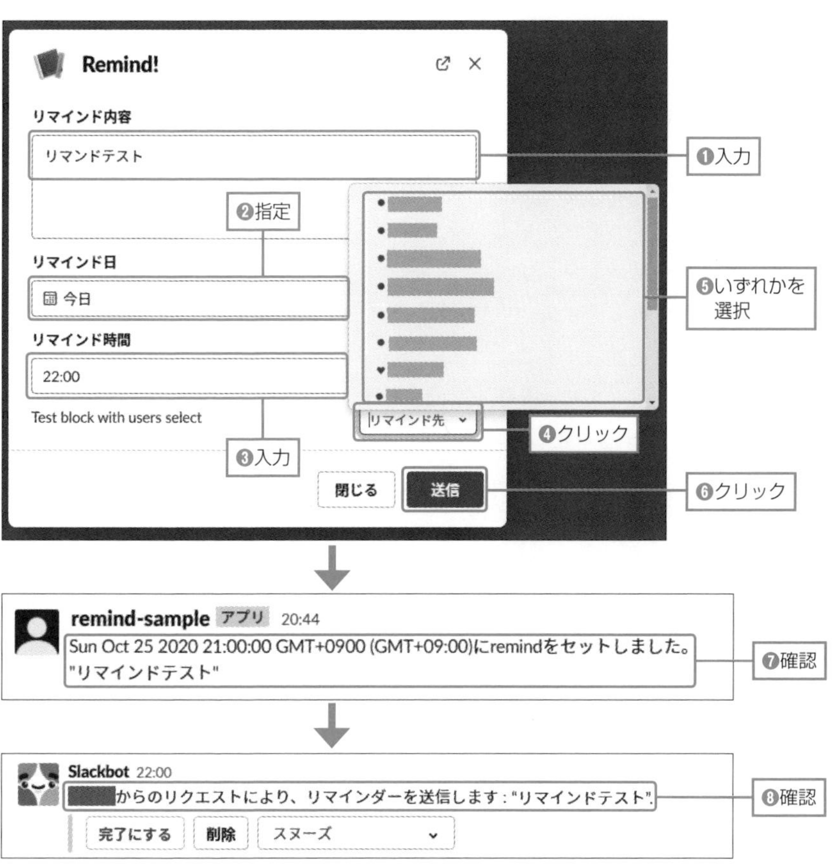

▲図9.13：リマインドの例

06 まとめ

本章で学んだことをまとめます。

- リマインダーをAPIから設定（本章01節）
- ショートカットの追加（本章01節）
- モーダルの利用（本章02節）
- リマインドを送る（本章03節）
- Datepickerの追加（本章04節）
- リマインドを送るユーザを選択できるUIの追加（本章05節）

Chapter10

複数のワークスペースで動作するSlackアプリを作ろう

ここまでは1つのワークスペースで動くSlackアプリの作成について説明してきました。1つのワークスペースで動くSlackアプリであれば、手動でインストールしたトークンを利用するだけで素早く開発がはじめられます。
しかしSlackのAppストアに公開したり、Enterprise Gridなどを契約している時など、複数のワークスペースで動かすためにはそれぞれのワークスペース用のトークンを取得しなければなりません。毎回ワークスペースの管理者にインストールをしてもらい、トークンを教えてもらうのではあまりにも大変です。
Slackアプリにはそれに対応するためにOAuthでトークンを取得する方法があります。
この章ではOAuthでワークスペースごとのトークンを取得し、複数のワークスペースで動くSlackアプリを作っていきます。

S01 OAuthを利用するメリット

Slackにおける OAuth の利用について説明します。

Slackアプリでは OAuth 2.0 を利用してトークンを取得できます。

- Using OAuth 2.0
  URL https://api.slack.com/docs/oauth

OAuthを利用することで、Slackのユーザは Slackアプリにパスワードを引き渡さず自分の情報やワークスペースの情報にアクセスさせることができるようになります。

Slackアプリ側で必要なスコープの設定をした後、ユーザに「インストール」ボタンを押してもらうと Slackアプリが要求する権限がユーザに表示されます(例えば「パブリックチャンネルへの投稿が可能」や「ダイレクトメッセージの内容を読む」など)。

インストールするユーザが安心できるようにむやみに強い権限を付けず、Slackアプリに必要な最小限のスコープを設定します。

S02 OAuthフローを実装する

OAuthは公開された仕様なので開発者自身で実装することも可能です。しかし実装には手間がかかる上、バグが入り込んだ際にクリティカル（致命的）になる可能性も高いため、しっかりとテストされたモジュールの利用をおすすめします。

OAuthを使ったSlackアプリのインストール

早速OAuthを使ってSlackアプリをインストールしてみます。

- Installing with OAuth
  URL https://api.slack.com/authentication/oauth-v2

Slackアプリを作成する

新しいSlackアプリを作成して、Slackアプリ管理画面で表10.1の設定を行います。「OAuth & Permissions」（図10.1❶）→「OAuth Tokens & Redirect URLs」の「Redirect URLs」で「Add New Redirect URL」をクリックして❷、Redirect URLsにhttp://localhostを入力して❸、「Add」をクリックします❹。設定したRedirect URLsを確認したら「Save URLs」をクリックします❺❻。これはOAuth認証が終わった時にリダイレクト先として指定するURLです。Slackアプリを公開した時には用意したサーバのドメインなどを指定しますが、開発中は自分のPCに返ってくればよいのでlocalhostとしておきます。設定が終わったらSlackアプリを1つのワークスペースにインストールします。

- Slackアプリ名の例：oauth-sample

▼表10.1：Slackアプリの設定

Features	設定項目		内容	設定例
OAuth & Permissions	OAuth Tokens & Redirect URLs	Redirect URLs	OAuth認証が終わった時にリダイレクト先として指定するURL	http://localhost
	Scopes	Bot Token Scopes	Slackに書き込みを行うことを許可するスコープ	chat:write

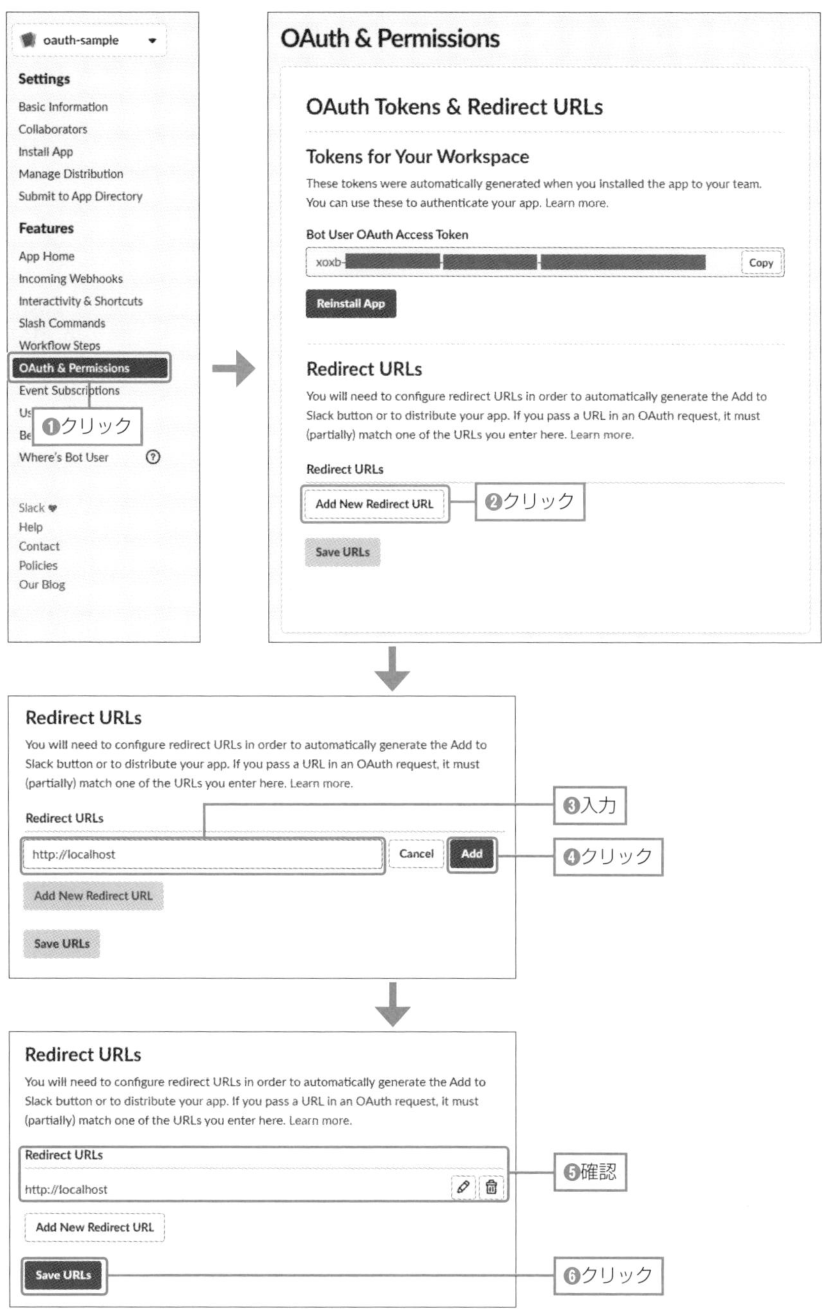

▲図10.1：Slackアプリの設定

OAuth用のURLを作成する

次に示すようなOAuth用のURLを作成します。client_idにはSlackアプリ管理画面の「Basic Information」に載っているClient IDを入力し、scopeにはSlackアプリに設定したいscopeをカンマ（,）区切りで入力します。

また、redirect_uriは「OAuth & Permissions」のRedirect URLsに設定したhttp://localhostを指定します。ここはSlackアプリの設定と揃えなければなりません。

▼[URL] ※1

```
https://slack.com/oauth/v2/authorize?client_id=xxxxx.xxxxxxxx&scope⏎
=chat:write,channels:read&state=statestring&redirect_uri=http://⏎
localhost
```

先程作成したURLにブラウザでアクセスしてみると、図10.2のような画面が表示されます。「許可する」をクリックします。

▲図10.2：「oauthtest is requesting permission to access the testtest Slack workspace」画面

※1　v2が付いていないエンドポイントもありますが、そちらは古いものなのでv2を利用します。インストールする先のワークスペースが合っていることを確認したら「許可する」をクリックします。

するとlocalhostにリダイレクトされるので、ブラウザのURLバーの内容をコピーします。図10.3のようなパラメータが付いているURLにリダイレクトされるはずです※2。

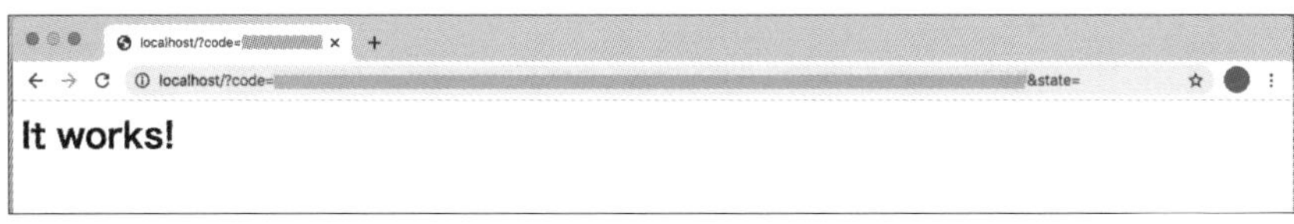

▲図10.3：パラメータが付いているURL

▼[URL]

```
http://localhost/?code=xxxxxxxxxxxxxxxxxxxxx.xxxxxxxxxxxxxxxxxx⏎
xxxxxxx.xxxxxxxxxxxxxxxxxxxxxxxxxxxxxxxxxxxxxxxx&state=
```

次に返ってきたcodeを使って実際にトークンを取得します。chat.postMessageなどの他のAPIとは違い、application/x-www-form-urlencoded形式のメッセージにしか対応していないので、curlする時には注意してください。

ターミナル

```
$ curl "https://slack.com/api/oauth.v2.access" -X POST -H "Content-⏎
Type: application/x-www-form-urlencoded" \
  --data-urlencode "client_id=xxxxx.xxxxx" \
  --data-urlencode "client_secret=xxxxxxxxxxxxxxxxxxxx" \
  --data-urlencode "code=xxxxxxxxxxxxxxxxxxxxx.xxxxxxxxxxxxxxxxxx⏎
xxxxxxxx.xxxxxxxxxxxxxxxxxxxxxxxxxxxxxxxxxxxxxxx"
```

上記のリクエストが成功するとJSON形式でトークンやインストールしたユーザやワークスペース、ワークスペース名等の情報が返ってきます（リスト10.1）。

※2 macOS Catalinaでは初期状態でApachサーバがOFFになっていますので、実行前にApachサーバを起動しておいてください。

▼リスト10.1：トークンやインストールしたユーザやワークスペース、ワークスペース名等の情報（JSON）の例


```
{
  "ok": true,
  "app_id": "AXXXXXXXXX",
  "authed_user": { "id": "UXXXXXXXX" },
  "scope": "chat:write,channels:read",
  "token_type": "bot",
  "access_token": "xoxb-xxxxxxxxxxxx-xxxxxxxxxxxx-xxxxxxxxxxxxxxxx⏎
xxxxxx",
  "bot_user_id": "UXXXXXXXXX",
  "team": { "id": "TXXXXXXXXXXXX", "name": "team-name" },
  "enterprise": null
}
```


このaccess_tokenがインストールされたワークスペースで利用できるトークンです。インストールするワークスペースを変えると違うトークンが返ってきます。このトークンを使って今まで通りにAPIを叩くことができます。

stateパラメータについて

OAuthのドキュメントを詳しく読んでいくとstateというパラメータがあるのに気付くと思います。

- OAuthのドキュメント
  URL https://slack.com/oauth/v2/authorize※3

これはOAuthでCSRF（クロスサイトリクエストフォージェリ）を防ぐためのパラメータです。CSRFとは攻撃者が偽装したリクエストをユーザに送信させることによりトラブルを発生する攻撃です。

ユーザのリクエストからcodeを生成する際に、発行したリクエストがリクエストした本人によって生成されたかをサーバが検証するために利用します。具体的にどうなるか「OAuth用のURLを作成する」で作成したURLの末尾に

※3　このURLは連携時にパラメータを指定しないと叩けないURLのため、直接アクセスしてもエラーになります。

&state=statestringを加えて試してみます。

▼[URL]

```
https://slack.com/oauth/v2/authorize?client_id=xxxxx.xxxxx&scope=↵
chat:write,channels:read&redirect_uri=http://localhost&state=↵
statestring
```


先程と同様にブラウザからアクセスし「許可する」ボタンをクリックしてみると、codeの他に&state=statestringが返ってくるようになったと思います(図10.4)。ここには作成したURLと同じ値が入ります。

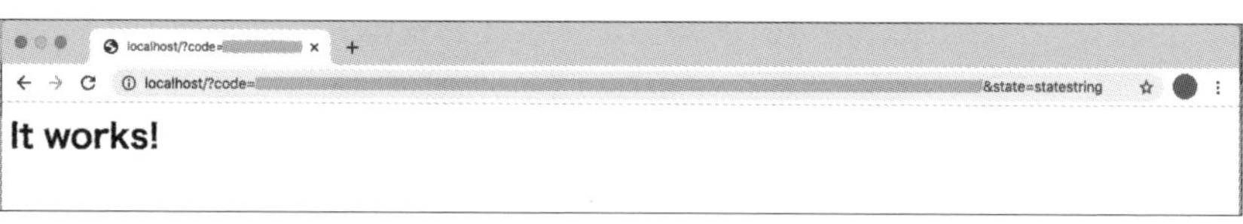

▲図10.4：パラメータが付いているURL

▼[URL]

```
http://localhost/?code=xxxxxxxxxxxxxxxxxxxxx.xxxxxxxxxxxxxxxxxx↵
xxxxxxx.xxxxxxxxxxxxxxxxxxxxxxxxxxxxxxxxxxxxxxx&state=statestring
```

リダイレクト先のURLは公開されている情報なので、ここには誰でもcodeパラメータ付きのリクエストを送ることができます。

例えばこのURLに対してユーザが「認証」ボタンをクリックしたと偽装してcodeを送ることができます。この時、stateの値をサーバ側で検証することで、一致しないリクエストは不正なリクエストだと判断することができます。より詳細な話はOAuthのドキュメント内のCSRF等で調べてみてください。

先の例ではわかりやすくするために固定値の文字列を入れていましたが、実際にサービスとして提供する場合は信頼できるロジックを利用してください。SlackのSDKやBoltにもstateを生成するロジックが組み込まれています。Boltを利用する場合にはこちらの実装を利用しましょう。

- slackapi/node-slack-sdk

  URL https://github.com/slackapi/node-slack-sdk/tree/main/examples/oauth-v2

- Authenticating with OAuth

  URL https://slack.dev/bolt-js/concepts#authenticating-oauth

コラム

外部サイトでSlackアプリをSlackにインストールするボタンについて

Slackアプリを設定したことがある方であれば、外部サイトでSlackアプリをSlackにインストールするボタンを見かけたことがあるかもしれません。これは内部的には先程行ったOAuthのURLに対してリクエストを行うボタンです。SlackアプリをApp Directoryへ公開する設定を行うと、この実装を簡略化してくれるボタンをSlackアプリ設定画面からコピーすることができるようになります。

03 Slackアプリ管理画面を設定する

次はSlackアプリを公開する準備をしていきます。

配布設定を有効にする

Slackアプリを任意のワークスペースに配布するためにはいくつかの設定が必要です。1つずつ確認していきます。

OAuth Redirects URLを指定する

前節で作成したoauth-sampleのSlackアプリ管理画面を開き「Manage Distribution」をクリックして（図10.5❶）「Add OAuth Redirect URLs」にチェックが入っているかを確認します❷。

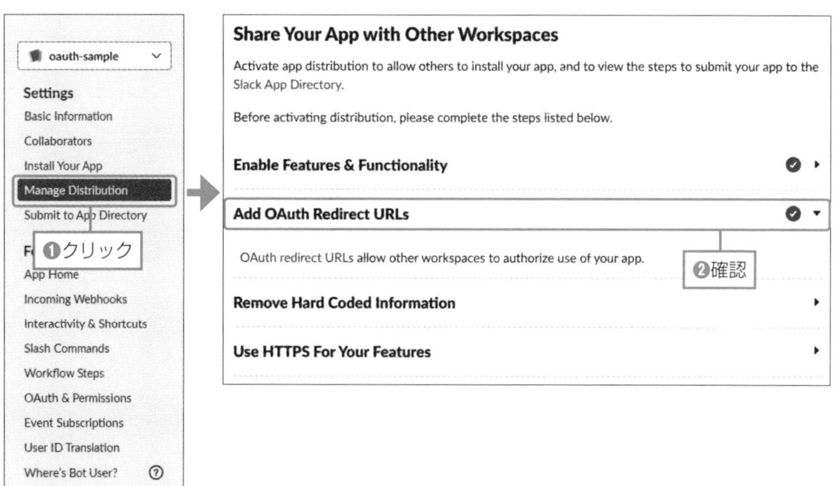

▲図10.5：「Add OAuth Redirect URLs」にチェックが入っているかを確認

これは、図10.1で設定した「OAuth & Permissions」の「Redirect URLs」に、1つ以上のリダイレクトURLが設定されていないとチェックが入りません。

図10.1ではlocalhostを指定しましたが、公開する前に実際に公開し運用するサーバのドメインを指定することを忘れないようにしてください。

Webhook URLやトークンなどハードコードしていないか確認する

Slackアプリを公開する前にコード中にWebhook URLや取得したトークンなどがハードコードされていないかを確認します。これらの値はワークスペースごとに変化するものなのでハードコードしてしまうと、インストールしたものの他のワークスペースで動かないという事態を招いてしまいます。

httpsのURLを使う

これまでlocalhostのURLなどを指定した時には単純化のためにhttpのプロトコルを利用していましたが、Slackアプリを公開し実運用を行うフェーズではhttpsを利用します。

また、Slackは利用するエンドポイントにTLS version1.2以上を要求します。アプリのセキュリティを強化するためにも対応を忘れないようにします。

コラム

App Directory掲載申請

配布設定を有効にした上でApp Directory掲載申請を出し承認されると、全世界にSlackアプリを公開することができます。便利なSlackアプリができあがったらぜひApp Directoryへ公開してみてください。

S04 複数のワークスペースでトークンを使い分ける

複数のワークスペースでトークンを使い分ける方法を解説します。

BoltのAuthorize

複数のワークスペースに対応するには、それぞれのワークスペースに対応したトークンが必要になります。

ワークスペースごとにトークンを使い分ける処理を記述するのは大変です。ですのでBoltのAuthorizeという関数を利用します（リスト10.2）。

▼リスト10.2：BoltのAuthorizeの例※4（サンプルなし）

```
const { App } = require('@slack/bolt')
// 本来はDataStoreだが簡易なサンプルとしてインメモリに保持する
const database = {
  TEAMID: {
    botToken: BOT_TOKEN
  }
}
const authorizeFn = async ({ teamId, enterpriseId }) => {
  console.log('team:', teamId, enterpriseId)
  // enterpriseId も一致するものを探したほうがよいです。（enterpriseではない⏎
ワークスペースでは enterpriseId は undefined になります）
  if (database[teamId]) {
    const team = database[teamId]
    return {
      botToken: team.botToken ? team.botToken : null,
```

※4 Authorize はSlackからリクエストを受け付けるごとに毎回呼び出されるので、トークン取得のたびにサーバの再起動等は必要ありません。

```
      botId: team.botId ? team.botId : null,
      botUserId: team.botUserId ? team.botUserId : null
    }
  }
  throw new Error('No matching authorizations')
}
const app = new App({
  authorize: authorizeFn,
  signingSecret: process.env.SLACK_SIGNING_SECRET
})
app.event('message', async ({ event }) => {
  console.log(event)
})
const main = async () => {
  await app.start(process.env.PORT)
  console.log('Bolt app is running!', process.env.PORT)
}
main().catch((e) => {
  console.error(e)
})
```

Boltにはv2からOAuthのフロー（stateの検証など）を簡略化してくれる実装が組み込まれています。

- Slack OAuth
  URL https://slack.dev/node-slack-sdk/oauth

この機能を使ってワークスペースごとに利用するトークンを取得する処理を記述してみます。

サンプルコードを設置する

mkdirコマンドでプロジェクトルートのディレクトリ（「oauth-sample」）を任意の場所に作成後、cdコマンドで移動し、npmコマンドでBoltをインストールします。

コマンド

```
% mkdir oauth-sample && cd oauth-sample
% npm init -y
% npm i @slack/bolt
```

インストールが完了したらリスト10.3のapp.jsを配置します。
ディレクトリ構成は図10.6のようになります。

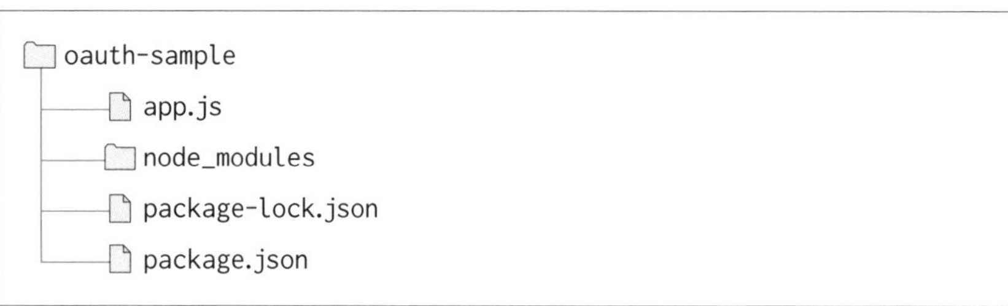

▲図10.6：ディレクトリ構成

▼リスト10.3：oauth-sample/app.js

```
const { App } = require('@slack/bolt')

// 本来はDataStoreだが簡易なサンプルとしてインメモリに保持する
const database = {}

const app = new App({
  signingSecret: process.env.SLACK_SIGNING_SECRET,
  clientId: process.env.SLACK_CLIENT_ID,
  clientSecret: process.env.SLACK_CLIENT_SECRET,
  stateSecret: 'my-state-secret',
  scopes: [
    'channels:read',
    'groups:read',
    'chat:write',
    'channels:history',
    'groups:history'
  ],
```

インストール時に要求するスコープを設定

```
  installationStore: {
    storeInstallation: async (installation) => {
      database[installation.team.id] = installation
      console.dir(database, { depth: 5 })
      return
    },
    fetchInstallation: async (InstallQuery) => {
      return database[InstallQuery.teamId]
    }
  }
})

app.event('message', async ({ event }) => {
  console.log(event)
})

const main = async () => {
  await app.start(process.env.PORT)
  console.log('Bolt app is running!', process.env.PORT)
}

main().catch((e) => {
  console.error(e)
})
```

トークンの保存や取得処理

OAuthの実装に必要なコードはこれだけです。scopesでインストール時に要求するスコープを設定し、installationStoreでトークンの保存や取得処理を行います。

本番で運用する際にはstateSecretも環境変数から与えて実コードにはコミットしないようにしたほうがよいです。

Webアプリを起動する

ターミナルでSLACK_SIGNING_SECRETとSLACK_CLIENT_ID、SLACK_CLIENT_SECRETを指定したWebアプリの起動コマンドを実行します。

ターミナル

```
% SLACK_SIGNING_SECRET=xxxxxxxxxxxxxxxxxxxxxxxxxxxxxxxx ⏎
SLACK_CLIENT_ID=xxxxxxxxxxxxx.xxxxxxxxxxxxx SLACK_CLIENT_SECRET=⏎
xxxxxxxxxxxxxxxxxxxxxxxxxxxxxxxx PORT=3000 node app.js
Bolt app is running! 3000
```

ngrokの起動

別のターミナルでngrokを起動して、Forwardingに記載されているURLを確認します。

ターミナル

```
$ ./ngrok http 3000

(…略…)
Forwarding        http://xxxxxxxxxxxx.ngrok.io -> http://localhost:3000
Forwarding        https://xxxxxxxxxxxx.ngrok.io -> http://localhost:3000
```

Slackアプリを設定する

Slackアプリ管理画面の「OAuth & Permissions」→「OAuth Tokens & Redirect URLs」→「Redirect URLs」で、Forwardingで表示されたURLに/slack/oauth_redirectを付けたURLを設定します。設定したら「Save URLs」をクリックします。

▼[URL]

```
https://xxxxxxxxxxxx.ngrok.io/slack/oauth_redirect
```

Boltでは/slack/oauth_redirectがOAuthのデフォルトURLとして設定されています。また、同様にインストール用リンクも/slack/installがデフォルトURLとして設定されているので、このURLにアクセスして実際にインストールします。

▼[URL]

```
https://xxxxxxxxxxxx.ngrok.io/slack/install
```

アクセスすると「Add to Slack」ボタンが表示されていると思うので、それをクリックして（図10.7❶）今までのSlackアプリのインストールと同様に、インストールしたいワークスペースを選択してインストールを完了します❷。すると「Success! Redirecting to the Slack App..」のメッセージが表示されます❸。

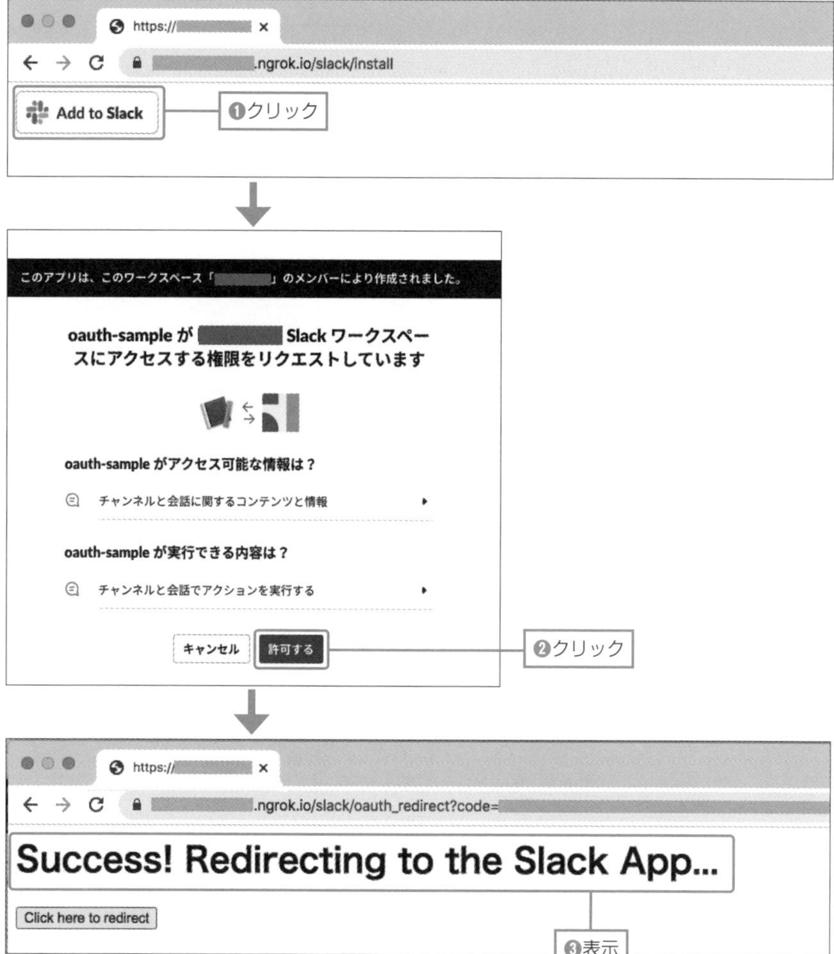

▲図10.7：ワークスペースへのインストール

正常にインストールが完了するとstoreInstallationで設定した関数が呼び出されます。引数（installation）に渡されるオブジェクトにはトークン（token）や付与されたスコープ（scopes）などの情報がターミナル上に返ってきます（リスト10.4）。

▼リスト10.4：JSON

```
  "TXXXXXXXXX": {
    "team": { "id": "TXXXXXXXXXX", "name": "workspacename" },
    "appId": "AXXXXXXXXX",
    "user": {
      "token": "xoxb-xxxxxxxxxxxx-xxxxxxxxxxxx-xxxxxxxxxxxxxxxxxxxxxx",
      "scopes": ["chat:write"],
      "id": "UXXXXXXXXX"
    },
    "bot": {
      "scopes": [
        "chat:write",
        "app_mentions:read",
        "channels:history",
        "channels:read",
        "groups:read"
      ],
      "token": "xoxb-xxxxxxxxxxxx-xxxxxxxxxxxx-xxxxxxxxxxxxxxxxxxxxxx",
      "userId": "UXXXXXXXXX",
      "id": "BXXXXXXXXXX"
    },
    "tokenType": "bot"
  }
}
```

サンプルコード中では変数に直接代入していますが、本番で運用する際にはデータストアなどを利用して永続化の処理をしてください。

05 まとめ

本章で学んだことをまとめます。

- OAuth 2.0（本章01節）
- OAuthを使ったインストール（本章02節）
- 配布設定の有効化（本章03節）
- OAuth用のURLの追加（本章03節）
- 複数のワークスペースでトークンを使い分ける（本章04節）
- Authorize（本章04節）
- Slack OAuth（本章04節）

Chapter11

デプロイ・運用について

Slackアプリを稼働させるためには常にリクエストを受けるサーバが必要です。物理サーバを用意したり、VPSなどを用意してデプロイしてもよいのですが、本章ではPaaS（Heroku）やクラウドサービス（AWS、Cloud Run）を利用してデプロイする方法を紹介します。

ここで紹介する各サービスは、ハードウェアや仮想マシンの管理が必要ないので、Slackアプリのようなアプリを省コストで運用するのに向いています。

S01 Herokuを利用する

まずはHerokuでSlack Botを運用する方法を解説します。

Herokuとは

Herokuとは様々なプログラミング言語に対応したシンプルなPaaS（Platform as a Service）です。無料で利用できる時間やアプリ数も多く気軽にホスティングするにはぴったりのプラットフォームです。

Herokuを利用する

まずはアカウントを登録してからWebアプリをデプロイしてみます。

Herokuをインストールする

HerokuではアプリをデプロイするためにHerokuコマンドを利用します。HerokuをインストールするとHerokuコマンドが利用できます。

Herokuのダウンロードサイトからインストーラをダウンロードしてインストールします（図11.1❶～❿）※1。

メモ Heroku

Herokuのより詳細な内容は以下のサイトを参照してください。

- Getting Started on Heroku with Node.js
  URL https://devcenter.heroku.com/articles/getting-started-with-nodejs#set-up

※1 macOS CatalinaではGate Keeper機能により、インストーラの実行がブロックされます。以下のApple公式サイトの解説ページの「警告メッセージが表示され、Appをインストールできない場合」を参照の上、操作を行ってください。

- 警告メッセージが表示され、Appをインストールできない場合
  URL https://support.apple.com/ja-jp/HT202491

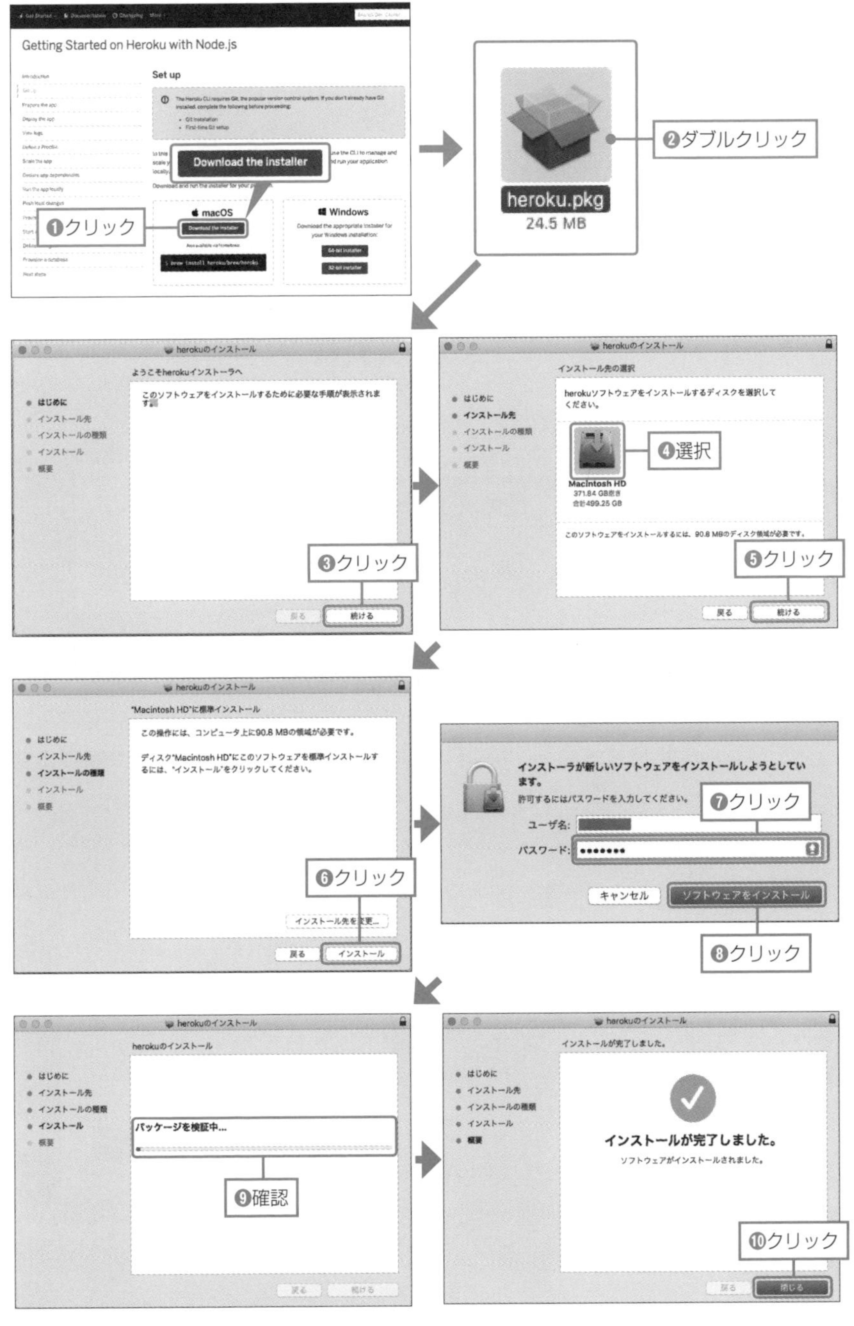

▲図11.1：Herokuのイントール

Herokuのアカウントに登録してログインする

ターミナルで以下のログインコマンドを実行します。

ターミナル

```
% heroku login
heroku: Press any key to open up the browser to login or q to exit:
Opening browser to https://cli-auth.heroku.com/auth/cli/browser/****
```

ブラウザが起動しますので、「Log In」をクリックします（図11.2❶）。「Sign In」をクリックします❷。

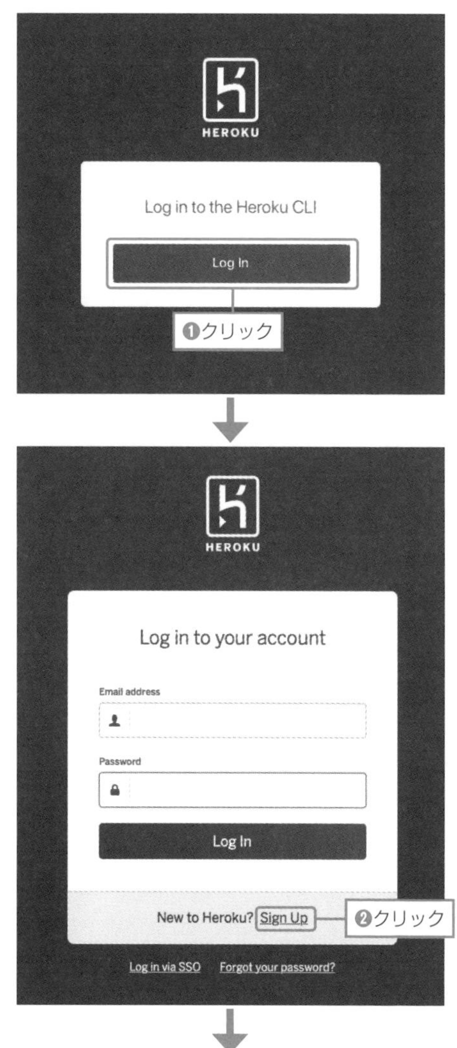

Free accountの登録画面になるので、「First name」❸「Last name」❹「Email address」❺を入力し、「Role」❻と「Country」❼、「Primary development language」❽を選択します。「I'm not a robot」にチェックを入れ❾、「CREATE FREE ACCOUNT」をクリックします❿。

「Almost there ...」の画面になったら⓫、The Heroku Teamからメールが登録したアドレスに届いているので、アクティベート用のリンクをクリックします⓬。

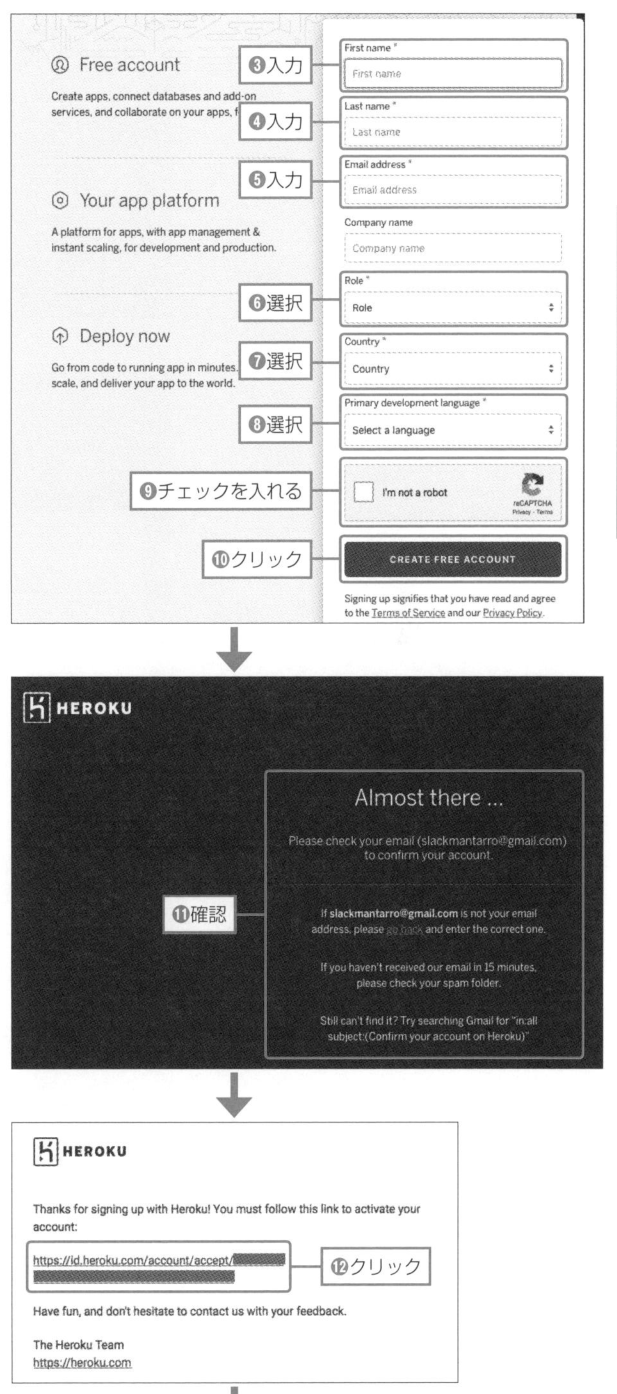

「Welcome to Heroku」の画面になるので、「CLICK HERE TO PROCEED」をクリックします⑬。「Set your password」の画面になるので、「Create a new password」⑭と「password confirmation」⑮にパスワードを入力し、「I would ...」にチェックを入れ⑯、「SET PASSWORD AND LOG IN」をクリックします⑰。「Logged In」の画面になったら⑱、再度ターミナルでログインします。

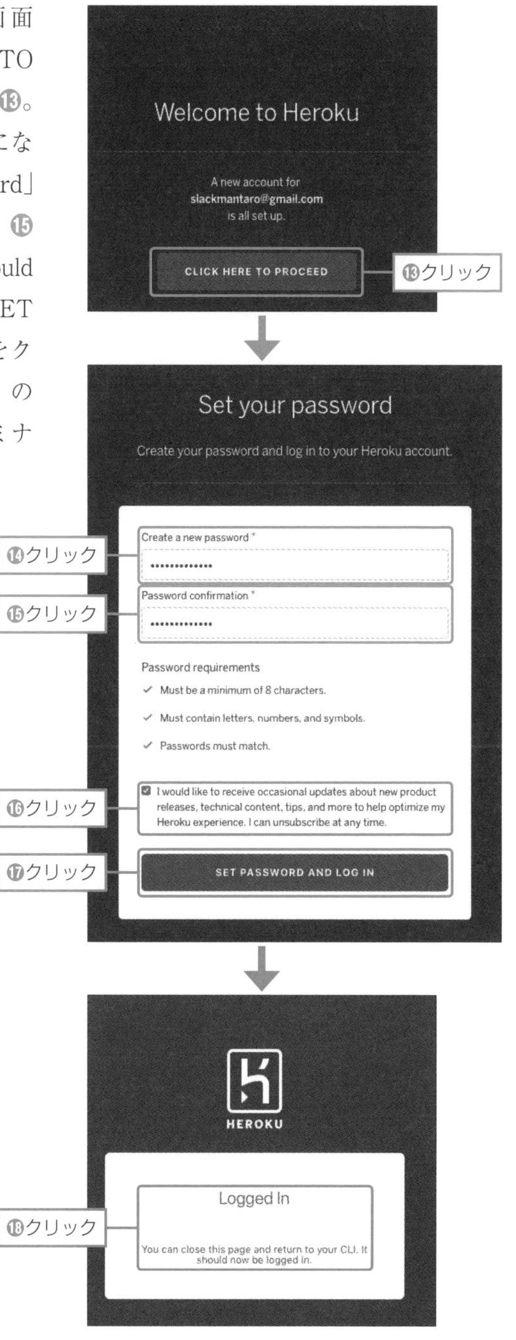

▲図11.2：Herokuのアカウントの登録とログイン

ターミナル

```
% heroku login
heroku: Press any key to open up the browser to login or q to exit:
Opening browser to https://cli-auth.heroku.com/auth/cli/browser/****
Logging in... done
Logged in as xxxxx@xxxxx.com
```


サンプルアプリを作成する

「hello」と表示するだけのサーバでHerokuの動作を確認します。

Herokuではアプリのデプロイにgitを利用します。Gitがインストールされているか以下のコマンドで確認し、バージョンが表示されれば、Gitコマンドが利用できます。

ターミナル

```
% git --version
git version 2.17.2 (Apple Git-113)
```

もしGitコマンドがセットアップされていない場合は、Gitコマンドをインストールしてください。

メモ　Gitコマンドのインストール

Gitコマンドをインストールするには、Command Line Toolsもしくは Xcodeをインストールして行ってください。Gitコマンドがセットアップされていない場合、git --versionのコマンドで、Command Line Toolsのインストールが促されます。また、Xcodを利用する場合は、Xcode 12.0.1をAppStoreからインストールしてください。

ディレクトリを作成する

GitHubのリポジトリを連携する方法もありますが、ここではシンプルにHerokuとローカルのGitのみで扱う方法を解説します。

まずはコードを配置するディレクトリを作成してGitの初期化を行いましょう。

コマンド

```
% mkdir heroku && cd heroku
% npm init -y
% npm i @slack/bolt
% git init
```

次に図11.3にあるWebアプリに必要な各ファイルを作成していきます。

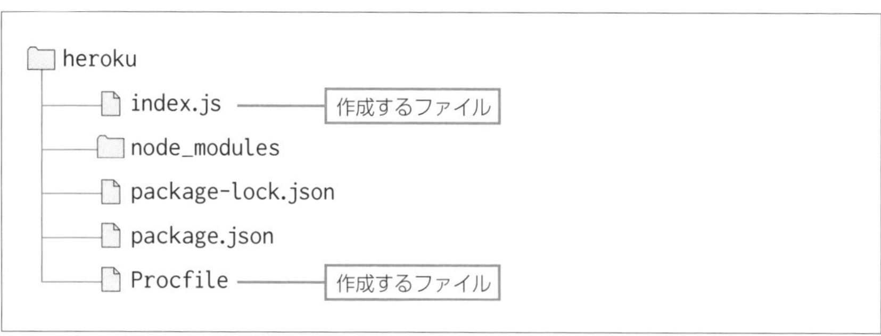

▲図11.3：ディレクトリ構成

Webアプリのコードを作成する

Webアプリのコードは検証のためまずはシンプルにします（リスト11.1）。Herokuでは自動的にポート番号が決定されるので、環境変数で渡されたポートをリッスンします。

▼リスト11.1：heroku/index.js

```
const express = require('express');

const app = express();

app.get('/', (req, res) => {
  res.status(200).send('hello');
});

app.use((err, req, res, next) => {
  console.log(err);
  res.status(500).send('internal error');
});
```

```
app.listen(process.env.PORT, () => console.log('listen...'));
```

Procfileを作成する

Heroku独自に注目するファイルはProcfileです。これはWebアプリの起動用スクリプトのようなものです。ここにサーバを起動するためのコマンドを記述していきます。

- The Procfile
  URL https://devcenter.heroku.com/articles/procfile

Procfileというファイルを作成して、「web」というキーに対して起動コマンドを記述します（リスト11.2）。

▼リスト11.2：Procfile

```
web: node index.js
```

Procfileに記述した起動コマンド（node index.js）でサーバが起動できることを確認します。Listen..が表示されたら［Ctrl］＋［C］キーでコマンドを止めます。

コマンド
```
% node index.js
listen...
```

Gitのmasterブランチにコミットする

次にgitのmasterブランチにコミットするため、以下のコマンドを実行します。

コマンド
```
% git add package.json package-lock.json index.js Procfile
% git commit -m"init"
```

HerokuでWebアプリを作成する

次はデプロイです。HerokuでWebアプリの作成を行います。プロジェクトのルートディレクトリで次のcreateコマンドを実行してください。

ターミナル

```
% heroku create
Creating app... done, ⬢ infinite-badlands-xxxxx
https://infinite-badlands-xxxxx.herokuapp.com/ | https://git.heroku.⏎
com/xxxxxxxx-xxxxxxxx-xxxxx.git
```

createコマンドを実行すると、gitのリモートサーバにHerokuが追加されます。

ターミナル

```
% git remote
heroku
```

このherokuという名前の付いたremoteに対してgit pushコマンドを実行することでWebアプリがデプロイされます。この時プログラミング言語が自動的に判断されNode.jsであればnpm installのコマンドが自動実行されます。

ターミナル

```
% git push heroku master
```

この時点でWebアプリのURLが生成されているのでアクセスしてみましょう。openコマンドを使うと自動的にブラウザを開いてくれます。

ターミナル

```
% heroku open
```

開いたブラウザに「hello」と表示されていれば成功です（図11.4）。

hello

▲図11.4：openコマンドの実行

Boltで作成したWebアプリをデプロイする

ここまできたら後はBoltで作ったWebアプリをホスティングするだけです。Slack上で「hello」と投稿したら「Hi {ユーザID}」と返すだけのシンプルなWebアプリをデプロイします（リスト11.3）。

▼リスト11.3：heroku/index.js

```
const { App } = require('@slack/bolt');

const app = new App({
  token: process.env.SLACK_BOT_TOKEN,
  signingSecret: process.env.SLACK_SIGNING_SECRET
});

app.message('hello', ({ message, say }) => {
  console.log(message);
  say(`Hi ${message.user}`);
});

const main = async () => {
  // Start your app
  await app.start(process.env.PORT);

  console.log('Bolt app is running!');
};

main().catch((e) => {
  console.error(e);
});
```

ここでは自動的に渡されるポート以外にもBoltの起動のためにSLACK_BOT_TOKENとSLACK_SIGNING_SECRETが必要になります。新規でSlackアプリを作成して、取得した値を利用します。

Slackアプリを作成する

新しいSlackアプリを作成して、Slackアプリ管理画面で表11.1の設定を行います。

- Slackアプリ名の例：deploy-sample

▼表11.1：Slackアプリの設定

Features	設定項目		内容	設定例
OAuth & Permissions	OAuth Tokens & Redirect URLs	Bot User OAuth Access Token	xoxb-からはじまるボットユーザのトークン（Bot User Token）	xoxb-xxxxxxxxxxxxx-xxxxxxxxxxxxxx-xxxxxxxxxxxxxxxxxxxxxxxx
	Scopes	Bot Token Scopes	Slackに書き込みを行うことを許可するスコープ	chat:write

Herokuを設定する

Herokuのconfigコマンドを利用して設定します。

ターミナル

```
% heroku config:set SLACK_BOT_TOKEN=xoxb-xxxxxxxxxxxxx-xxxxxxxxxxx⏎
x-xxxxxxxxxxxxxxxxxxxxx SLACK_SIGNING_SECRET=xxxxxxxxxxxxxxxxxxxx⏎
xxxxxxxxxxxx
                        設定の確認
Setting SLACK_BOT_TOKEN and restarting ⬢ xxxxxxx-xxxxxxx-xxxxx... ⏎
done, v5
SLACK_BOT_TOKEN: xoxb-xxxxxxxxxxxxx-xxxxxxxxxxxx-xxxxxxxxxxxxxxx⏎
xxxxx
SLACK_SIGNING_SECRET: xxxxxxxxxxxxxxxxxxxxxxxxxxxxxxxx

% heroku config
                        configの設定
=== xxxxxxx-xxxxxxx-xxxxx Config Vars
SLACK_BOT_TOKEN:      xoxb-xxxxxxxxxxxxx-xxxxxxxxxxxx-xxxxxxxxxxxx⏎
xxxxxxxx
SLACK_SIGNING_SECRET:  xxxxxxxxxxxxxxxxxxxxxxxxxxxxxxxx
```

index.jsのコードをリスト11.3の内容で書き換えて、以下のコマンドで変更したファイルを指定してコミットします。

ターミナル

```
% git add index.js
% git commit -m "First Commit"
```

コミットしたらHerokuにpushします。

ターミナル

```
% git push heroku master
```

Slackアプリの設定を変更する

インスタンスの起動を確認した後、Slackアプリ管理画面から「Event Subscriptions」をクリックして（図11.5❶）、「Enable Events」を「On」にして❷、「Request URL」にHerokuのドメインを含めて「https://xxxxxxx-xxxxxxxx-xxxxx.herokuapp.com/slack/events」と入力します❸。「Subscribe to bot events」には「message.im」を登録します❹。「Save Changes」をクリックします❺。はじめて追加した時には警告画面が出るので「reinstall your app」をクリックして❻、「許可する」をクリックします❼。

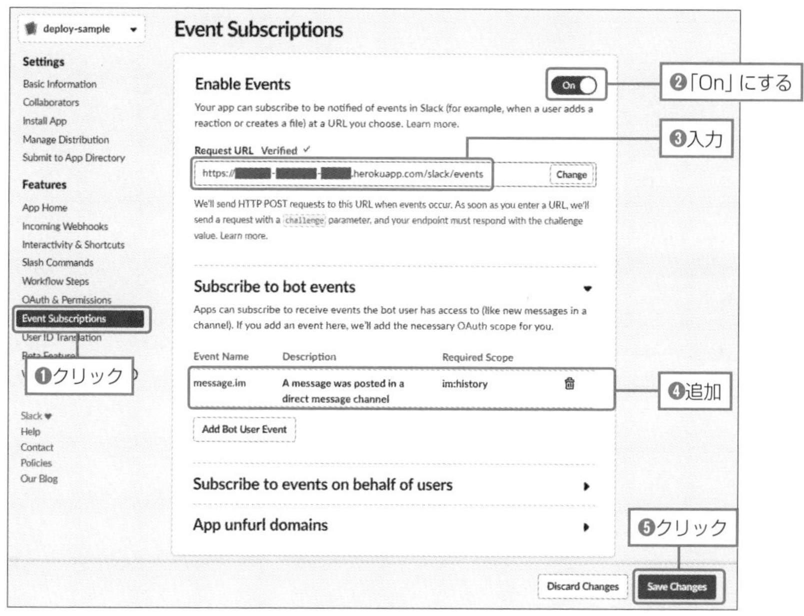

▲図11.5：Event SubscriptionsにHerokuのドメインを設定

動作を確認する

Slackで「hello」と発言し、ボットから「Hi {ユーザID}」と返事が返ってくることを確認したら完了です（図11.6）。

▲図11.6：ボットからの返事

S02 AWSにBotをデプロイする

AWS Lambda（以下Lambda）とAPI Gatewayを利用してBotをデプロイする方法について解説します。

LambdaはAWS上で提供されているFaaS（Function as a Service）です。Botは特定のアクションをトリガーにしてアクションを返すものが多いのでFaaSとは非常に相性がよいです。

サーバレスで実行できるため、料金も常時インスタンスを起動することに比べて安くなることが期待できます。

早速、Lambda上でBotを稼働させてみます。

AWS CLIを利用する

まずはAWSの各機能をコマンドラインから設定できるようにAWS CLIをインストールしてcredentialsの設定をします（UIからの設定も可能ですがここではコマンドを使って説明します）。

AWS CLIを利用するためにはAccess Key IDとSecret Access Keyを発行する必要があります。

メモ AWS Command Line Interfaceについて

AWS Command Line Interface（AWS CLI）についてより詳細な内容は下記の公式ドキュメントを参照してください。

- AWS Command Line Interfaceとは
  URL https://docs.aws.amazon.com/ja_jp/cli/latest/userguide/cli-chap-welcome.html

- AWS CLIのインストール
  URL https://docs.aws.amazon.com/ja_jp/cli/latest/userguide/cli-chap-install.html

- AWS CLIのクイックスタート
  URL https://docs.aws.amazon.com/ja_jp/cli/latest/userguide/cli-configure-quickstart.html

AWSのアカウントを作成する

AWSのIAMコンソール（URL https://console.aws.amazon.com/iam/）にアクセスして、「新しいAWSアカウントの作成」をクリックして（図11.7）、AWSのアカウントを作成します（作成手順は割愛）。

▲図11.7：「新しいAWSアカウントの作成」をクリック

IAMコンソールを開く

AWSマネジメントコンソールにアクセスして（URL https://console.aws.amazon.com/iam/）、「IAMユーザー」を選択し（図11.8❶）、アカウントIDを入力して❷、「次へ」をクリックします❸。パスワード❹を入力して、「サインイン」をクリックして、ログインします❺。検索ボックスで「IAM」と入力して❻、「IAM」を選択して❼、IAMコンソールを開きます（URL https://console.aws.amazon.com/iam/にアクセスして開くこともできます）。

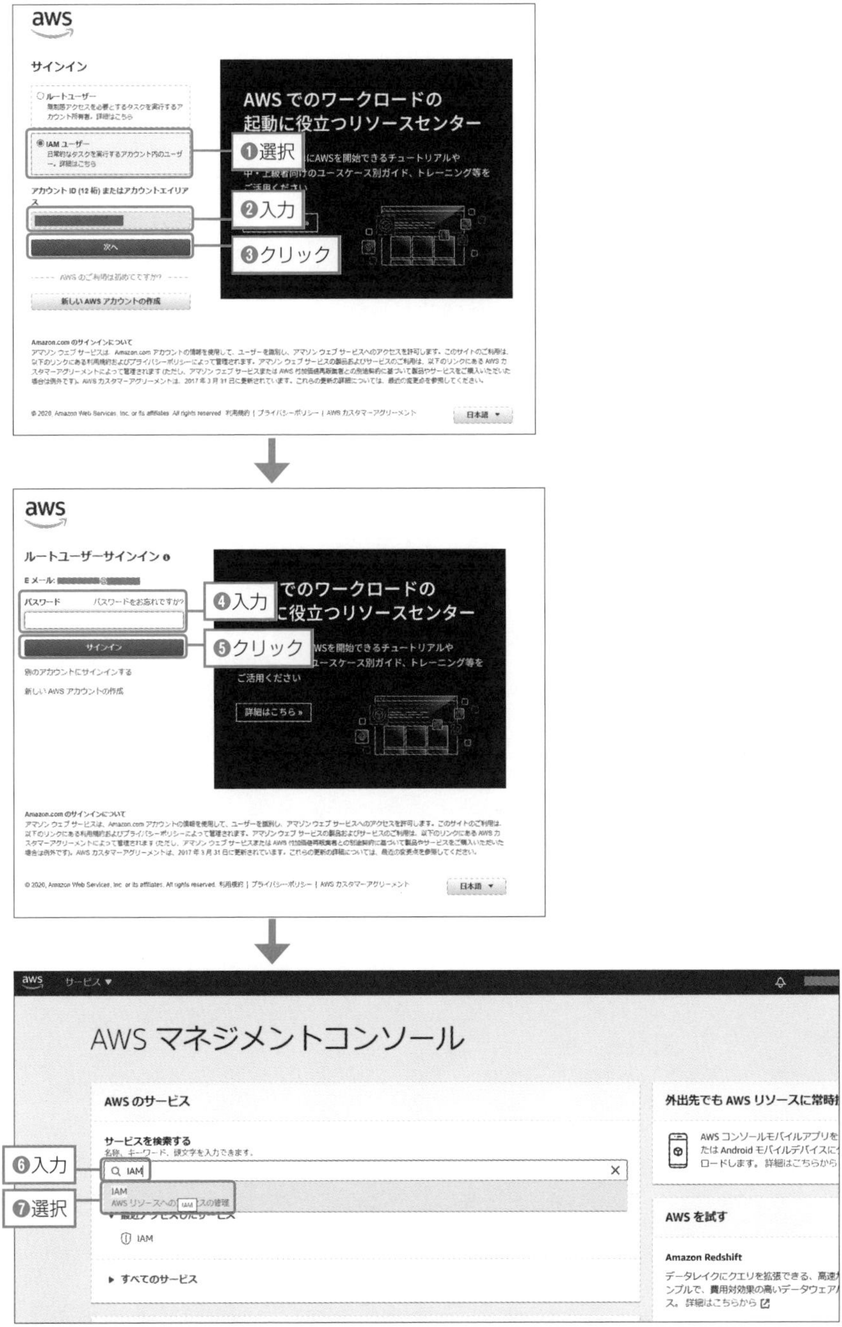

aws

サインイン

ルートユーザー
無制限アクセスを必要とするタスクを実行するアカウント所有者。詳細はこちら

IAM ユーザー
日常的なタスクを実行するアカウント内のユーザー。詳細はこちら

アカウント ID (12 桁) またはアカウントエイリアス

次へ

AWS のご利用は初めてですか?

新しい AWS アカウントの作成

AWS でのワークロードの
起動に役立つリソースセンター

❶選択
❷入力
❸クリック

aws

ルートユーザーサインイン

E メール:

パスワード　パスワードをお忘れですか?

サインイン

別のアカウントにサインインする

新しい AWS アカウントの作成

でのワークロードの
に役立つリソースセンター

ご活用ください

詳細はこちら »

❹入力
❺クリック

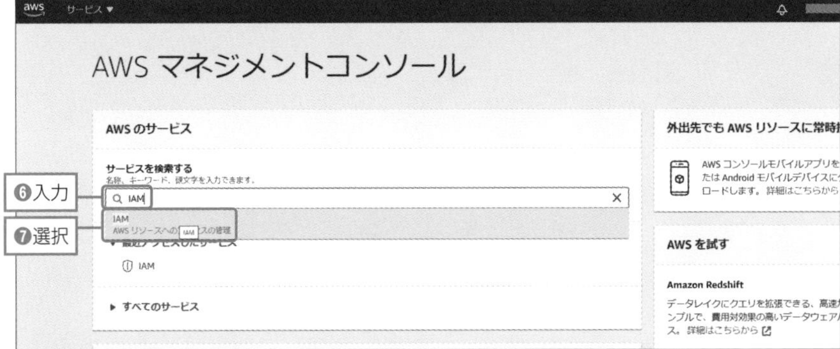

▲図 11.8：ログインして IAM コンソールを開く

ユーザを作成する

左のナビゲーションの「ユーザー」をクリックして（図11.9❶）、「ユーザーを追加」をクリックします❷。

「ユーザーを追加」画面になります「ユーザー名」を入力します❸。「アカウントの種類」で、「プログラムによるアクセス」❹、「AWSマネジメントコンソールへのアクセス」❺にチェックを入れます。「コンソールのパスワード」で「カスタムパスワード」にチェックを入れ❻、パスワードを入力します❼。「パスワードのリセットが必要」で「ユーザーは…」にチェックを入れ❽、「次のステップ：アクセス権限」をクリックします❾。

「ユーザーを追加」（アクセス許可の設定）の画面では「グループの作成」をクリックします❿。「グループの作成」画面で、「ユーザー名」を入力し⓫「AdministratorAccess」を選択します⓬。「グループの作成」をクリックします⓭。グループの作成を確認したら⓮、「次のステップ：タグ」をクリックします⓯。

▶注意 AdministratorAccess

ユーザの作成時に付与する権限をグループや直接指定などの方法で付与します。ここでは個人の環境と仮定してAdministrator Accessを付与します。この権限はとても強い権限ですので、決して漏れないように注意深く管理しましょう。また、会社の環境等で試す場合にはそのユーザが行う必要最小限の権限に絞るように気を付けましょう。

「ユーザーを追加」（タグの追加（オプション））画面では、「次のステップ：確認」をクリックします⓰。

「ユーザーを追加」（確認）画面で、内容を確認したら、「ユーザーの作成」をクリックします⓱。

「ユーザーを追加」（成功）画面になったら作成の成功です。「閉じる」をクリックします⓲。

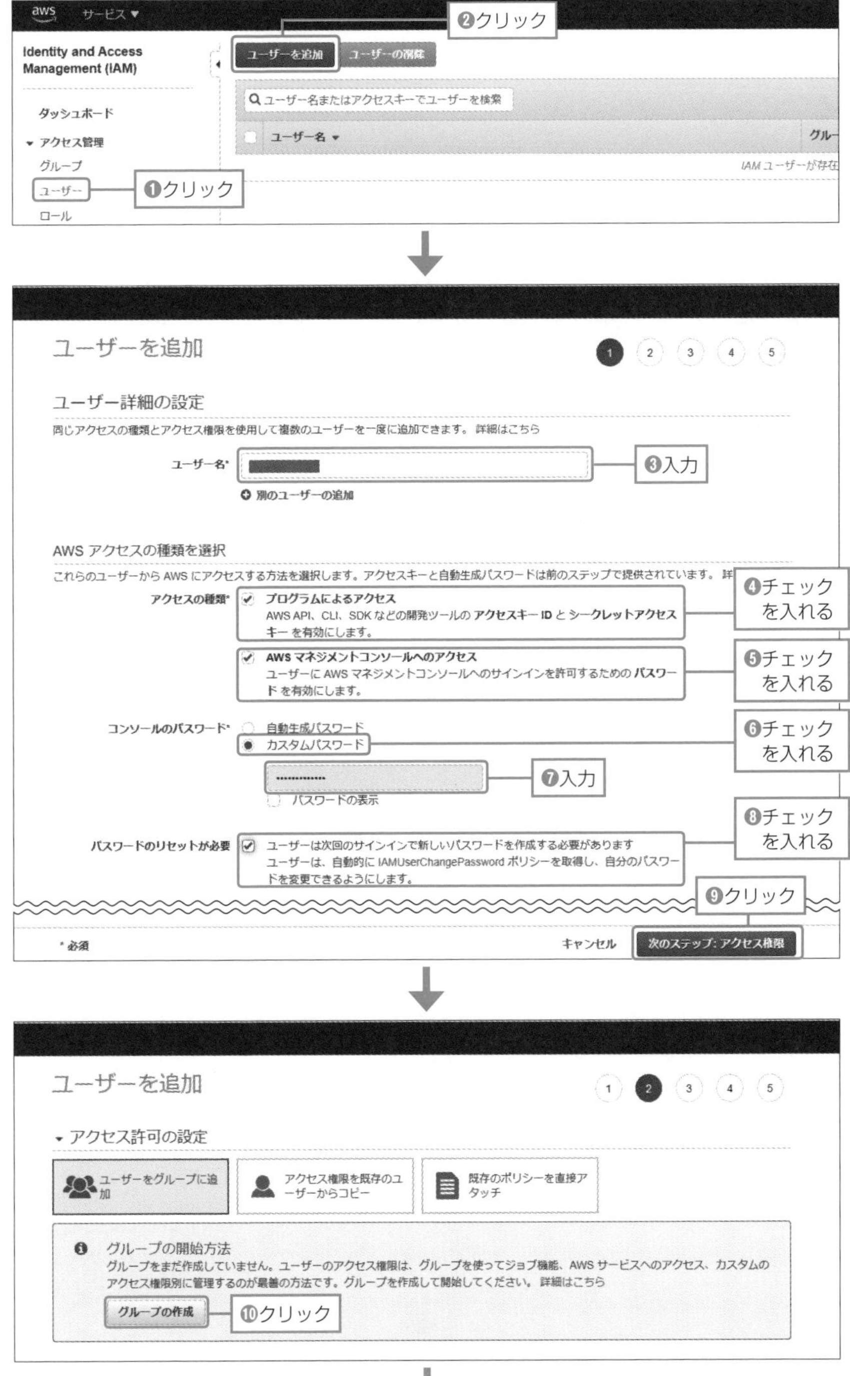
aws サービス ▼
Identity and Access Management (IAM)
ダッシュボード
アクセス管理
グループ
ユーザー
ロール
ユーザーを追加
ユーザーの削除
ユーザー名またはアクセスキーでユーザーを検索
ユーザー名
❶クリック
❷クリック
ユーザーを追加
1 2 3 4 5
ユーザー詳細の設定
同じアクセスの種類とアクセス権限を使用して複数のユーザーを一度に追加できます。 詳細はこちら
ユーザー名*
❸入力
別のユーザーの追加
AWS アクセスの種類を選択
これらのユーザーから AWS にアクセスする方法を選択します。アクセスキーと自動生成パスワードは前のステップで提供されています。
アクセスの種類*
プログラムによるアクセス
AWS API、CLI、SDK などの開発ツールの アクセスキー ID と シークレットアクセスキー を有効にします。
❹チェックを入れる
AWS マネジメントコンソールへのアクセス
ユーザーに AWS マネジメントコンソールへのサインインを許可するための パスワード を有効にします。
❺チェックを入れる
コンソールのパスワード*
自動生成パスワード
カスタムパスワード
❻チェックを入れる
❼入力
パスワードの表示
パスワードのリセットが必要
ユーザーは次回のサインインで新しいパスワードを作成する必要があります
ユーザーは、自動的に IAMUserChangePassword ポリシーを取得し、自分のパスワードを変更できるようにします。
❽チェックを入れる
❾クリック
* 必須
キャンセル
次のステップ: アクセス権限
ユーザーを追加
1 2 3 4 5
アクセス許可の設定
ユーザーをグループに追加
アクセス権限を既存のユーザーからコピー
既存のポリシーを直接アタッチ
グループの開始方法
グループをまだ作成していません。ユーザーのアクセス権限は、グループを使ってジョブ機能、AWS サービスへのアクセス、カスタムのアクセス権限別に管理するのが最善の方法です。グループを作成して開始してください。 詳細はこちら
グループの作成
❿クリック

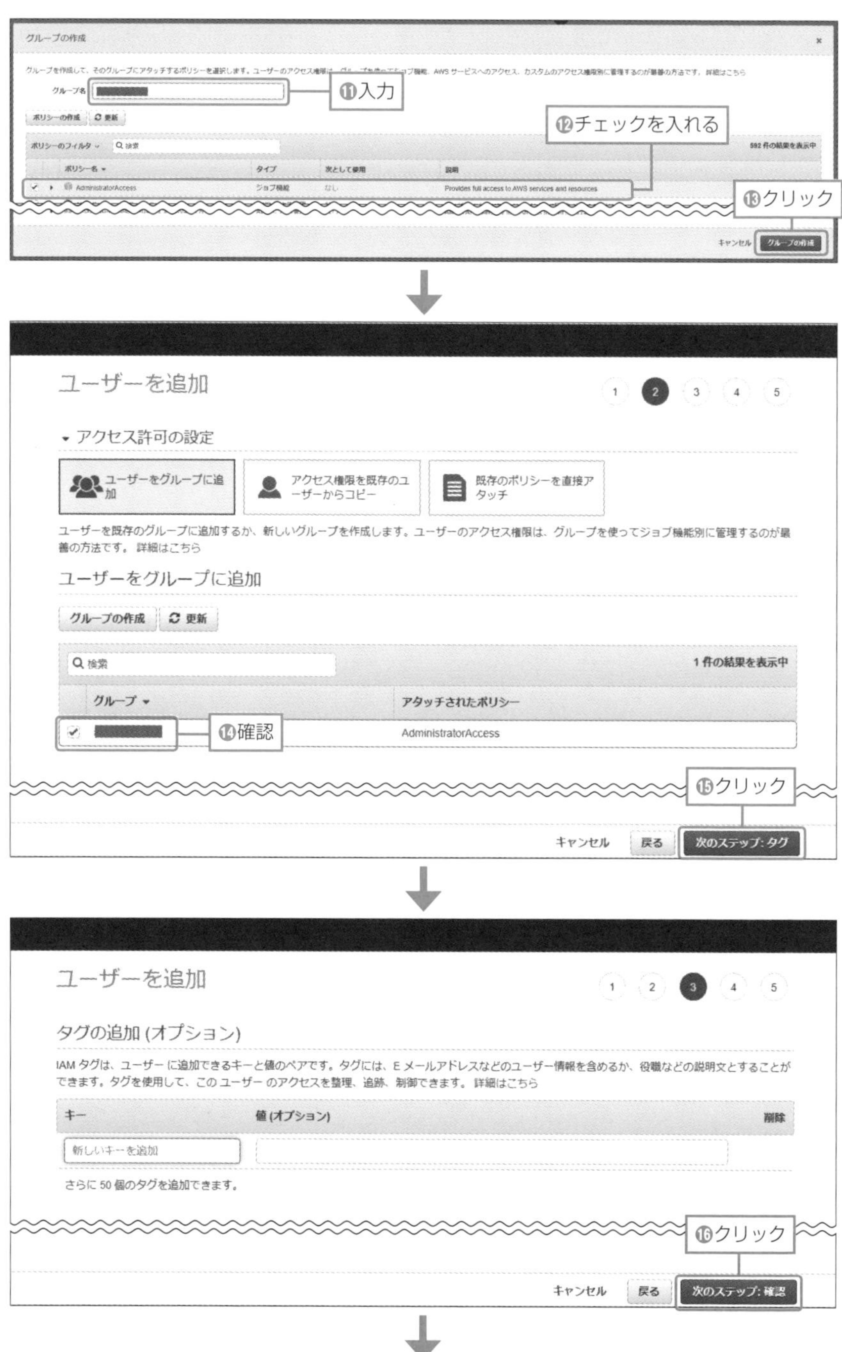
グループの作成
グループ名
⓫入力
ポリシーの作成
更新
⓬チェックを入れる
ポリシーのフィルタ
検索
ポリシー名
タイプ
説明
AdministratorAccess
ジョブ機能
なし
Provides full access to AWS services and resources
⓭クリック
キャンセル
グループの作成
ユーザーを追加
1
2
3
4
5
アクセス許可の設定
ユーザーをグループに追加
アクセス権限を既存のユーザーからコピー
既存のポリシーを直接アタッチ
ユーザーを既存のグループに追加するか、新しいグループを作成します。ユーザーのアクセス権限は、グループを使ってジョブ機能別に管理するのが最善の方法です。 詳細はこちら
ユーザーをグループに追加
グループの作成
更新
検索
1 件の結果を表示中
グループ
アタッチされたポリシー
⓮確認
AdministratorAccess
⓯クリック
キャンセル
戻る
次のステップ: タグ
ユーザーを追加
1
2
3
4
5
タグの追加 (オプション)
IAM タグは、ユーザー に追加できるキーと値のペアです。タグには、E メールアドレスなどのユーザー情報を含めるか、役職などの説明文とすることができます。タグを使用して、この ユーザー のアクセスを整理、追跡、制御できます。 詳細はこちら
キー
値 (オプション)
削除
新しいキーを追加
さらに 50 個のタグを追加できます。
⓰クリック
キャンセル
戻る
次のステップ: 確認

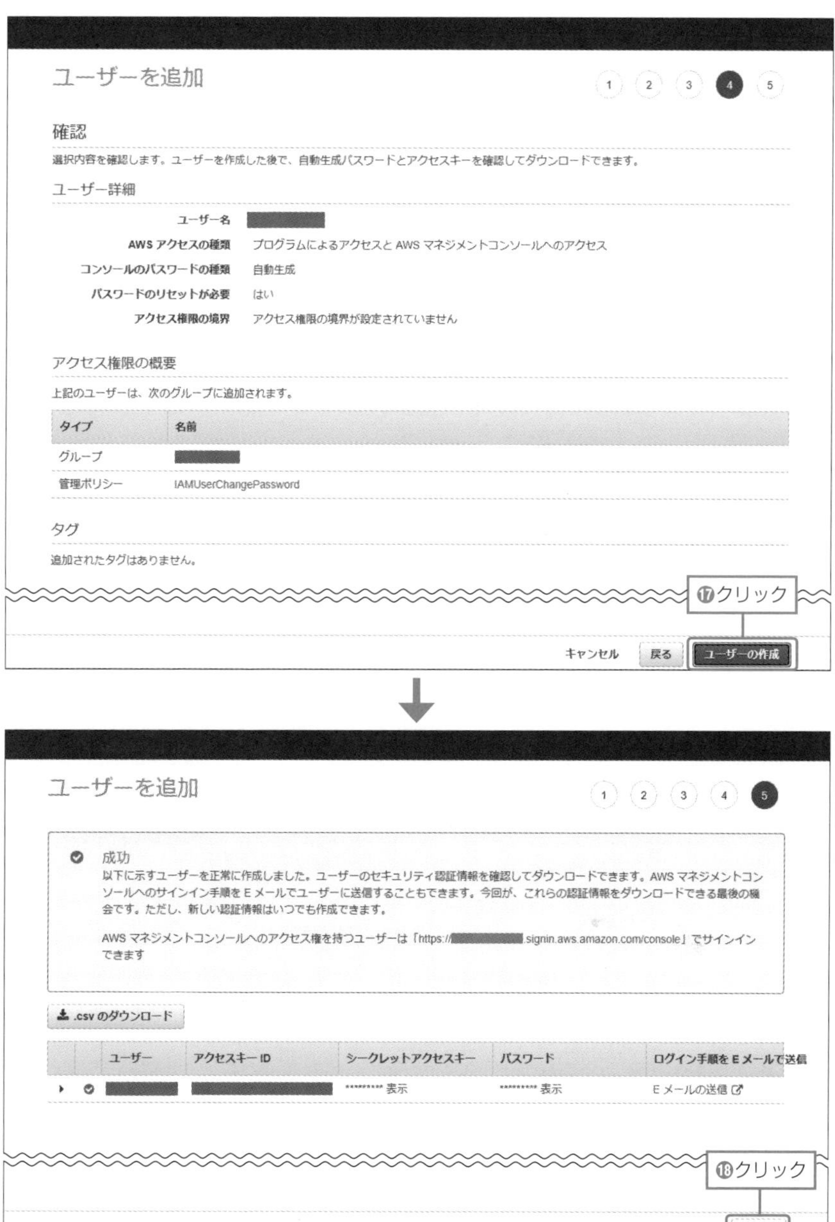
ユーザーを追加
1
2
3
4
5
確認
選択内容を確認します。ユーザーを作成した後で、自動生成パスワードとアクセスキーを確認してダウンロードできます。
ユーザー詳細
ユーザー名
AWS アクセスの種類　プログラムによるアクセスと AWS マネジメントコンソールへのアクセス
コンソールのパスワードの種類　自動生成
パスワードのリセットが必要　はい
アクセス権限の境界　アクセス権限の境界が設定されていません
アクセス権限の概要
上記のユーザーは、次のグループに追加されます。
タイプ　名前
グループ
管理ポリシー　IAMUserChangePassword
タグ
追加されたタグはありません。
⑰クリック
キャンセル
戻る
ユーザーの作成
ユーザーを追加
1
2
3
4
5
成功
以下に示すユーザーを正常に作成しました。ユーザーのセキュリティ認証情報を確認してダウンロードできます。AWS マネジメントコンソールへのサインイン手順を E メールでユーザーに送信することもできます。今回が、これらの認証情報をダウンロードできる最後の機会です。ただし、新しい認証情報はいつでも作成できます。
AWS マネジメントコンソールへのアクセス権を持つユーザーは「https://.signin.aws.amazon.com/console」でサインインできます
.csv のダウンロード
ユーザー　アクセスキー ID　シークレットアクセスキー　パスワード　ログイン手順を E メールで送信
********* 表示　********* 表示　E メールの送信
⑱クリック
閉じる

▲図 11.9：ユーザの作成

アクセスキーを生成する

ユーザの作成が完了したら再び「ユーザー」に戻り、アクセスキーを作成するユーザ名をクリックします（図11.10❶）。

「認証情報」タブをクリックします❷。「アクセスキー」から「アクセスキーの作成」をクリックすると❸、必要な アクセスキーなどが生成されます。「表示」をクリックすると❹、一度だけ画面に表示することが可能なので、それぞれの値をセキュアな環境にメモしておきます❺。メモしたら「閉じる」をクリックします❻。

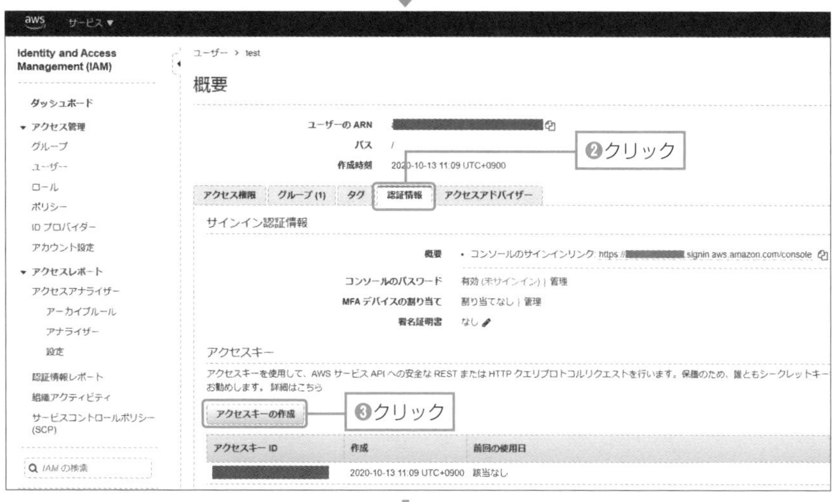

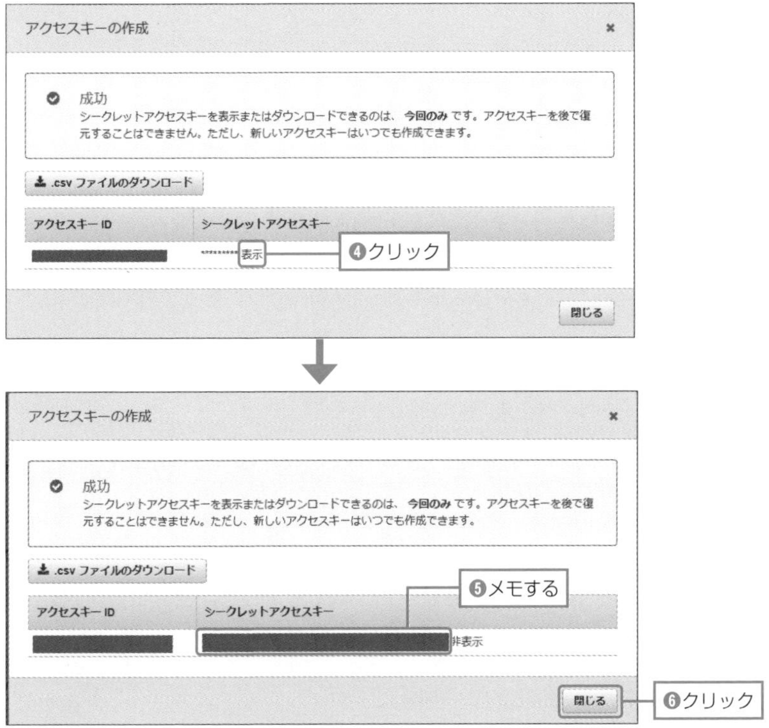

▲図11.10：アクセスキーの生成

AWS Command Line Interface (AWS CLI) をインストールする

AWS CLIのインストールにはPythonが必要です。以下のコマンドでAWS CLIをインストールします※2。

ターミナル
```
% python3 -m pip install awscli --user
```

以下のコマンドでAWS CLIのバージョンを確認します。

※2　pipコマンドのアップグレードに関するメッセージが出た場合は、python3 -m pip install --upgrade pipを実行してアップグレードしてください。

ターミナル

```
% aws --version
aws-cli/2.0.54 Python/3.7.4 Darwin/19.6.0 exe/x86_64
```

aws configureコマンドでアクセスキーの情報を設定する

アクセスキーの生成で発行した情報をaws configureコマンドで設定していきます。Default region nameやDefault output formatは空欄で構いません。

ターミナル

```
% aws configure
AWS Access Key ID [None]: xxxxxxxxxxxxxxxxxxxx 入力
AWS Secret Access Key [None]: xxxxxxxxxxxxxxxxxxxxxxxxxxxxxxxxxxxx↵
xxxx
Default region name [None]:                        入力
Default output format [None]:
```

IAMでcredentialsを作成して、取得したcredentialsを設定します。ここではdefaultという名前のものを利用して説明します。

ターミナル

```
% cat ~/.aws/credentials
[default] ――― credentials情報を指定する際に必要
aws_access_key_id = xxxxxxxxxxxxxxxxxxxx
aws_secret_access_key = xxxxxxxxxxxxxxxxxxxxxxxxxxxxxxxxxxxxxxxx
```

APIを作成する

APIはLambda + API GatewayもしくはLambda + API Gateway + AWS CDKを使って作成していきます。

LambdaはトリガーKに対して実行されるシンプルな関数です。SlackのEvent Requestを受け取るにはHTTPリクエストを受け付ける側を別に作成しなければなりません。これを実現するためにAPI Gatewayというサービスを利用し、リバースプロキシ（逆プロキシ）のようなものとしてLambdaの手前に配置します。API Gatewayはサービスの前段に置くことで様々な機能を利用できるものですが、ここではHTTPのエンドポイントを作成するために利用します。

AWS CDKはAWS上のサービスをコードでプロビジョニングできるAWS Cloud Formationのラッパーのようなものです。利用しなくても個別に構築することは可能ですがここでは再現性の観点から利用して説明します。

LambdaではExpressをLambda上で実行できるようにするaws-serverless-Expressを提供してくれています。まずはこれらを利用してLambda上でAPIを作成してみます。

ディレクトリを作成する

ローカルでは図11.11のようなディレクトリの構成にしていきます。

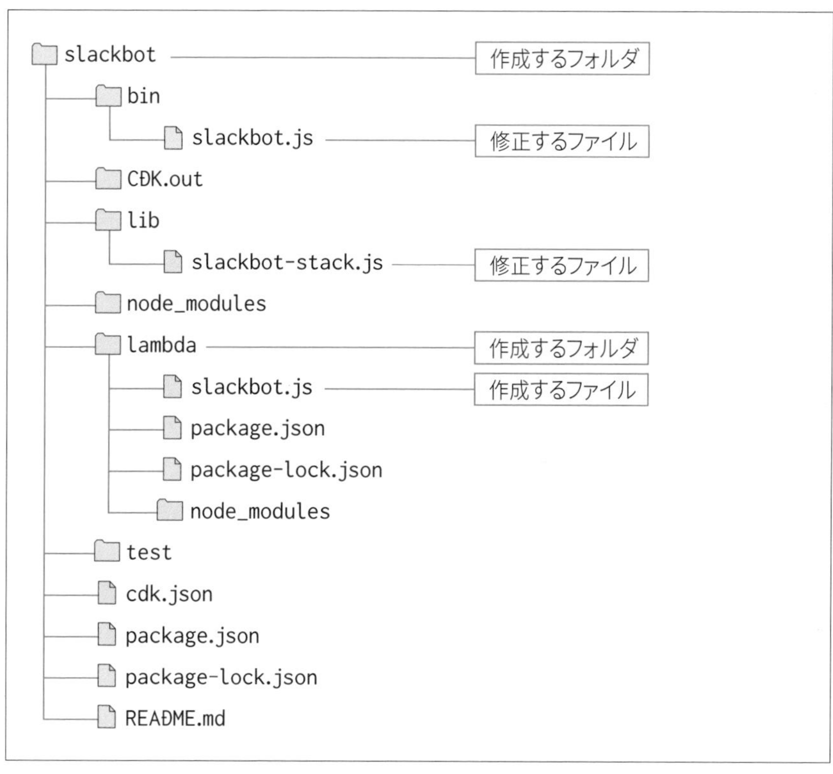

▲図11.11：ローカルのディレクトリ構成

AWS CDKのコマンドを使ってプロジェクトの初期化をします。

ターミナル

```
% npm install -g aws-cdk
% cdk --version
1.70.0 (build c145314)

% mkdir slackbot && cd slackbot
% cdk init --language javascript
```

AWS CDKのインストール

JavaScript用のプロジェクトを作成する

プロジェクトの初期化をするといくつかのファイルが生成されます。

デプロイスクリプトにデプロイ用の設定をする

「bin」ディレクトリ内に生成されているデプロイスクリプトにデプロイ用の設定をしていきます。この場合はbin/slackbot.jsというファイルです（リスト11.4）。

envでデプロイする先のリージョンを指定できます。ここではコマンドを実行する際にCLIから環境変数で受け取る方法にしています。

▼リスト11.4：bin/slackbot.js

```
#!/usr/bin/env node

const cdk = require('@aws-cdk/core');
const { SlackbotStack } = require('../lib/slackbot-stack');

const app = new cdk.App();
new SlackbotStack(app, 'SlackbotStack', {
// リージョンを設定
env: {
  region: process.env.CDK_DEFAULT_REGION
}
```

追加

credentials情報を指定する

デプロイにはcredentials情報が必要です。AWS CDKでは次の3つの方法で指定することができます。

1. --profile オプションで ~/.aws/config などに設定された profile を利用する
2. 環境変数を利用する
3. AWS CLI で設定されたデフォルトのプロファイルを使用する

本書では「default」という名前の profile を利用するので、次のように指定します。

ターミナル
```
% cdk deploy --profile default
```

環境変数として指定する場合は AWS_ACCESS_KEY_ID、AWS_SECRET_ACCESS_KEY、AWS_DEFAULT_REGION などでそれぞれの値を渡します。

Lambdaのプロビジョニングコードを作成する

次に Lambda のプロビジョニングコードを作成します。まずはモジュールをインストールします。

ターミナル
```
% npm install @aws-cdk/aws-lambda
```

プロビジョニング用のスクリプトの修正をします。「lib」ディレクトリの下に配置されていて、かつ cdk.Stack が継承されている lib/slackbot-stack.js というファイルです（リスト11.5）。

▼リスト11.5：lib/slackbot-stack.js
```
const cdk = require('@aws-cdk/core');
const lambda = require('@aws-cdk/aws-lambda');

class SlackbotStack extends cdk.Stack {
  constructor(scope, id, props) {
    super(scope, id, props);

    new lambda.Function(this, 'SlackBotHandler', {
```

```
    runtime: lambda.Runtime.NODEJS_12_X, // 実行するNode.jsのバージョンを⏎
指定する
    code: lambda.Code.fromAsset('lambda'), // 実行するコードのディレクトリを指⏎
定する。ここではlambdaというディレクトリを作る
    handler: 'slackbot.handler' // ファイル名.関数名 で実行する関数を指定す⏎
る。ここではslackbotというファイルのhandlerという関数になる
   });
  }
}

module.exports = { SlackbotStack };
```


「lambda」ディレクトリを作成&設定する

プロジェクトのトップに「lambda」ディレクトリを作ります。

「lambda」ディレクトリにWebアプリに必要なパッケージをインストールします。Lambdaはこのディレクトリにあるファイルを ZIP化して実行するのに利用します。なので、利用するライブラリは自身で指定したディレクトリに存在する必要があります。

ターミナル

```
% mkdir lambda && cd lambda
# % npm init ―――――― package.jsonが「lambda」ディレクトリになければこのコマンドで作成
% npm i express
% npm i aws-serverless-express
```

リスト11.5でstackのhandlerで指定したslackbot.jsというファイルを「lambda」ディレクトリに作成します（リスト11.6）。

aws-serverless-expressにExpressのappオブジェクトを渡すと、Expressで作成したWebアプリをLambda上で実行できるようになります。

▼リスト11.6：lambda/slackbot.js

```
const awsServerlessExpress = require('aws-serverless-express');
const awsServerlessExpressMiddleware = require('aws-serverless-⏎
express/middleware');
const express = require('express');

const app = express();
app.use(awsServerlessExpressMiddleware.eventContext());

app.get('/', (req, res) => {
  res.status(200).send('hello slackbot');
});

const server = awsServerlessExpress.createServer(app);

exports.handler = (event, context) => {
  return awsServerlessExpress.proxy(server, event, context);
};
```

エンドポイントを作成する

次はAPI GatewayでHTTPリクエストを受け取れるようにしていきます。

先程のLambdaと同様にAPI Gatewayのモジュールを使って設定をしていきます。cdコマンドで「slackbot」ディレクトリに戻り、npmコマンドでaws-apigatewayのモジュールをインストールします。

ターミナル

```
% cd ../
% npm install @aws-cdk/aws-apigateway
```

先程作成したLambdaインスタンスをAPI Gatewayのhandlerに渡してインスタンスを作成します（リスト11.7）。

▼リスト11.7：lib/slackbot-stack.js

```
const cdk = require('@aws-cdk/core');
const lambda = require('@aws-cdk/aws-lambda');
const apigw = require('@aws-cdk/aws-apigateway'); ──────追加

class SlackbotStack extends cdk.Stack {
  constructor(scope, id, props) {
    super(scope, id, props);

    const slackbot = new lambda.Function(this, 'SlackBotHandler', {
                          └──────追加
      runtime: lambda.Runtime.NODEJS_12_X, // 実行するNode.jsのバージョンを⏎
指定する
      code: lambda.Code.fromAsset('lambda'), // 実行するコードのディレクトリを指⏎
定する。ここではlambdaというディレクトリを作る
      handler: 'slackbot.handler' // ファイル名.関数名で実行する関数を指定す⏎
る。ここではslackbotというファイルのhandlerという関数になる
    });

    new apigw.LambdaRestApi(this, 'Endpoint', { ─┐
      // lambdaのインスタンスをAPIGatewayに紐付ける  ├──追加
      handler: slackbot                          │
    }); ─────────────────────────────────────────┘
  }
}

module.exports = { SlackbotStack };
```

設定を確認する

ここまできたら一度設定を確認してみます。「slackbot」ディレクトリで以下のコマンドを実行してください。

ターミナル

```
% cdk diff
```

CDKを利用するメリットは必要なIAMの権限なども自動的に付与してくれる点です。必要最小限な権限の設定は本番運用をする上で非常に重要なポイントです。余分なPolicyを設定してしまっていると事故につながる可能性もあります。

注意 **事故**

AWSに限らずどのようなシステムにもいえることですが、必要最小限な権限の設定は本番運用をする上で非常に重要なポイントです。例えばアカウントに管理者権限が付与されていた場合、デプロイだけしたいのにうっかりプロジェクトの削除を実行してしまうかもしれません。余分なPolicyを設定してしまっているとこうした事故につながる可能性があります。

diffを実行するとIAM Statement ChangesやIAM Policy Changesなどで、どのようなPolicyが適用されるか確認することができます。

はじめての実行であればすべて追加になっているはずです。万が一の場合に備えて本番の環境を削除していないか確認します。

デプロイをする

確認が完了したらデプロイします。「slackbot」ディレクトリで以下のコマンドを実行してください。

ターミナル

```
% cdk bootstrap aws://unknown-account/unknown-region
% CDK_DEPLOY_REGION=ap-northeast-1 cdk deploy
(…略…)
Do you wish to deploy these changes (y/n)?
(…略…)
☑ SlackbotStack
Outputs:
SlackbotStack.EndpointXXXXXXX = https://xxxxxxxxx.execute-api.⏎
us-east-1.amazonaws.com/prod/

Stack ARN:
arn:aws:cloudformation:xx-xxxx-x:xxxxxxxxxx:stack/SlackbotStack/⏎
xxxxxxx-xxxx-xxxx-xxxx-xxxxxxxxxx
```

regionは別の場所でも問題ない

[Y] キーを押す

エンドポイント

エンドポイントを確認する

デプロイに成功するとAPI Gatewayのエンドポイントが返ってくるので、アクセスして動作を確認してみます。「hello slackbot」と表示されていれば成功です（図11.12）。次はここにBoltをのせていきます。

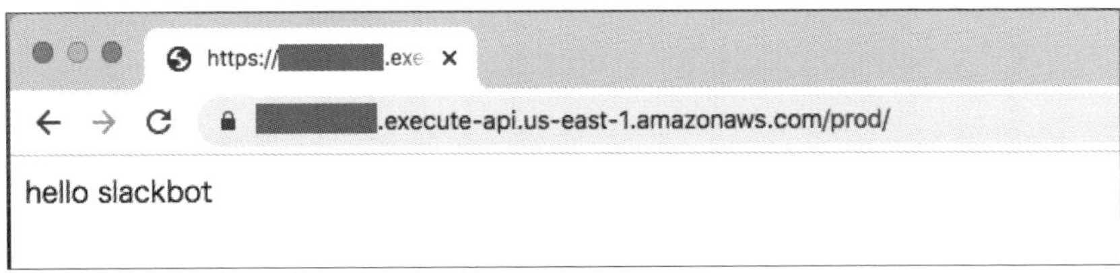

▲図11.12：エンドポイントにアクセスした時の表示

メモ デプロイの補足

初回のデプロイの実行時には下記のようなエラーが出るかもしれません。

ターミナル

```
SlackbotStack failed: Error: This stack uses assets, so the ⏎
toolkit stack must be deployed to the environment ⏎
(Run "cdk bootstrap xxxxxxx")
```

これはAWS CDKの中でassetsを利用し、かつbootstrapをしていない時に発生します。この場合はLambdaの成果物がassetsに保存されるので、bootstrapを実行することで保存先を作成する必要があります。エラー文に表示されているbootstrapコマンドを実行します。bootstrap コマンドを実行後にs3上にAWS CDKから作成されたBucketがあることが確認できると思います。これがassetsの保存先になります。

Boltを動かすWebアプリを作成する

Lambda上でBoltを動かすためには、先程利用したaws-serverless-expressとBoltのExpressReceiverを組み合わせて利用します。

Boltは内部でExpressを利用しています。通常利用時はExpressを意識せずにBoltが内部でエンドポイントなどを生成してくれますが、ExpressReceiverを利用することでBoltが内部で利用しているExpressのオブジェクトを直接参照することができるようになります。

早速、リスト11.6のサンプルコードにBoltをのせてみます（リスト11.8）。

▼リスト11.8：lambda/slackbot.js

```
const awsServerlessExpress = require('aws-serverless-express');
const awsServerlessExpressMiddleware = require('aws-serverless-⏎
express/middleware');
const { App, ExpressReceiver } = require('@slack/bolt');

const receiver = new ExpressReceiver({
  signingSecret: process.env.SLACK_SIGNING_SECRET
});

const app = new App({
  token: process.env.SLACK_BOT_TOKEN,
  receiver: receiver,
  processBeforeResponse: true
});

app.message('hello', async ({ message, say }) => {
  await say(`hello ${message.user}`);
});

receiver.app.use(awsServerlessExpressMiddleware.eventContext());
const server = awsServerlessExpress.createServer(receiver.app);

exports.handler = (event, context) => {
  return awsServerlessExpress.proxy(server, event, context);
};
```

修正

先程までの例に加えて、Slackからメッセージを受け取るためのSigning SecretやBot User OAuth Access TokenをLambdaに渡す必要があります。

Lambdaでは環境変数を設定することができるので、CDK Lambdaのenvironmentプロパティで設定します（リスト11.9）。

メモ processBeforeResponse

リスト11.8で見慣れないprocessBeforeResponseというオプションが追加されていますが、これはFaaSなどのプラットフォーム上でBoltを動かす「おまじないだ」と思ってください。このオプションの具体的な内容は次のissueで議論されていますので、気になる方はこちらをチェックしてみてください。

- Better supports for Events API on FaaS #395
  URL https://github.com/slackapi/bolt-js/issues/395

▼リスト11.9：lib/slackbot-stack.js

```
const cdk = require('@aws-cdk/core');
const lambda = require('@aws-cdk/aws-lambda');
const apigw = require('@aws-cdk/aws-apigateway');

class SlackbotStack extends cdk.Stack {
  constructor(scope, id, props) {
    super(scope, id, props);

    const slackbot = new lambda.Function(this, 'SlackBotHandler', {
      runtime: lambda.Runtime.NODEJS_12_X, // 実行するNode.jsのバージョンを⏎
指定する
      code: lambda.Code.fromAsset('lambda'), // 実行するコードの⏎
ディレクトリを指定する。ここではlambdaというディレクトリを作る
      handler: 'slackbot.handler', // ファイル名.関数名で実行する⏎
関数を指定する。ここではslackbotというファイルのhandlerという関数になる
      environment: {
        SLACK_SIGNING_SECRET: process.env.SLACK_SIGNING_SECRET,
        SLACK_BOT_TOKEN: process.env.SLACK_BOT_TOKEN
      }
    });

    new apigw.LambdaRestApi(this, 'Endpoint', {
      // lambdaのインスタンスをAPIGatewayに紐付ける
      handler: slackbot
    });
  }
```

修正（code〜environmentの範囲）

```
}

module.exports = { SlackbotStack };
```


Slackアプリを利用する

ここで利用するSlackアプリは本章01節で作成した「deploy-sample」です。設定の変更はありません。

デプロイをする

「slackbot」ディレクトリに戻り以下のdeployコマンドを実行します。デプロイする時に環境変数で値を渡すと、その値が自動的にLambdaに設定されます。

ターミナル

```
% SLACK_SIGNING_SECRET=xxxxxxxxxxxxxxxxxxxxxxxxxxxx SLACK_BOT_⏎
TOKEN=xoxb-xxxxxxxxxxxx-xxxxxxxxxxxx-xxxxxxxxxxxxxxxxxxxxxx cdk ⏎
deploy
```

AWSのLambda（URL https://console.aws.amazon.com/lambda）にアクセスして、左メニューから「関数」をクリックして（図11.13❶）関数名をクリックし（図は割愛）、詳細を表示します。下にスクロールして「環境変数」❷を見るとUI上からもセットされていることが確認できます。

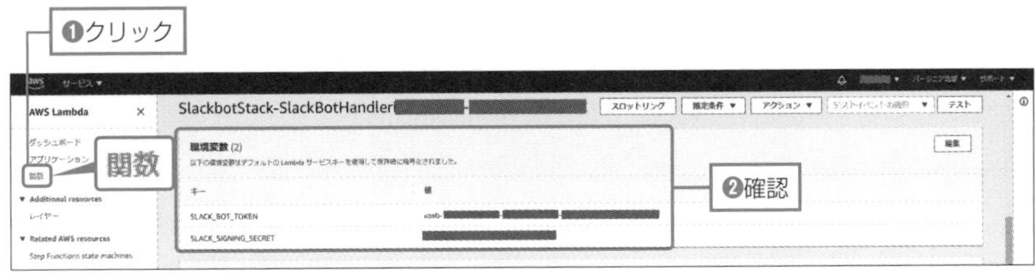

▲図11.13：環境変数の設定を確認

動作を確認する

Slackで「hello」と発言し、ボットから「Hi {ユーザID}」と返事が返ってくることを確認したら完了です（図11.14）。

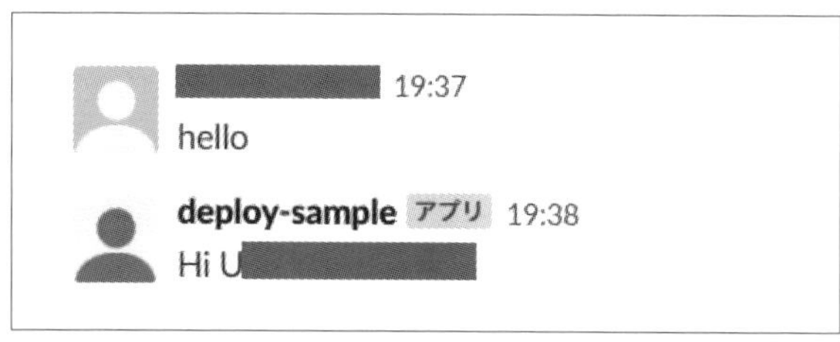

▲図11.14：ボットからの返事

コンポーネントを削除する

AWS CDKはAWS上の様々なコンポーネントを利用してアプリを立ち上げます。destroyコマンドを利用することでアプリに関係しているコンポーネントを削除してくれます。

そのまま放置していると課金されてしまうので、テストが終わって利用する予定がなければ削除しておきます。

ターミナル

```
% cdk destroy
Are you sure you want to delete: SlackbotStack (y/n)?  [Y] キーを押す
(…略…)

✅ SlackbotStack: destroyed
```

03 Google Cloud Runを利用する

Google Cloud Run（以下Cloud Run）を使ってDocker化したボットをデプロイする方法について解説します。

Cloud Runとは

HerokuやLambdaはアプリのコードをアップロードすることで、各プログラミング言語のランタイムごとに実行します。これらのプラットフォームはアプリ単体で動作するものに非常にマッチし、動作も軽くインスタンスを立ち上げるものより金額も安くなることが多いです。

しかし、例えばImageMagickのようなミドルウェアなどをアプリから利用したい場合、これらのプラットフォームではちょっとした工夫が必要になります。そのような時に活躍するのがCloud Runです。Cloud RunはDocker ImageをHerokuやLambdaのように実行するプラットフォームです。

Cloud Runを利用する

Cloud Runの利用を開始するためにGoogle Cloud Platformにプロジェクトを作成してGoogle Cloud SDKをインストールします。

メモ Cloud Run

Cloud Runのインストールの手順は下記の公式ドキュメントでも確認できます。

- Cloud Run：ドキュメント：クイックスタート：ビルドとデプロイ
  URL https://cloud.google.com/run/docs/quickstarts/build-and-deploy

請求先アカウントを作成する

新規で利用する場合、Googleアカウントを作成して、Google Cloud Platform（https://cloud.google.com）にアクセスしてGoogle Cloud Platformに登録し、請求先アカウントを作成してください（手順は割愛します）※3。

プロジェクトを作成する

Google Cloud Platformで、Slackのボット用に新規プロジェクトを作成します。

Google Cloud Consoleのプロジェクト「My First Project」をクリックして（図11.15❶）、「プロジェクトの選択」画面を表示します。「新しいプロジェクト」をクリックして❷、「新しいプロジェクト」画面を開き、「プロジェクト名」を入力し❸、「場所」は「組織なし」を選択し❹、「作成」をクリックします❺。

再度「プロジェクトの選択」画面を開き、ここで作成した新規のプロジェクトをダブルクリックします❻。プロジェクトが切り替わります❼。

※3　第7章02節でGoogle Cloud Platformのアカウントを作成している場合は、そちらのアカウントを利用してください。

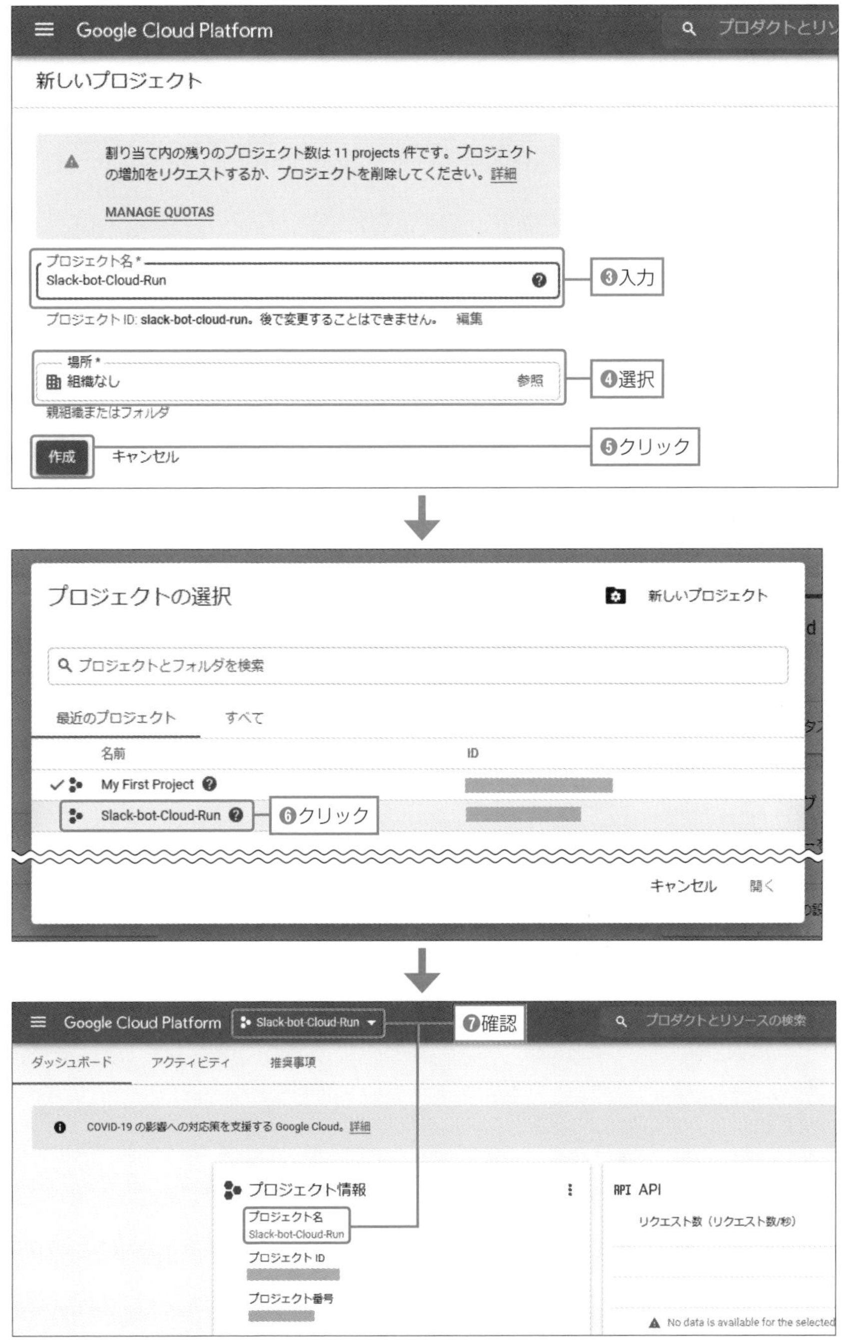

▲図11.15：Slackのボット用のプロジェクトを作成

APIを有効化する

以下のリンクからGoogle Run APIにアクセスします。

- Google Run APIの有効化のリンク
  URL https://console.cloud.google.com/apis/library/run.googleapis.com

「有効にする」をクリックします（図11.16❶）。「プロジェクトの選択」画面で作成したプロジェクトを選択して❷、「開く」をクリックします❸。すると「Google Run Admin API」のホーム画面に戻ります。有効になったことがわかります❹。

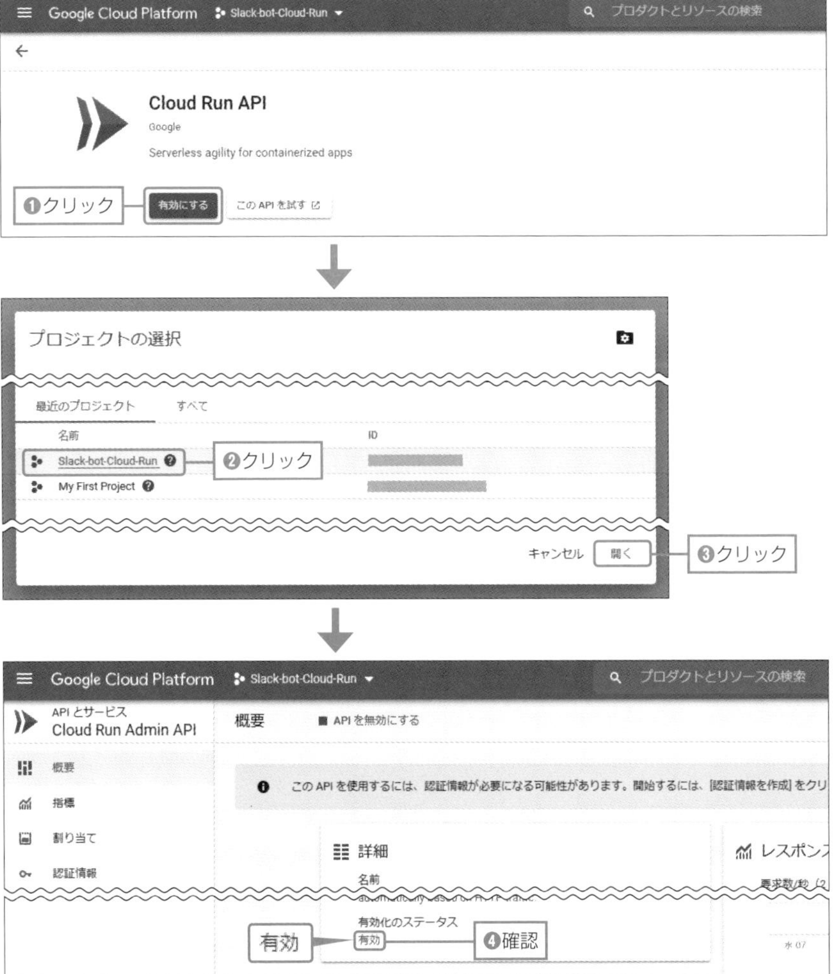

▲図11.16：APIの有効化

また以下のリンクからGoogle Build APIにアクセスします。

- Google Build APIの有効化のリンク
  URL https://console.cloud.google.com/apis/library/cloudbuild.googleapis.com

「有効にする」をクリックします（図11.17❶）。「プロジェクトの選択」画面で作成したプロジェクトを選択して❷、「開く」をクリックします❸。すると「Google Build API」のホーム画面に戻ります。有効になったことがわかります❹。

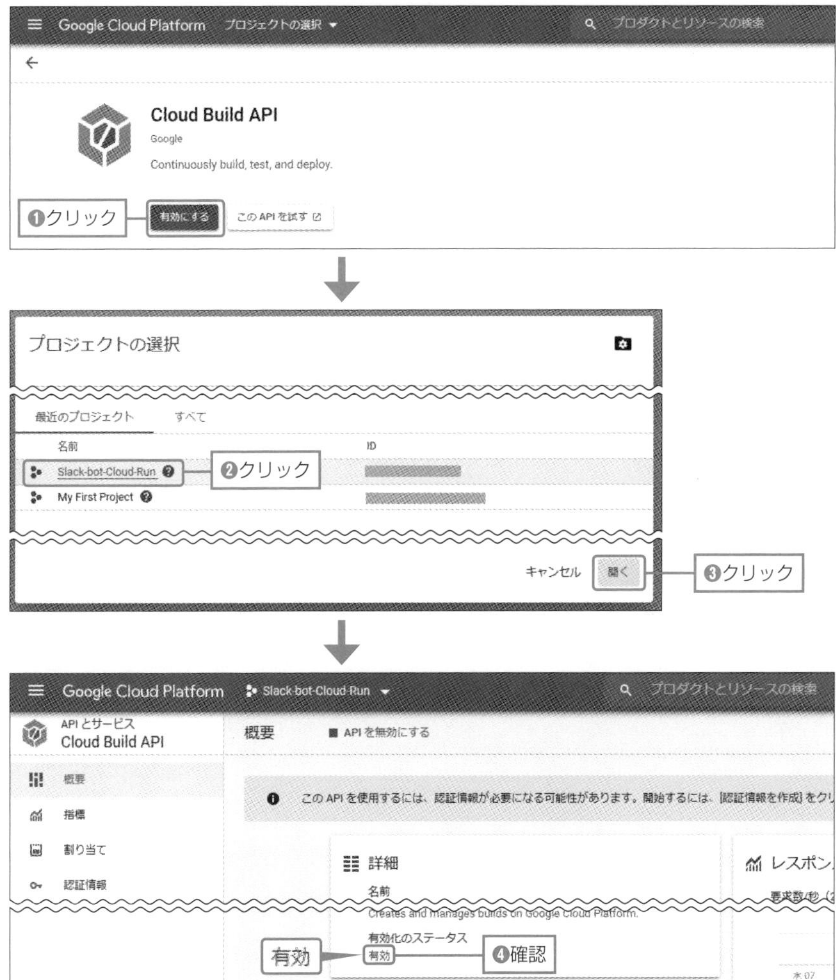

▲図11.17：APIの有効化

Google Cloud SDKをインストールする

Google Cloud SDKのインストールにはPythonが必要です。最新バージョンのmacOSには必要なバージョンのPythonが含まれています。以下のコマンドでバージョンを確認してください。

ターミナル

```
% python -V
```

以下のサイトにアクセスして、Google Cloud SDKのパッケージ（64bitもしくは32bitどちらか）を選んで、ダウンロードします。

- Google Cloud SDK：macOS 64ビット（x86_64）
  URL https://dl.google.com/dl/cloudsdk/channels/rapid/downloads/google-cloud-sdk-312.0.0-darwin-x86_64.tar.gz?hl=ja

- Google Cloud SDK：macOS 32ビット（x86）
  URL https://dl.google.com/dl/cloudsdk/channels/rapid/downloads/google-cloud-sdk-312.0.0-darwin-x86.tar.gz?hl=ja

ダウンロードした「.tar.gz」ファイルを展開します。ダウンロードファイルの展開は、ホームディレクトリですると わかりやすいです。展開して出てきたinstall.shのシェルスクリプトを、以下のコマンドで実行することでインストールとパスの追加ができます。

ターミナル

```
% ./google-cloud-sdk/install.sh ——展開したディレクトリで実行

Welcome to the Google Cloud SDK!

(…略…)

Do you want to help improve the Google Cloud SDK (y/N)?  [Y] キーを押す

Your current Cloud SDK version is: 312.0.0
The latest available version is: 314.0.0
```

```
(…略…)

Modify profile to update your $PATH and enable shell command
completion?

Do you want to continue (Y/n)?  [Y] キーを押す

The Google Cloud SDK installer will now prompt you to update an rc ⏎
file to bring the Google Cloud CLIs into your environment.

Enter a path to an rc file to update, or leave blank to use
[/Users/doronpa/.zshrc]:  [Enter] キーを押す

[/Users/doronpa/.zshrc] has been updated.

==> Start a new shell for the changes to take effect.

For more information on how to get started, please visit:
  https://cloud.google.com/sdk/docs/quickstarts
```

SDKを初期化して準備完了です。

ターミナル

```
$ ./google-cloud-sdk/bin/gcloud init ― パスを追加した後であればgcloud initで実行できる
Welcome! This command will take you through the configuration of gcloud.

Your current configuration has been set to: [default]

You can skip diagnostics next time by using the following flag:
  gcloud init --skip-diagnostics

Network diagnostic detects and fixes local network connection issues.
Checking network connection...done.
Reachability Check passed.
Network diagnostic passed (1/1 checks passed).

You must log in to continue. Would you like to log in (Y/n)?  [Y] キーを押す
```

するとブラウザに「アカウントの選択」画面が表示されるので、GCPに登録したアカウントを選択します（図11.18❶）。すると、「Google Clouod SDKがGoogle

アカウントへのアクセスをリクエストしています」画面が表示されますので、「許可」をクリックします❷。「Google Cloud SDK認証の完了」画面が表示されます❸。

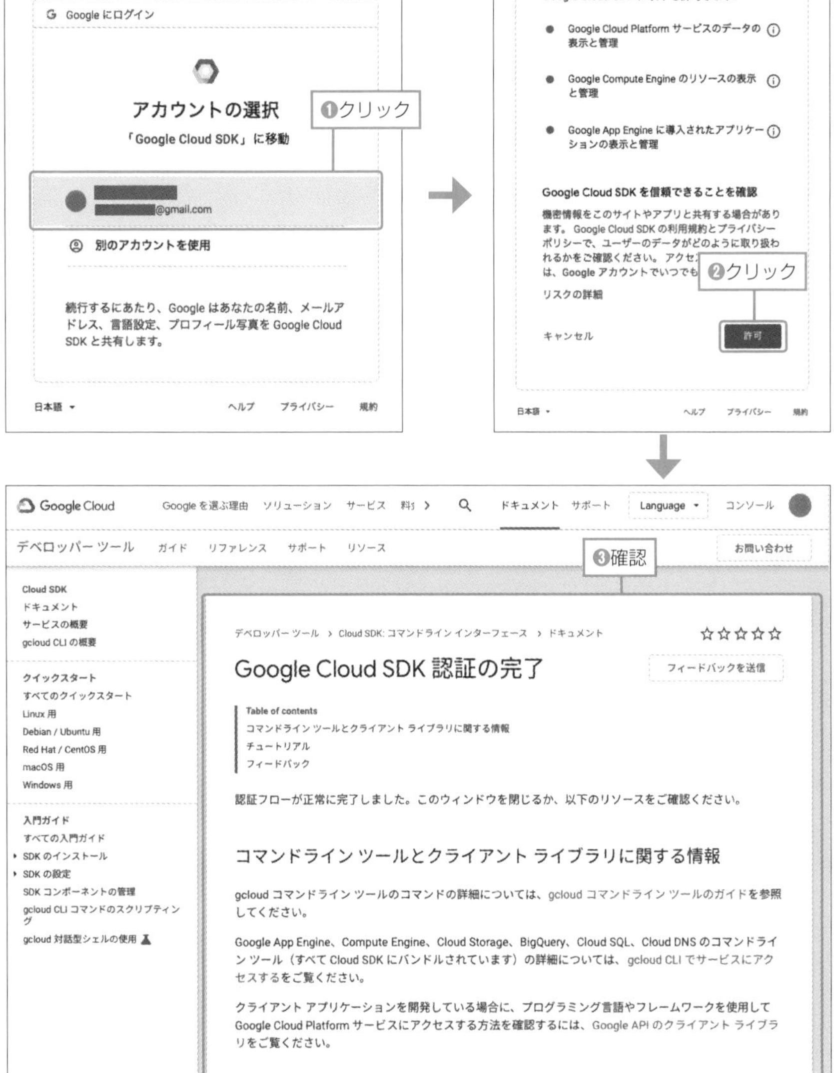

▲図11.18：Google Cloud SDKの認証

ターミナル側で以下のようにGCPのプロジェクトを選択して完了です。

ターミナル

```
Your browser has been opened to visit:

    https://accounts.google.com/o/oauth2/auth?client_id=XXXXXXXXXXXX⏎
XXXX

Updates are available for some Cloud SDK components.  To install them,
please run:
  $ gcloud components update

You are logged in as: [xxx@gmail.com].

Pick cloud project to use:
 [1] Slack-bot-Cloud-Run
 [2] XXXXXXXXXXXXXXX
 [3] Create a new project
Please enter numeric choice or text value (must exactly match list ⏎
item):  [1] キーを押す

Your current project has been set to: [Slack-bot-Cloud-Run].

(…略…)

Some things to try next:

* Run `gcloud --help` to see the Cloud Platform services you can ⏎
interact with. And run `gcloud help COMMAND` to get help on any gcloud ⏎
command.
* Run `gcloud topic --help` to learn about advanced features of the ⏎
SDK like arg files and output formatting
```

メモ Google Cloud SDKのインストール

Google Cloud SDKのインストールは下記の公式ドキュメントでも解説されていますので、参照してください。

- Google Cloud SDKのインストール
  URL https://cloud.google.com/sdk/docs/install?hl=ja#mac

ディレクトリを作成する

以下のコマンドでディレクトリを作成します。

ターミナル

```
% mkdir cloud-run && cd cloud-run
% npm init -y
% npm i @slack/bolt
```

ローカルでは図11.19のようなディレクトリの構成にしていきます。

```
cloud-run
├── index.js ──────── 作成するファイル
├── Dockerfile ────── 作成するファイル
├── package.json
├── package-lock.json
└── node_modules
```

▲図11.19：ローカルのディレクトリ構成

Webアプリを作成する

Boltを利用したシンプルなWebアプリをデプロイします。サンプルコードはリスト11.10の通りです。

Cloud RunもHeroku等と同様に自動でポートが決定されるので、環境変数で渡されたポートをリッスンします。

▼リスト11.10：cloud-run/index.js

```
const { App } = require('@slack/bolt');

const app = new App({
  token: process.env.SLACK_BOT_TOKEN,
  signingSecret: process.env.SLACK_SIGNING_SECRET,
  processBeforeResponse: true
});
```

```
app.message('hello', ({ message, say }) => {
  console.log(message);
  say(`hello ${message.user}`);
});

const main = async () => {
  // Start your app
  await app.start(process.env.PORT);
  console.log(' Bolt app is running!');
};

main().catch((e) => {
  console.error(e);
});
```


Dockerfileを作成する

次はWebアプリをコンテナ化するためにDockerfileを用意します（リスト11.11）。シンプルにNode.jsのイメージで実行するDockerfileです。

▼リスト11.11：cloud-run/Dockerfile

```
FROM node:12

WORKDIR /usr/app

COPY ./package.json ./package-lock.json ./index.js ./

RUN npm install --production

ENV NODE_ENV=production
CMD [ "node", "index.js" ]
```

Google Cloud上にWebアプリ用のimageをpushする

Dockerfileを配置したディレクトリで以下のようにCloud Buildを実行してGoogle Cloud上にWebアプリ用のimageをpushします。

自身が利用しているプロジェクトIDを指定してビルドします。プロジェクトIDはlistコマンドで確認できます。

ターミナル

```
% gcloud projects list
PROJECT_ID              NAME                 PROJECT_NUMBER
compact-cursor-xxxxxx   My First Project     xxxxxxxxxxxx
xxxxxxxxxxxx            Slack-bot-Cloud-Run  xxxxxxxxxx

% gcloud builds submit --tag gcr.io/{PROJECT-ID}/slackbot
(…略…)                                                PROJECT_IDを入力
ID                                          CREATE_TIME          ⏎
DURATION  SOURCE                                                          ⏎
IMAGES                                        STATUS

xxxxxxxx-xxxx-xxxx-xxxx-xxxxxxxxxxxx  2020-10-27T12:34:23+00:00  33S ⏎
gs://xxxxxxxxxxxxxxx_cloudbuild/source/xxxxxxxxxx.xxxx-xxxxxxxxxxxxxxxxxxxxxxxxxxxxxxxxxx.tgz ⏎
gcr.io/xxxxxxxxxxxxxxx/slackbot (+1 more)  SUCCESS
```

デプロイをする

ビルドに成功して、imageのアップロードが成功したら以下のコマンドでWebアプリをデプロイします。途中、サービス名の入力とリージョンの指定があります。

このWebアプリはポートの他にSLACK_BOT_TOKENとSLACK_SIGNING_SECRETを環境変数から受け取る必要があります。これはデプロイ時に--update-env-varsというオプションで同時に設定できます。

デプロイに成功するとURLが生成されます。

ターミナル

```
% gcloud run deploy --image gcr.io/{{PROJECT-ID}}/slackbot --⏎
platform managed --update-env-vars SLACK_BOT_TOKEN=xoxb-xxxxxxxxxx⏎
xx-xxxxxxxxxxxx-xxxxxxxxxxxxxxxxxxxxxx,SLACK_SIGNING_SECRET=xxxxx⏎
xxxxxxxxxxxxxxxxxxxxxx
Service name (slackbot):  slackbot ―― サービス名を入力する
Please specify a region:
 [1] asia-east1
 [2] asia-east2
 [3] asia-northeast1
(…略…)
 [20] us-east4
 [21] us-west1
 [22] cancel

Please enter your numeric choice:  1 ―― regionを指定する

To make this the default region, run `gcloud config set run/region ⏎
asia-east1`.
Allow unauthenticated invocations to [slackbot] (y/N)?  [Y] キーを押す
```

```
Deploying container to Cloud Run service [slackbot] in project ⏎
[slack-bot-cloud-run] region [asia-east1]

✓ Deploying... Done.
  ✓ Creating Revision...
  ✓ Routing traffic...
Done.
Service [slackbot] revision [slackbot-XXXX-kap] has been deployed ⏎
and is serving 100 percent of traffic.
Service URL: https://slackbot-xxxxxxxxxx-xx.a.run.app
```

Slackアプリを設定する

ここで利用するSlackアプリは本章02節で利用した「deploy-sample」です。

Slackアプリ管理画面から「Event Subscriptions」をクリックして（図11.20 ❶）、Request URLにデプロイで生成されたURLを入力して（Boltを利用を前提とするので「https://slackbot-xxxxxx.a.run.app/slack/events」となります）❷、「Change」をクリックし❸、「Verified」と表示されたら❹、「Save Changes」をクリックして保存します❺。

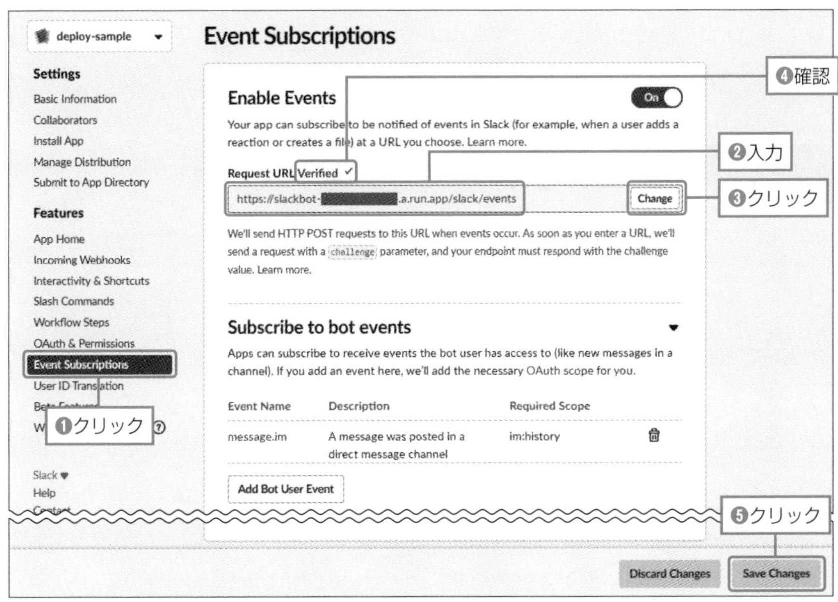

▲図11.20　Event Subscriptionsに生成されたURLを設定

動作を確認する

Slackで「hello」と発言し、ボットから「Hi {ユーザID}」と返事が返ってくることを確認したら完了です（図11.21）。

▲図11.21：ボットからの返事

プロジェクトをシャットダウンする

動作確認が終了したら不要な課金を防ぐためCloud ConsoleのUIからシャットダウンします。具体的には、プロジェクトの「ダッシュボード」(図11.22❶)→「プロジェクト設定に移動」❷→「シャットダウン」❸の順にクリックします。「プロジェクト「{プロジェクト名}」のシャットダウン」画面でプロジェクトIDを入力して❹、「シャットダウン」をクリックします❺。「プロジェクトは削除保留中です」の画面が出たら「OK」をクリックします❻。

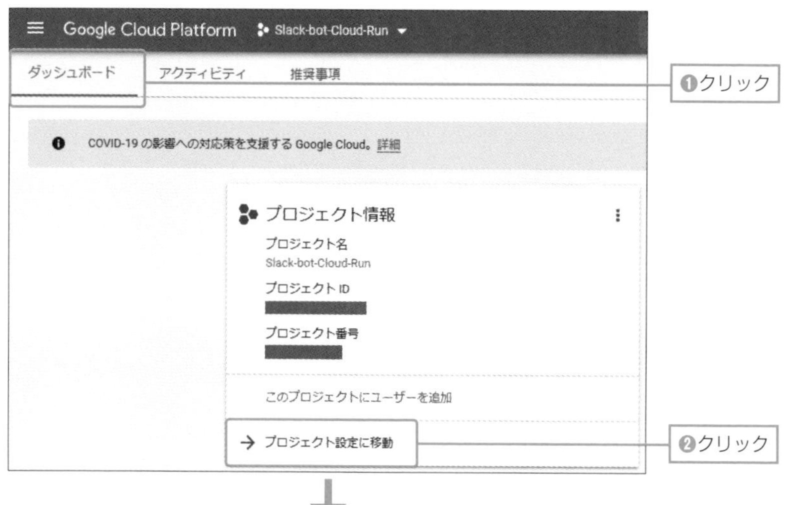

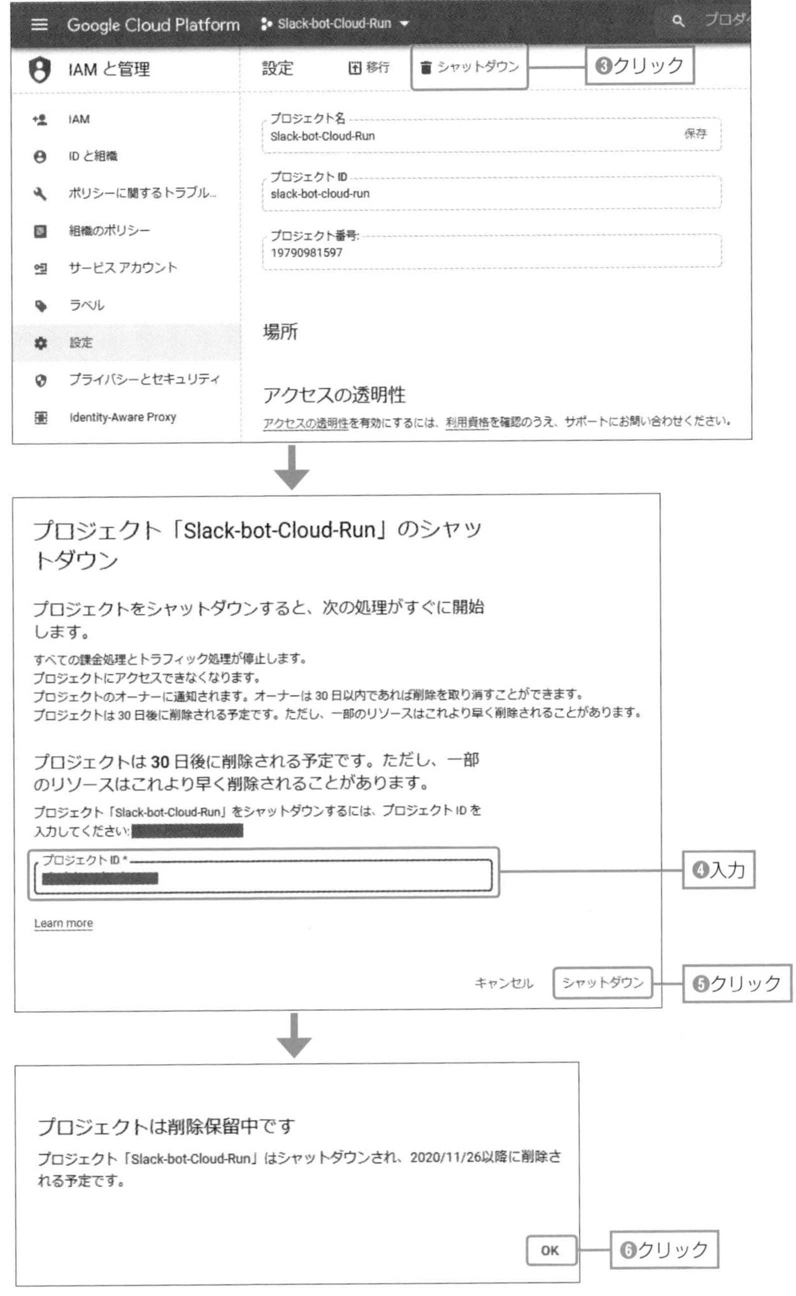

▲図11.22：プロジェクトのシャットダウン

S04 まとめ

本章で学んだことをまとめます。

- Herokuの利用（本章01節）
- Procfileの作成（本章02節）
- Gitのmasterブランチへのコミット（本章01節）
- Herokuの設定（本章01節）
- AWS CLIの利用（本章02節）
- Lambda ＋ API Gateway + AWS CDK（本章02節）
- credentials情報の指定（本章02節）
- Lambdaのプロビジョニングコードの作成（本章02節）
- エンドポイントの作成（本章02節）
- デプロイ（本章02節）
- コンポーネントの削除する（本章02節）
- Google Cloud Runの利用（本章03節）
- Google Cloud SDKのインストール（本章03節）
- Dockerfileの作成（本章03節）
- Webアプリ用のimageをpush（本章03節）
- デプロイ（本章03節）
- プロジェクトのシャットダウン（本章03節）

INDEX

記号・数字

A/B/C

D/E/F

G/H/I

J/K/L

M/N/O

P/Q/R

S/T/U

V/W/X/Y/Z

あ

か

さ

INDEX

た

は

ま

や

ら

わ

PROFILE

著者プロフィール

- 伊藤 康太（いとう・こうた）
  ヤフー株式会社。チャットシステムなど内製基盤の開発・運用・マネジメント、Slackへの移行を担当。並行して組織横断的なNode.jsやフロントエンドのサポート・チューニングなどの支援を行う。第9代/10代黒帯（Webフロントエンド）。

- 道内 尊正（みちうち・たかまさ）
  ヤフー株式会社。岡山大学大学院卒業後、フリーター、藤森工業株式会社を経て、現職に至る。主に情報システム関連の企画に携わり、2020年よりIT戦略関連に従事。兼務でSlackを担当。
  【Slackとの関わり】
  主に社外連携を推進。Zホールディングス傘下のグループ会社との連携を考案中。システムのHubを目指す思想や、Block Kit Builderによる高速アプリ開発にSlackの魅力を感じている。

- 吉谷 優介（よしたに・ゆうすけ）
  ヤフー株式会社。大学卒業後、ベンチャー企業を経て、2016年にヤフーへ中途入社。社内システムの企画、開発、運用やプロジェクトマネジメントを行う。Slackでは各種運用フローの整備を実施。
  現在は企画・開発チームリーダーを担当。Slackを含めたIT技術やデータの利活用を行い、生産性向上を目指す。

装丁・本文デザイン　森 裕昌
本文イラスト　オフィスシバチャン
カバーイラスト　iStock.com/TarikVision
編集・DTP　株式会社シンクス
校正協力　佐藤 弘文
検証協力　村上 俊一

動かして学ぶ！Slack（スラック）アプリ開発入門

2020年12月14日　初版第1刷発行

著　者　伊藤 康太（いとう・こうた）
道内 尊正（みちうち・たかまさ）
吉谷 優介（よしたに・ゆうすけ）
発行人　佐々木 幹夫
発行所　株式会社翔泳社（https://www.shoeisha.co.jp）
印刷・製本　株式会社ワコープラネット

＊本書へのお問い合わせについては、IIページに記載の内容をお読みください。
＊落丁・乱丁はお取り替え致します。03-5362-3705までご連絡ください。
ISBN978-4-7981-6474-8
Printed in Japan